水利水电工程建设从业人员安全培训丛书

水利水电工程机械安全生产技术

张　莹　王东升　主　编

孙秀玲　张振涛　邵　辉　副主编

U0262592

中国建筑工业出版社

图书在版编目(CIP)数据

水利水电工程机械安全生产技术/张莹,王东升主编. —北京:中国建筑工业出版社,2018.9
(水利水电工程建设从业人员安全培训丛书)
ISBN 978-7-112-22373-2

Ⅰ.①水⋯ Ⅱ.①张⋯②王⋯ Ⅲ.①水利水电工程-工程机械-安全技术-岗位培训-教材 Ⅳ.①TV53

中国版本图书馆 CIP 数据核字(2018)第 135663 号

责任编辑:李 杰 李 明
责任校对:李美娜

水利水电工程建设从业人员安全培训丛书
水利水电工程机械安全生产技术
张 莹 王东升 主 编
孙秀玲 张振涛 邵 辉 副主编

*

中国建筑工业出版社出版、发行(北京海淀三里河路9号)
各地新华书店、建筑书店经销
北京科地亚盟排版公司制版
北京建筑工业印刷厂印刷

*

开本:787×1092毫米 1/16 印张:22½ 字数:458千字
2019年8月第一版 2019年8月第一次印刷
定价:**78.00**元
ISBN 978-7-112-22373-2
(32230)

本书编委会

主　　编：张　莹　王东升

副 主 编：孙秀玲　张振涛　邵　辉

参编人员：李晓东　赵宗龙　亓　征　孔浚沣

　　　　　宋　超

出 版 说 明

　　根据《安全生产法》、《建设工程安全生产管理条例》、《水利工程建设安全生产管理规定》（水利部令第 49 号）、《生产经营单位安全培训规定》（国家安全生产监督管理总局第 80 号令）、《国务院安委会关于进一步加强安全培训工作的决定》（安委〔2012〕10 号）、《水利部办公厅关于进一步加强水利水电工程施工企业主要负责人、项目负责人和专职安全生产管理人员安全生产培训工作的通知》（办安监函〔2015〕1516 号）等要求，为进一步提高水利生产经营单位安全培训质量，有效防止和减少水利水电工程建设从业人员违章指挥、违规作业和违反劳动纪律的行为，保障大规模水利建设安全生产，我们组织编写了这套"水利水电工程建设从业人员安全培训丛书"。

　　本套教材由《水利水电工程安全生产法律法规》、《水利水电工程安全生产管理》、《水利水电工程施工安全生产技术》和《水利水电工程机械安全生产技术》四册组成。在编纂过程中，我们依据现行法律法规和最新行业标准规范，结合《水利水电工程施工企业安全生产管理三类人员考核大纲》，坚持以人为本与可持续发展的原则，突出系统性、针对性、实践性和前瞻性，体现水利水电工程行业发展的新常态、新法规、新技术、新工艺、新材料等内容，使水利水电工程建设从业人员能够比较系统、便捷地掌握安全生产知识及安全生产管理能力。本套教材可用于水利生产经营单位从业人员安全培训和水利水电工程二级建造师继续教育，也可作为大中专院校水利相关专业的教学及参考用书。

　　本套教材的编写得到了清华大学、山东大学、中国海洋大学、青岛理工大学、山东农业大学、山东鲁润职业培训学校、山东省住房和城乡建设厅、山东省水利厅、中国水利企业协会、中国建筑工业出版社、山东水安注册安全工程师事务所、山东中英国际工程图书有限公司等单位的大力支持，在此表示衷心的感谢。本套教材虽经反复推敲核证，仍难免有不妥甚至疏漏之处，恳请广大读者提出宝贵意见。

编审委员会

2019 年 05 月

前　　言

本书编写过程中，我们充分研究水利水电工程建设从业人员的岗位责任、知识结构、文化程度，针对我国水利水电工程施工现状特点确定编写纲要，在具体阐述上尽最大程度符合国家现行法律法规和规范标准。本书的内容结构分为知识介绍、案例分析两部分。本书重点章节包含机械与电气基础知识，水利施工过程中的起重吊装、运输设备、起重与升降机械设备、土石方施工机械、地基处理机械、混凝土与钢筋机械和木工与装修机械等在介绍机电设备一般知识的同时，将机械设备的安全使用、安全操作、安全管理作为重点。本书内容考虑教育对象的实际情况和水平，对机械设备的构造、原理等基础知识进行了简单介绍，考虑到实际应用，对机械设备的维修保养也进行了介绍。重点突出了专业性、针对性、时效性、实用性和知识性。

本书的编写广泛征求了水利水电行业的主管部门、高等院校和企业等有关专家的意见，并经过多次研讨和修改。清华大学、山东大学、中国海洋大学、山东鲁润职业培训学校、山东中英国际建筑工程技术有限公司、山东水安注册安全工程师事务所等单位对本书的编写工作给予了大力支持；本书在编写过程中参考了大量的教材、专著和相关资料，在此谨向有关作者致以衷心感谢！

限于我们水平和经验，书中疏漏和错误难免，诚挚希望读者提出宝贵意见，以便完善。

编　者

2019 年 05 月

目　　录

第1章　机械与电气基础知识

第2章　起重吊装

第 3 章　运输、起重与升降机械

第6章　混凝土与钢筋机械

第7章　其他小型机械

第8章　机械设备安全事故案例

第 1 章　机械与电气基础知识

本章主要介绍了"机械基本概念、联接形式、传动方式及电工学基础知识、电机传动和电气控制"等水利水电施工机械基本知识。

1.1　机械基本概念

在机械工程学中，机械是机器和机构的总称。

（1）机器

机器基本由原动部分、工作部分和传动部分组成的。传动部分是把原动部分的运动和动力传递给工作部分的中间环节。

机器通常有以下三个共同的特征：

1）机器是由许多的构件组合而成的，如图 1-1 所示，钢筋切断机由电动机通过带传动及齿轮传动减速机，带动由曲柄、连杆和滑块组成的曲柄滑块机构，使安装在滑块上的活动刀片周期性地靠近或离开安装在机架上的固定刀片，完成切断钢筋的工作循环。其原动部分为电动机，工作部分为刀片，传动部分包括带传动、齿轮传动和曲柄滑块机构。

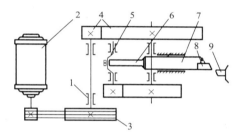

图 1-1　钢筋切断机示意图

1—机架；2—电动机；3—带传动机构；

4—齿轮机构；5—偏心轴；6—连杆；

7—滑块；8—活动刀片；9—固定刀片

2）机器的构件之间具有确定的相对运动。

3）机器可以用来代替人的劳动，完成有用的机械功或者实现能量转换。如运输机可以改变物体的空间位置，电动机能把电能转换成机械能等。

（2）机构

机构与机器有所不同，机构具有机器的前两个特征，而没有最后一个特征，通常把这些具有确定相对运动构件的组合称为机构。所以机构和机器的区别是机构的主要功用在于传递或转变运动的形式，而机器的主要功用是为了利用机械能做功或能量转换。

（3）运动副

使两物体直接接触而又能产生一定相对运动的联接，称为运动副。如图 1-2 所示。根据运动副中两机构接触形式不同，运动副可分为低副和高副。

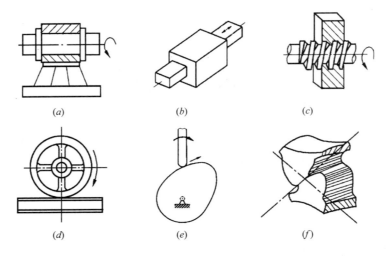

图 1-2 运动副

(a) 转运副；(b) 移动副；(c) 螺旋副；(d) 滚轮副；(e) 凸轮副；(f) 齿轮副

1) 低副。低副是指两构件之间作面接触的运动副。按两构件的相对运动情况，可分为：

① 转动副。指两构件在接触处只允许作相对转动，如由轴和瓦之间组成的运动副。

② 移动副。指两构件在接触处只允许作相对移动，如由滑块与导槽组成的运动副。

③ 螺旋副。两构件在接触处只允许作一定关系的转动和移动的复合运动，如丝杠与螺母组成的运动副。

2) 高副。高副是两构件之间作点或线接触的运动副。按两构件的相对运动情况，可分为：

① 滚轮副。如由滚轮和轨道之间组成的运动副。

② 凸轮副。如凸轮与从动杆组成的运动副。

③ 齿轮副。如两齿轮轮齿的啮合组成的运动副。

1.2 机械联接

由于使用、结构、制造、装配、运输等原因，机器中有相当多的零件需要彼此联接。被联接的零部件间相互固定而不能作相对运动的称为静联接，能按一定运动形式作相对运动的称为动联接。轴和轴承、导向平键和导向花键联接、螺旋传动、铰链、导轨等都是动联接。螺纹联接大多用作静联接，能经常装拆，应用广泛。

从传递载荷（力或力矩）的工作原理来看，联接又可分为摩擦的和非摩擦的两大类，前者靠联接中结合面间的摩擦来传递载荷，后者通过联接中零件的相互嵌合来传递载荷。

联接要力求与被联接件的强度相等，这样才有可能使联接中各零件潜存的承载能力都充分发挥。不过由于结构上、工艺上和经济上的原因，时常不能达到等强度设计。这时，联接的强度由联接中最薄弱环节的强度决定。

1.2.1　螺栓联接和销联接

1. 螺栓联接

螺栓是由头部和螺杆两部分组成的一类紧固件，需与螺母配合，用于紧固联接两个带有通孔的零件。这种联接形式称为螺栓联接，属于可拆卸联接。

按联接的受力方式，可分为普通螺栓和铰制孔用螺栓。铰制孔用螺栓要和孔的尺寸配合，主要用于承受横向力。按头部形状，可分为六角头、圆头、方形头和沉头螺栓等。按照性能等级，螺栓可分为高强度螺栓和普通螺栓。

2. 销联接

销联接用来固定零件间的相互位置，也可用于轴和轮毂或其他零件的联接以传递较小的荷载，有时还用作安全装置中的过载剪切元件。

销主要有圆柱销和圆锥销两种。一般用于固定零件之间的相对位置，起定位作用，也可用于轴与轮毂的联接，传递较小的载荷，还可作为安全装置中的过载剪断元件。

1.2.2　轴系零部件

1. 轴

轴是组成机器中最基本的零件，一切作旋转运动的传动零件，都必须安装在轴上才能实现旋转和传递动力。

（1）常用轴的种类。按照轴的轴线形状不同，可以把轴分为曲轴［图 1-3（a）］和直轴［图 1-3（b）、图 1-3（c）］两大类。曲轴可以将旋转运动改变为往复直线运动或者作相反的运动转换。直轴应用最为广泛，按照其外形不同，可分为光轴［图 1-3（b）］和阶梯轴［图 1-3（c）］两种。

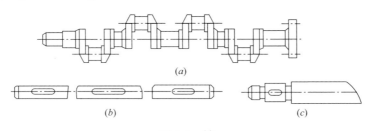

(a)

(b)   (c)

图 1-3　轴

(a) 曲轴；(b) 光轴；(c) 阶梯轴

按照轴的所受载荷不同，可将轴分为心轴、转轴和传动轴三类。

1）心轴。通常指只承受弯矩而不承受转矩的轴。如自行车前轴。

2）转轴。既受弯矩又受转矩的轴。转轴在各种机器中最为常见。

3）传动轴。只受转矩不受弯矩或受很小弯矩的轴。车床上的光轴、连接汽车发动机输出轴和后桥的轴，均是传动轴。

（2）轴的结构。轴主要由轴颈、轴头、轴身和轴肩、轴环构成，如图 1-4 所示。

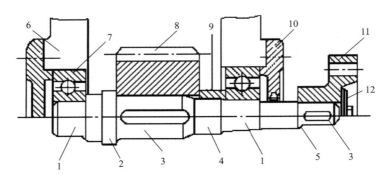

图 1-4　轴的结构

1—轴颈；2—轴环；3—轴头；4—轴身；5—轴肩；6—轴承座；7—滚动轴承；

8—齿轮；9—套筒；10—轴承盖；11—联轴器；12—轴端挡阻

2. 轴上零件的固定

轴上零件的固定可分为周向固定和轴向固定。

（1）周向固定

不允许轴与零件发生相对转动的固定，称为周向固定。常用的固定方法有楔键联接、平键联接、花键联接和过盈配合联接等。

楔键联接如图 1-5 所示。平键联接如图 1-6 所示。花键联接如图 1-7 所示。

过盈配合联接。过盈配合联接的特点是轴的实际尺寸比孔的实际尺寸大，安装时利用打入、压入、热套等方法将轮毂装在轴上，通常用于有振动、冲击和不需经常装拆的场合。

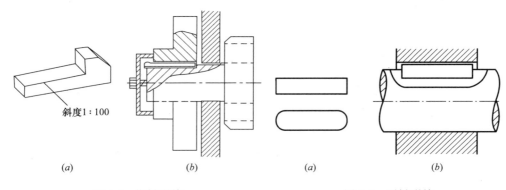

斜度1∶100

（a）　　　　　　（b）　　　　　　　　　（a）　　　　　　（b）

图 1-5　楔键联接　　　　　　　图 1-6　平键联接

（a）楔键；（b）楔键联接　　　　（a）平键；（b）平键联接

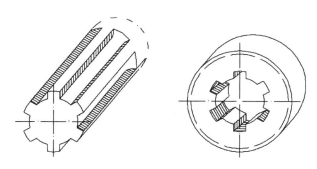

图 1-7　花键联接

（2）轴向固定

不允许轴与零件发生相对的轴向移动的固定，称为轴向固定。常用的固定方法有轴肩、螺母、定位套筒和弹性挡圈等。

1）轴肩。用于单方向的轴向固定。

2）螺母。轴端或轴向力较大时可用螺母固定。为防止螺母松动，可采用双螺母或带翅垫圈。

3）定位套筒。一般用于两个零件间距离较小的情况。

4）弹性挡圈（卡环）。当轴向力较小时，可采用弹性挡圈进行轴向定位，具有结构简单、紧凑等特点。

3. 轴承

轴承是用于支承轴颈的部件，它能保证轴的旋转精度，减小转动时轴与支承间的摩擦和磨损。根据轴承摩擦性质的不同，轴承可分为滑动轴承和滚动轴承两类。

（1）滑动轴承

滑动轴承一般由轴承座、轴承盖、轴瓦和润滑装置等组成，如图 1-8 所示。

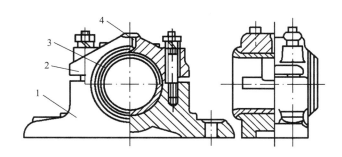

图 1-8　剖分式滑动轴承

1—轴承座；2—轴承盖；3—轴瓦；4—油杯座孔

滑动轴承与轴之间的摩擦为滑动摩擦，其工作可靠、平稳且无噪声，润滑油具有吸振能力，故能承受较大的冲击载荷，能用于高速运转。根据轴承的润滑状态，滑动轴承可分为非液体摩擦滑动轴承（动压轴承）和液体摩擦滑动轴承（静压轴承）两大类；按照所受载荷方向不同，可分为向心滑动轴承、推力滑动轴承和向心推力滑动轴承。

轴瓦是滑动轴承和轴接触的部分，是滑动轴承的关键元件。一般用青铜、减摩合金等耐磨材料制成，滑动轴承工作时，轴瓦与转轴之间要求有一层很薄的油膜起润滑作用。轴瓦分为整体式、剖分式和分块式三种，如图1-9所示。

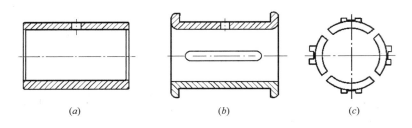

(a)　　　　　　　　(b)　　　　　　　　(c)

图1-9　轴瓦的结构

(a) 整体式轴瓦；(b) 剖分式轴瓦；(c) 分块式轴瓦

（2）滚动轴承

滚动轴承由内圈、外圈、滚动体和保持架组成，如图1-10所示。按照滚动体的形状不同，滚动轴承可分为滚珠轴承和滚柱轴承；若按轴承载荷的类型不同可分为向心轴承和推力轴承两大类。

滚动轴承有以下特点：

1）由于滚动摩擦代替滑动摩擦，摩擦阻力小、起动快，效率高；

2）对于同一尺寸的轴颈滚动轴承的宽度小，可使机器轴向尺寸小，结构紧凑；

3）运转精度高，径向游隙比较小并可用预紧完全消除；

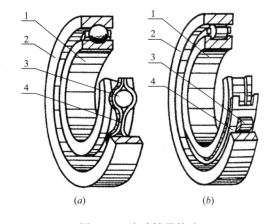

图1-10　滚动轴承构造

(a) 滚珠轴承；(b) 滚动轴承

1—内圈；2—外圈；3—滚动体；4—保持架

4）冷却、润滑装置结构简单、维护保养方便；

5）不需要用有色金属，对轴的材料和热处理要求不高；

6）滚动轴承为标准化产品，统一设计、制造、大批量生产、成本低；

7）点、线接触，缓冲、吸振性能较差，承载能力低，寿命低，易点蚀。

4. 联轴器

用来联接不同机构中的两根轴（主动轴和从动轴）使之共同旋转以传递扭矩的机械零件。

在高速重载的动力传动中，有些联轴器还有缓冲、减振和提高轴系动态性能的作用。联轴器由两半部分组成，分别与主动轴和从动轴联接。一般动力机大都借助于联轴器与工作机相联接。常用的联轴器可分为刚性联轴器、弹性联轴器和安全联轴器三类。

（1）刚性联轴器

刚性联轴器是通过若干刚性零件将两轴联接在一起，可分为固定式和可移式两类。这类联轴器结构简单、成本较低，但对中性要求高，一般用于平稳载荷或只有轻微冲击的场合。

凸缘式联轴器（图 1-11 所示）是一种常见的刚性固定式联轴器。凸缘联轴器由两个带凸缘的半联轴器用键分别和两轴联在一起，再用螺栓把两半联轴器联成一体。凸缘联轴器有两种对中方法，一种是用半联轴器结合端面上的凸台与凹槽相嵌合来对中，如图 1-11（a）所示；另一种是用部分环配合对中，如图 1-11（b）所示。

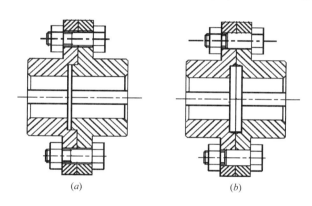

图 1-11　凸缘联轴器

（a）凹槽配合；（b）部分环配合

滑块联轴器（如图 1-12 所示）是一种常见的刚性移动式联轴器。它由两个带径向凹槽的半联轴器和一个两面具有相互垂直的凸榫的中间滑块所组成，滑块上的凸榫分别和两个半联轴器的凹槽相嵌合，构成移动副，故可补偿两轴间的偏移。当转速较高时，由于中间滑块的偏心将会产生较大的离心惯性力，给轴和轴承带来附加载荷，所以只适用于低速、冲击小的场合。

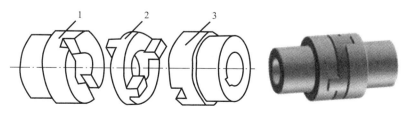

图 1-12　滑块联轴器

1（3）—半联轴器；2—滑块

7

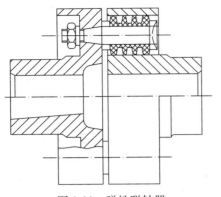

图 1-13　弹性联轴器

（2）弹性联轴器

弹性联轴器种类繁多，它具有缓冲吸振，可补偿较大的轴向位移，微量的径向位移和角位移的特点，用在正反向变化多、启动频繁的高速轴上。如图 1-13 所示是一种常见的弹性联轴器，它由两个半联轴器、柱销和胶圈组成。

（3）安全联轴器

安全联轴器有一个只能承受限定载荷的保险环节，当实际载荷超过限定的载荷时，保险环节就发生变化，截断运动和动力的传递，从而保护机器的其余部分不致损坏。

1.3　机械传动

传动分为机械传动、流体传动和电传动三类。

机械传动的作用为传动能量和能量的分配，转速的改变，运动形式的改变（如回转运动改变为往复运动）。

机械传动分为啮合传动和摩擦传动。

机械传动又可分为直接接触型和有中间机件型两种。机械传动的分类见表 1-1。

机械传动分类　　　　　　　　　　　　　　　　表 1-1

机械传动分类	直接接触的传动	有中间机件的传动
摩擦传动	摩擦轮传动	带传动 绳传动
	摩擦无极变速器	
啮合传动	齿轮传动 蜗杆传动 螺旋传动 凸轮传动、连杆机构、组合机构	链传动 同步带传动

摩擦传动的外廓尺寸较大，由于打滑和弹性滑动等原因，其传动比不能保持恒定。但它的回转体要比啮合传动简单，即使精度要求很高，制造也不困难。摩擦传动运行平稳、无噪声。大部分摩擦传动都能起安全作用，可借助接触零件的打滑来限制传递的最大转矩。摩擦传动的另一优点是易于实现无级调速，无级变速装置中以摩擦传动作基础的较多。

啮合传动具有外廓尺寸小、效率高（蜗杆传动除外）、传动比恒定、功率范围广等优点。但因靠金属元件间的齿的啮合来传递动力，所以在其高速运行时很小的制造误差和齿廓变形也将引起冲击和噪声，这是啮合传动的主要缺点。

1.3.1　齿轮传动

齿轮传动是由齿轮副组成的传递运动和动力的一套装置，所谓齿轮副是由两个相啮合的齿轮组成的基本结构。

1. 齿轮传动工作原理

齿轮传动由主动轮、从动轮和机架组成。齿轮传动是靠主动轮的轮齿与从动轮的轮齿直接啮合来传递运动和动力的装置，如图 1-14 所示。

（1）传动比

在一对齿轮中，设主动齿轮的转速为 n_1，

图 1-14　齿轮传动

齿数为 Z_1，从动齿轮的转速为 n_2，齿数为 Z_2，由于是啮合传动，在单位时间里两轮转过的齿数应相等，即 $Z_1 \cdot n_1 = Z_2 \cdot n_2$，由此可得一对齿轮的传动比，见式（1-1）：

$$i_{12} = \frac{n_1}{n_2} = \frac{Z_2}{Z_1} \tag{1-1}$$

式中　i_{12}——齿轮的传动比；

n_1、n_2——齿轮的转速；

Z_1、Z_2——齿轮的齿数。

上式说明一对齿轮传动比，就是主动齿轮与从动齿轮转速（角速度）之比，与其齿数成反比。若两齿轮的旋转方向相同，规定传动比为正；若两齿轮的旋转方向相反，规定传动比为负，则一对齿轮的传动比可写为：

$$i_{12} = \pm \frac{n_1}{n_2} = \pm \frac{Z_2}{Z_1} \tag{1-2}$$

（2）齿轮各部分名称和符号

齿轮各部分名称和符号，如图 1-15 所示。

齿槽：齿轮上相邻两轮齿之间的空间；

齿顶圆：通过轮齿顶端所作的圆称为齿顶圆，其直径用 d_a 表示，半径用 r_a 表示；

齿根圆：通过齿槽底所作的圆称为齿根圆，其直径用 d_f 表示，半径用 r_f 表示；

齿厚：一个齿的两侧端面齿廓之间的弧长称为齿厚，用 s 表示；

齿槽宽：一个齿槽的两侧齿廓之间的弧长称为齿槽宽，用 e 表示；

分度圆：齿轮上具有标准模数和标准压力角的圆称为分度圆，其直径用 d 表示，半

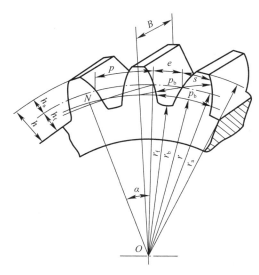

图 1-15　齿轮各部分名称和称号

径用 r 表示；对于标准齿轮，分度圆上的齿厚和槽宽相等；

齿距：相邻两齿上同侧齿廓之间的弧长称为齿距，用 p 表示，即 $p=s+e$；

齿高：齿顶圆与齿根圆之间的径向距离称为齿高，用 h 表示；

齿顶高：齿顶圆与分度圆之间的径向距离称为齿顶高，用 h_a 表示；

齿根高：齿根圆与分度圆之间的径向距离称为齿根高，用 h_f 表示；

齿宽：齿轮的有齿部位沿齿轮轴线方向量得的齿轮宽度，用 B 表示。

（3）主要参数

齿数。在齿轮整个圆周上轮齿的总数称为齿数，用 z 表示。

模数。模数是齿轮几何尺寸计算中最基本的一个参数。齿距除以圆周率所得的商，称为模数，由于 π 为无理数，为了计算和制造上的方便，人为地把 p/π 规定为有理数，用 m 表示，模数单位为 mm，即：$m=p/\pi=d/Z$。

模数直接影响齿轮的大小、轮齿齿形和强度的大小。对于相同齿数的齿轮，模数越大，齿轮的几何尺寸越大，轮齿也大，因此承载能力也越大。

国家对模数值，规定了标准模数系列，见表 1-2。

标准模数系列表（单位：mm）　　　　表 1-2

第一系列	1	1.25	1.5	2	2.5	3	4	5	6	8	
(mm)	10	12	16	20	25	32	40	50			
第二系列	1.135	1.375	1.75	2.25	2.75	3.5	4.5	5.5	(6.5)	7	9
(mm)	11	14	18	22	28	35	45				

注：本表适用于渐开线圆柱齿轮，对斜齿轮是指法面模数；选用模数时，应优先采用第一系列，其次是第二系列，括号内的模数尽量不用。

分度圆压力角。通常说的压力角指分度圆上的压力角，简称压力角，用 α 表示。国家标准中规定，分度圆上的压力角为标准值，$\alpha=20°$。

齿廓形状是由齿数、模数、压力角三个因素决定的。

2. 直齿圆柱齿轮传动

（1）啮合条件。两齿轮的模数和压力角分别相等。

（2）中心距。一对标准直齿圆柱齿轮传动，由于分度圆上的齿厚与齿槽宽相等，所以两齿轮的分度圆相切，且作纯滚动，此时两分度圆与其相应的节圆重合，则标准中心距见式（1-3）：

$$a=r_1+r_2=\frac{m(Z_1+Z_2)}{2} \qquad (1\text{-}3)$$

式中　a——标准中心距；

　r_1、r_2——齿轮的半径；

　　m——齿轮的模数；

　Z_1、Z_2——齿轮的齿数。

3. 斜齿圆柱齿轮传动

（1）斜齿圆柱齿轮齿面的形成

斜齿圆柱齿轮是齿线为螺旋线的圆柱齿轮。斜齿圆柱齿轮的齿面制成渐开螺旋面。渐开螺旋面的形成，是一平面（发生面）沿着一个固定的圆柱面（基圆柱面）作纯滚动时，此平面上的一条以恒定角度与基圆柱的轴线倾斜交错的直线在空间内的轨迹曲面，如图 1-16 所示。

当其恒定角度 $\beta=0$ 时，则为直齿圆柱渐开螺旋面齿轮（简称直齿圆柱齿轮），当 $\beta\neq0$ 时，则为斜齿圆柱渐开螺旋面齿轮，简称斜齿圆柱齿轮。

（2）斜齿圆柱齿轮传动的特点

斜齿圆柱齿轮传动和直齿圆柱齿轮传动一样，仅限于传递两平行轴之间的运动；齿轮承载能力强，传动平稳，可以得到更加紧凑的结构；但在运转时会产生轴向推力。

4. 齿条传动

齿条传动主要用于把齿轮的旋转运动变为齿条的直线往复运动，或把齿条的直线往复运动变为齿轮的旋转运动。

（1）齿条传动的形式

在两标准渐开线齿轮传动中（如图 1-17 所示），当其中一个齿轮的齿数无限增加时，分度圆变为直线，称为基准线。此时齿顶圆、齿根圆和基圆也同时变为与基准线平行的直线，并分别叫齿顶线、齿根线。这时齿轮中心移到无穷远处。同时，基圆半径也增加到无穷大。这种齿数趋于无穷多的齿轮的一部分就是齿条。因此齿条是具有一系列等距离分布齿的平板或直杆。

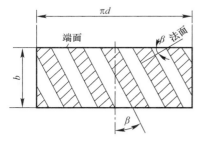 

图 1-16　斜齿轮展示图　　　　　　　图 1-17　齿条传动

（2）齿条传动的特点

由于齿条的齿廓是直线，所以齿廓上各点的法线是平行的。在传动时齿条作直线运动。齿条上各点的速度的大小和方向都一致。齿廓上各点的齿形角都相等，其大小等于齿廓的倾斜角，即齿形角 $\alpha=20°$。

由于齿条上各齿同侧的齿廓是平行的，所以不论在基准线上（中线上）、齿顶线上。还是与基准线平行的其他直线上，齿距都相等，即 $p=\pi m$。

图 1-18 蜗杆蜗轮传动

5. 蜗杆传动

蜗杆传动是一种常用的齿轮传动形式，其特点是可以实现大传动比传动，广泛应用于机床、仪器、起重运输机械及施工机械中。

蜗杆传动由蜗杆和蜗轮组成（图 1-18 所示），传递两交错轴之间的运动和动力，一般以蜗杆为主动件，蜗轮为从动件。通常，工程中所用的蜗杆是阿基米德蜗杆，它的外形很像一根具有梯形螺纹的螺杆，其轴向截面类似于直线齿廓的齿条。蜗杆有左旋、右旋之分，一般为右旋。

蜗杆传动的主要特点是：

（1）传动比大。蜗杆与蜗轮的运动相当于一对螺旋副的运动，其中蜗杆相当于螺杆，蜗轮相当于螺母。设蜗杆螺纹头数为 z_1，蜗轮齿数为 z_2。在啮合中，若蜗杆螺纹头数 $z_1 = 1$，则蜗杆回转一周蜗轮只转过一个齿，即转过 $1/z_2$ 转；若蜗杆头数 $z_2 = 2$，则蜗轮转过 $2/z_2$ 转，由此可得蜗轮杆蜗轮的传动比：

$$i = \frac{n_1}{n_2} = \frac{z_2}{z_1} \tag{1-4}$$

（2）蜗杆的头数 z_1 很少，仅为 $1 \sim 4$，而蜗轮齿数 z_2 却可以很多，所以能获得较大的传动比。单级蜗杆传动的传动比一般为 $8 \sim 60$，分度机构的传动比可达 500 以上。

（3）工作平稳、噪声小。

（4）具有自锁作用。当蜗杆的螺旋升角 λ 小于 $6°$ 时（一般为单头蜗杆），无论在蜗轮上加多大的力都不能使蜗杆转动，而只能由蜗杆带动蜗轮转动。这一性质对某些起重设备很有意义，可利用蜗轮蜗杆的自锁作用使重物吊起后不会自动落下。

（5）传动效率低。一般阿基米德单头蜗杆传动效率为 $0.7 \sim 0.9$。当传动比很大、蜗杆螺旋升角很小时，效率甚至在 0.5 以下。

6. 齿轮传动的失效形式

齿轮传动过程中，如果轮齿发生折断，齿面损坏等现象，则轮齿就失去了正常的工作能力，称为失效。

常见的轮齿失效形式、失效的原因及避免措施见表 1-3。

齿轮失效的原因及避免措施　　　　　　　　　　　表 1-3

比较项目 ＼ 失效形式	轮齿折断	齿面点蚀	齿面胶合	齿面磨损	齿面塑性变形
引起原因	短时意外的严重过载超过弯曲疲劳极限	很小的面接触、循环变化就会使齿面表层产生细微的疲劳裂纹、微粒剥落而形成麻点	高速重载、啮合区温度升高引起润滑失效，齿面金属直接接触并相互粘连，较软的齿面被撕下而形成沟纹	接触表面间有较大的相对滑动，产生滑动摩擦	低速重载、齿面压力过大

续表

失效形式 比较项目	轮齿折断	齿面点蚀	齿面胶合	齿面磨损	齿面塑性变形
部位	齿根部分	靠近节线的齿根表面	轮齿接触表面	轮齿接触表面	轮齿
避免措施	选择适当的模数和齿宽，采用合适的材料及热处理方法，降低表面粗糙度，降低齿根弯曲应力	提高齿面硬度	提高齿面硬度，降低表面粗糙度，采用黏度大和抗胶合性能好的润滑油	提高齿面硬度，降低表面粗糙度，改善润滑条件，加大模数，尽可能用闭式齿轮传动结构代替开式齿轮传动结构	减小载荷，减少启动频率

1.3.2 带传动

带传动是由主动轮、从动轮和传动带组成，靠带与带轮之间的摩擦力来传递运动和动力。如图 1-19 所示。

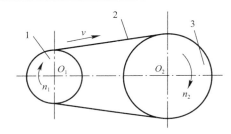

图 1-19 带传动
1—主动带轮；2—传动带；3—从动带轮

1. 带传动的特点

与其他传动形式相比较，带传动具有以下特点：

（1）由于传动带具有良好的弹性，所以能缓和冲击、吸收振动，传动平稳，无噪声。但因带传动存在滑动现象，所以不能保证恒定的传动比。

（2）传动带与带轮是通过摩擦力传递运动和动力的。因此过载时，传动带在轮缘上会打滑，从而可以避免其他零件的损坏，起到安全保护的作用。但传动效率较低，带的使用寿命短；轴、轴承承受的压力较大。

（3）适宜用在两轴中心距较大的场合，但外廓尺寸较大。

（4）结构简单，制造、安装、维护方便，成本低。但不适用于高温、有易燃易爆物质的场合。

2. 带传动的类型

带传动可分为平型带传动、V 带传动和同步齿形带传动等。如图 1-20 所示。

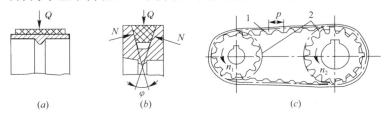

图 1-20 带传动的类型

（a）平型带传动；（b）V 带传动；（c）同步带传动

1—节线；2—节圆

（1）平型带传动

平型带的横截面为矩形，已标准化。常用的有橡胶帆布带、皮革带、棉布带和化纤带等。

平型带传动主要用于两带轮轴线平行的传动，其中有开口式传动和交叉式传动等。如图 1-21 所示，开口式传动，两带轮转向相同，应用较多；交叉式传动，两带轮转向相反，传动带容易磨损。

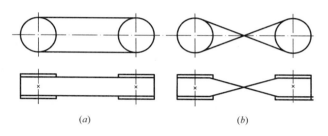

图 1-21　平型带传动

（a）开口传动；（b）交叉传动

（2）V 型带传动

V 型带传动又称三角带传动，较之平带传动的优点是传动带与带轮之间的摩擦力较大，不易打滑；在电动机额定功率允许的情况下，要增加传递功率只要增加传动带的根数即可。V 型带传动有普通 V 型带传动和窄 V 型带传动两类，常用普通 V 型带传动。

对 V 型带轮的基本要求是：重量轻，质量分布均匀，有足够的强度，安装时对中性良好，无铸造与焊接所引起的内应力。带轮的工作表面应经过加工，使之表面光滑以减少胶带的磨损。

带轮常用铸铁、钢、铝合金或工程塑料等制成。带轮由轮缘、轮毂、轮辐三部分组成，如图 1-22 所示。轮缘上有带槽，它是与 V 型带直接接触的部分，槽数与槽的尺寸应与所选 V 型带的根数和型号相对应。轮毂是带轮与轴配合的部分，轮毂孔内一般有键槽，以便用键将带轮和轴连接在一起。轮辐是连接轮缘与轮毂的部分，其形式根据带轮直径大小选择。当带轮直径很小时，只能做成实心式，如图 1-22（a）所示；中等直径的带轮做成腹板式，如图 1-22（b）所示；直径大于 300mm 的带轮常采用轮辐式，如图 1-22（c）所示。

V 型带传动的安装、使用和维护是否得当，会直接影响传动带的正常工作和使用寿命。在安装带轮时，要保证两轮中心线平行，其端面与轴的中心线垂直，主、从动轮的轮槽必须在同一平面内，带轮安装在轴上不得晃动。

选用 V 型带时，型号和计算长度不能搞错。若 V 型带型号大于轮槽型号，会使 V 型带高出轮槽，使接触面减小，降低传动能力；若小于轮槽型号，将使 V 型带底面与轮槽底面接触，从而失去 V 型带传动摩擦力大的优点。

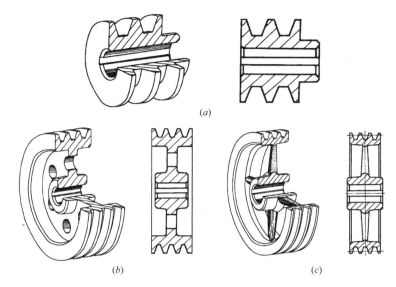

图 1-22　带轮

（a）实心式；（b）腹板式；（c）轮辐式

　　为了使 V 型带保持一定的张紧程度和便于安装，常把两带轮的中心距做成可调整的（如图 1-23 所示），或者采用张紧装置（如图 1-24 所示）。没有张紧装置时，可将 V 型带预加张紧力增大到 1.5 倍，当胶带工作一段时间后，由于总长度有所增加，张紧力就合适了。

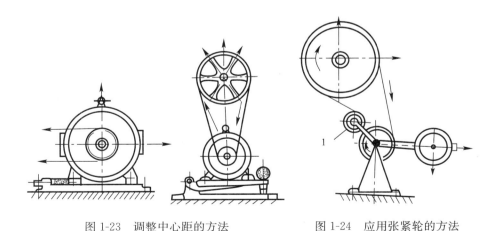

图 1-23　调整中心距的方法

图 1-24　应用张紧轮的方法

1—张紧轮

（3）同步带传动

同步带传动是一种啮合传动，依靠带内周的等距横向齿与带轮相应齿槽间的啮合

图 1-25　同步带传动

来传递运动和动力，如图 1-25 所示。同步带传动工作时带与带轮之间无相对滑动，能保证准确的传动比。传动效率可达 0.98；传动比较大，可达 12~20；允许带速可高至 50m/s。但同步带传动的制造要求较高，安装时对中心距有严格要求，价格较贵。同步带传动主要用于准确传动比的中小功率传动。

3. 带传动的维护

为了延长使用寿命，保证正常运转，须正确使用与维护。带传动在安装时，必须使两带轮轴线平行，轮槽对正，否则会加剧磨损。安装时应缩小轴距后套上，然后调整。严防与矿物油、酸、碱等腐蚀性介质接触，也不宜在阳光下曝晒。如有油污可用温水或 1.5% 的稀碱溶液洗净。

1.3.3　链传动

链传动是由主动链轮、链条和从动链轮组成，如图 1-26 所示。链轮具有特定的齿形，链条套装在主动链轮和从动链轮上。工作时，通过链条的链节与链轮轮齿的啮合来传递运动和动力。

链传动具有下列特点：

（1）链传动结构较带传动紧凑，过载能力大；

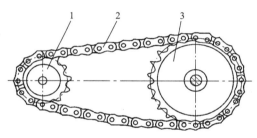

图 1-26　链传动

1—主动链轮；2—链条；3—从动链轮

（2）链传动有准确的平均传动比，无滑动现象，但传动平稳性差，工作时有噪声；

（3）作用在轴和轴承上的载荷较小；

（4）可在温度较高、灰尘较多、湿度较大的不良环境下工作；

（5）低速时能传递较大的载荷；

（6）制造成本较高。

1.4　液压传动

液压传动是用液体作为工作介质来传递能量和进行控制的传动方式。它首先通过能量转换装置（如液压泵），将原动机（如电动机）的机械能转变为压力能，然后通过封闭管道、控制元件等，由另一能量转换装置（液压缸、液压马达）将液体的压力能转变为机械能，驱动负载，使执行机构得到所需的动力，完成所需的运动。

1.4.1　液压传动的组成

液压传动系统主要由以下 5 个部分组成。

（1）动力元件

主要指各种液压泵，它的作用是把原动机（电动机）的机械能转变成油液的压力能，给液压系统提供压力油，是液压系统的动力源。

（2）执行元件

指各种类型的液压缸、液压马达，其作用是将油液压力能转变成机械能，输出一定的力（或力矩）和速度，以驱动负载。

（3）控制调节元件

主要指各种类型的液压控制阀，如溢流阀、节流阀、换向阀等。它们的作用是控制液压系统中油液的压力、流量和流动方向，从而保证执行元件能驱动负载，并按规定的方向运动，获得规定的运动速度。

（4）辅助装置

指油箱、过滤器、油管、管接头、压力表等。它们对保证液压系统可靠、稳定、持久的工作，具有重要作用。

（5）工作介质

指各种类型的液压油。

1.4.2　液压传动的优缺点

1. 液压传动的主要优点

液压传动与机械传动、电力传动和气压传动相比，主要具有以下优点：

（1）便于实现无级调速，调速范围比较大，可达 100：1 至 2000：1。

（2）在同等功率的情况下，液压传动装置的体积小、重量轻、惯性小、结构紧凑（如液压马达的重量只有同功率电机重量的 10%～20%），而且能传递较大的力或扭矩。

（3）工作平稳、反应快、冲击小，能频繁启动和换向。液压传动装置的换向频率，回转运动每分钟可达 500 次，往复直线运动每分钟可达 400～1000 次。

（4）控制、调节比较简单，操纵比较方便、省力，易于实现自动化，与电气控制配合使用能实现复杂的顺序动作和远程控制。

（5）易于实现过载保护，系统超负载，油液经溢流阀流回油箱，由于采用油液作为工作介质，能自行润滑，所以寿命长。

（6）易于实现系列化、标准化、通用化，易于设计、制造和推广使用。

（7）易于实现回转、直线运动，而且元件排列布置灵活。

（8）在液压传动系统中，功率损失所产生的热量可由流动着的油带走，故可避免机械本体产生过度温升。

2. 液压传动的主要缺点

（1）液体为工作介质，易泄漏，且具有可压缩性，故难以保证严格的传动比。

（2）液压传动中有较多的能量损失（摩擦损失、压力损失、泄漏损失），传动效率低，所以不宜做远距离传动。

（3）液压传动对油温和负载变化敏感，不宜于在很低或很高温度下工作，对污染很敏感。

（4）液压传动需要有单独的能源（如液压泵站），液压不能像电能那样远距离传输。

（5）液压元件制造精度高、造价高，须组织专业化生产。

（6）液压传动装置出现故障时不易查找原因，不易迅速排除。

1.4.3 液压泵和液压马达

在液压系统中，液压泵是把原动机提供的机械能转换成压力能的动力元件，其功用是给液压系统提供足够的液体压力能以驱动系统工作，而液压是将输入的液体压力能转换成工作机构所需要的机械能，直接或间接驱动负载连续回转而做功的执行元件。

液压泵和液压马达一般图形符号如图 1-27 所示。

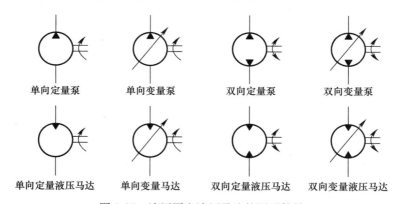

图 1-27　液压泵和液压马达的图形符号

1.4.4 液压控制阀

液压控制阀是液压系统中的控制元件，用来控制液压系统中流体的压力、流量及流动方向，以满足液压缸、液压马达等执行元件不同的动作要求，它是直接影响液压系统工作过程和工作特性的重要元器件。

根据在液压系统中的功用可分为方向控制阀、压力控制阀和流量控制阀。

方向控制阀是用来使液压系统中的油路通断或改变油液的流动方向，从而控制液压执行元件的启动或停止，改变其运动方向的阀类，如单向阀、液控单向阀和换向阀等（如图 1-28 所示）。

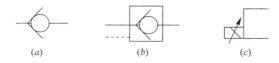

图 1-28　方向控制阀图形符号

(*a*) 单向阀；(*b*) 液控单向阀；(*c*) 换向阀

压力控制阀是用来调节和控制液压系统中油液压力的阀类。按其功能和用途可分为溢流阀、减压阀、顺序阀和压力继电器等（如图 1-29 所示）。

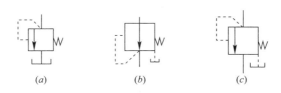

图 1-29　压力控制阀图形符号

(*a*) 溢流阀；(*b*) 减压阀；(*c*) 顺序阀

流量控制阀通过改变节流口通流面积或通流通道的长短来改变局部阻力的大小，从而实现对流量的控制。流量控制阀包括节流阀、调速阀等（如图 1-30 所示）。

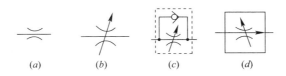

图 1-30　流量控制阀图形符号

(*a*) 不可调节流阀；(*b*) 可调节流阀；(*c*) 可调单向节流阀；(*d*) 调速阀

液压基本回路是指由一些液压元件与液压辅助元件按照一定关系组合，能够实现某种特定功能的油路结构。任何一个复杂的液压系统，总可以分解为若干个基本回路。液压基本回路按在系统中所起的作用不同有多种类型，其中最常用的基本回路是压力控制回路、速度控制回路、方向控制回路和多缸动作控制回路。

1.5　施工机械的电气系统

1.5.1　电工学基础

1. 直流电

直流电（DC 表示）是大小和方向都不随时间变化的电流，又称恒定电流。所通过的电路称为直流电路，是由直流电源和电阻构成的闭合导电回路。在直流电路中，电

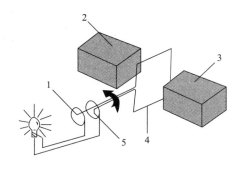

图 1-31　交流发电原理图

1—滑环；2(3)—磁铁；4—线圈；5—电刷

源的作用是提供不随时间变化的恒定电动势，为在电阻上消耗的焦耳热补充能量。

2. 交流电

交流电（AC 表示）是随时间而改变方向的电流，因导线在磁场中无法永远在同一方向移动，而必须做周期性的往返运动，因此其产生的电流也定期改变方向。图 1-31 是一个简单的交流发电机原理示意图。

我国工业上普遍采用频率为 50Hz 的正弦交流电，在日常生活中，人们接触较多的是单相交流电，而实际工作中，人们接触更多的是三相交流电。

三相交流电是三个具有相同频率、相同振幅，但在相位上彼此相差 120°的正弦交流电。三相交流电习惯上分为 A、B、C 三相。按国标规定，交流供电系统的电源 A、B、C 分别用 L_1、L_2、L_3 表示，其相色分别为黄色、绿色和红色。交流供电系统中电气设备接线端子的 A、B、C 相依次用 U、V、W 表示，如三相电动机三相绕组的首端和尾端分别为 U_1、V_1 和 W_1 和 U_2、V_2 和 W_2。

3. 电流

电流是指电荷的定向移动。电流的大小称为电流强度（简称电流，符号为 I），是指单位时间内通过导线某一截面的电荷量，每秒通过一库仑的电量称为一"安培"（A）。安培是国际单位制中所有电性的基本单位。除了安培（A），常用的单位有毫安（mA）及微安（μA）。它们之间的换算关系是：

1A＝1000mA；1mA＝1000μA。

（1）电流的基本计算式：

$$I = \frac{Q}{t} = \frac{U}{R} \tag{1-5}$$

式中　Q——电量；

　　　t——时间；

　　　U——电压；

　　　R——电阻。

（2）电流的方向。物理上规定电流的方向是正电子的流动方向或者负电子的流动的反方向。

（3）电流形成的原因。电压是使电路中电荷定向移动形成电流的原因。

（4）电流产生的条件

1）必须具有能够自由移动的电荷。

2）导体两端存在电压（要使闭合回路中得到持续电流，必须要有电源）。

（5）电流的单位。电流单位"安培"，简称"安"，符号是"A"。

（6）电流的测量

电流采用电流表进行测量。电流表的符号：-A-。电流表的使用方法：

1）电流表要串联在电路中；

2）正负接线柱的接法要正确：电流从正接线柱流入，从负接线柱流出；

3）被测电流不要超过电流表的量程；

4）绝对不允许不经过用电器而把电流表直接连到电源的两极上；

5）确认目前使用的电流表的量程；

6）确认每个大格和每个小格所代表的电流值。

（7）电流的三大效应。热效应、磁效应、化学效应。

（8）额定电流

额定电流是指电气设备等在额定输出时的电流。电气设备标出的电流值为额定电流。如熔断器的熔体都有两个参数：额定电流与熔断电流。所谓额定电流是指长时间通过熔体而不熔断的电流。熔断电流一般是额定电流的两倍。

4. 电压

电流所以能够在导线中流动，是因为在电流中有着高电位和低电位之间的差。这种差叫电位差，也叫电压。在电路中，任意两点之间的电位差称为这两点的电压。电压用符号"U"表示。电压的高低，用单位"伏特"表示，简称"伏"，用符号"V"表示。高电压可以用"千伏"（kV）表示，低电压可以用"毫伏"（mV）表示。

换算关系：

1 千伏(kV)=1000 伏（V）；1 伏(V)=1000 毫伏（mV）。

（1）电压的基本计算式：

$$U = I \cdot R \tag{1-6}$$

式中　I——电流；

　　　R——电阻。

（2）电压表的使用

电压的大小用电压表测量。

1）使用前，先校零；

2）电压表必须并联在被测电路中；

3）使电流从电压表的"＋"接线柱流入，"－"接线柱流出；

4）所测电压不允许超过它的量程；

5）在不知电压大小的情况下，可用快速试触最大量程的方法；

6）电压表可以直接接在电源的两端。

5. 电阻

导体对电流的阻碍作用就叫该导体的电阻。电阻器简称电阻（用"R"表示）是所有电子电路中使用最多的元件。电阻的主要物理特征是变电能为热能，也可以说它是一个耗能元件，电流经过它就产生内能。电阻在电路中通常起分压分流的作用，对信号来说，交流与直流信号都可以通过电阻。

电阻都有一定的阻值，它代表这个电阻对电流流动阻挡力的大小。电阻的单位是"欧姆"，用符号"Ω"表示。

欧姆的定义：当在一个电阻器的两端加上 1 伏特的电压时，如果在这个电阻器中有 1 安培的电流通过，则这个电阻器的阻值为 1 欧姆。

在国际单位制中，电阻的单位是 Ω（欧姆），此外还有 kΩ（千欧），MΩ（兆欧）。它们之间的换算关系是：

$1MΩ=1000kΩ$，$1kΩ=1000Ω$

电阻的阻值标法通常有色环法，数字法。色环法在一般的的电阻上比较常见。也采用数字法，即：10^1—表示 $10Ω$ 的电阻；10^2—表示 $100Ω$ 的电阻；10^3—表示 $1kΩ$ 的电阻；10^4—表示 $10kΩ$ 的电阻；10^6—表示 $1MΩ$ 的电阻；10^7—表示 $10MΩ$ 的电阻。

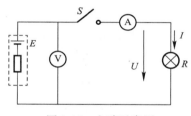

图 1-32　电路示意图

6. 电路

电路是电流所流经的路径。电路或称电子回路，是由电气设备和元器件，按一定方式连接起来，为电荷流通提供了路径的总体，也叫电子线路或称电气回路，简称网络或回路。如电阻、电容、电感、二极管、三极管和开关等，构成的网络，图 1-32 为电路示意图。

（1）串联电路

电流依次通过每一个组成元件的电路叫串联电路。串联电路的基本特征是只有一条支路，串联电路五个特点：

1）流过每个电阻的电流相等；

2）总电压（串联电路两端的电压）等于分电压（每个电阻两端的电压）之和；

3）总电阻等于分电阻之和；

4）各电阻分得的电压与其阻值成正比；

5）各电阻分得的功率与其阻值成正比。

串联的优点：在电路中，若想控制所有电路，即可使用串联的电路。

串联的缺点：若电路中有一个用电器坏了，意味着整个电路都断了。

（2）并联电路

并联电路是指在电路中，所有电阻（或其他电子元件）的输入端和输出端分别被连接在一起。在并联电路中，每一元件两端的电压 U 都是相同的，流过每一元件的电

流 I_x 不会受其他元件影响，它会根据元件的电阻 R_x 而有所不同，$I_x=U/R_x$。并联电路有如下五个特点：

1）干路电流等于各支路电流之和；

2）干路电压等于各支路电压；

3）总电阻的倒数等于各电阻的倒数之和；

4）并联电路中通过各导体的电流强度跟它的电阻成反比，即在并联电路中，电阻越小通过电流强度越大；

5）并联电路中各电阻消耗电功率跟它阻值成反比，即在并联电路中，电阻越小消耗电功率越大。

7. 电感

电感是衡量线圈产生自感磁通本领大小的物理量，用字母"L"表示，单位是"亨利"，用字母"H"：表示。

$$1H=10^3\,mH=10^6\,\mu H$$

电感分为互感和自感两种。

互感指两个线圈之间的电磁感应，如电流互感器等。

自感指由于通过线圈本身的电流变化而引起的电磁感应。

8. 电功率

电功率是衡量用电器消耗电能快慢的物理量，也就是电流在单位时间内所做的功，用"P"表示，它的单位是"W"（瓦特，简称瓦），此外还有 kW（千瓦）。它们之间的关系是：$1kW=1000W$。

电功率的基本算式：

$$P=\frac{W}{t} \tag{1-7}$$

式中　t——时间，单位：h；

W——电能，单位：J。

电功率还可以由电压与电流的乘积求得：

$$P=U \cdot I \tag{1-8}$$

用电器在额定电压下的功率叫作额定功率。

1.5.2　电机传动

1. 电机传动的分类

按电动机供电电流制式的不同，有直流电和交流电两种电动机。直流电动机是将直流电能转换为机械能的电动机。交流电动机是将交流电的电能转变为机械能的一种机器。

2. 三相异步电动机

交流电动机分为异步电动机和同步电动机。异步电动机又可分为单相电动机和三相电动机。施工卷扬机一般都采用三相异步电动机。

（1）三相异步电动机的工作原理

电动机的工作原理是建立在电磁感应定律、全电流定律、电路定律和电磁力定律等基础上的。当在电动机的三相定子绕组（各相差 120°电角度）中通入三相交流电后，将产生一个旋转磁场，该旋转磁场切割转子绕组，从而在转子绕组中产生感应电流（转子绕组是闭合通路），载流的转子导体在定子旋转磁场作用下将产生电磁力，从而在电机转轴上形成电磁转矩，驱动电动机旋转，驱动转子沿着旋转磁场方向旋转。

（2）三相异步电动机的分类

1）按电动机转子结构形式可分为鼠笼式电动机和绕线式电动机。

2）按电动机的防护形式可分为：开启式（IP11）、防护式（IP22 及 IP23）、封闭式（IP44）、防爆式三相异步电动机。

开启式（IP11）：价格便宜，散热条件最好，由于转子和绕组暴露在空气中，只能用于干燥、灰尘很少又无腐蚀性和爆炸性气体的环境。

防护式（IP22 及 IP23）：通风散热条件较好，可防止水滴、铁屑等外界杂物落入电动机内部，适用于较干燥且灰尘不多又无腐蚀性和爆炸性气体的环境。

封闭式（IP44）：适用于潮湿、多尘、易受风雨侵蚀，有腐蚀性气体等较恶劣的工作环境，应用最普遍。

3）按电动机的通风冷却方式可分为：自冷式、自扇冷式、他扇冷式、管道通风式三相异步电动机。

4）按电动机的安装结构形式可分为：卧式、立式、带底脚、带凸缘三相异步电动机。

5）按电动机的绝缘等级，可分为 E 级、B 级、F 级、H 级三相异步电动机。

6）按工作定额可分为：连续、断续、间歇三相异步电动机。

（3）三相异步电动机的结构

三相异步电动机的种类很多，但基本结构是相同的，都由定子和转子这两大基本部分组成，在定子和转子之间具有一定的气隙。此外，还有端盖、轴承、接线盒、吊环等其他附件，如图 1-33 所示。

三相异步电动机的外部构造（图 1-34 所示）。

（4）三相异步电动机铭牌

在三相电动机的外壳上，钉有一块牌子，叫作铭牌。铭牌上注明这台三相电动机的主要技术数据，是选择、安装、使用和修理（包括重绕组）三相电动机的重要依据，铭牌的主要内容如下：

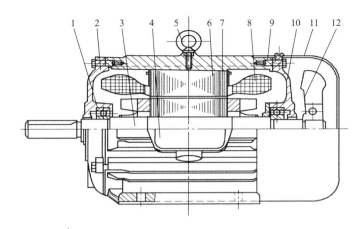

图 1-33　封闭式三相笼型异步电动机结构图

1—轴承；2—前端盖；3—转轴；4—接线盒；5—吊环；6—定子铁心；7—转子；

8—定子绕组；9—机座；10—后端盖；11—风罩；12—风扇

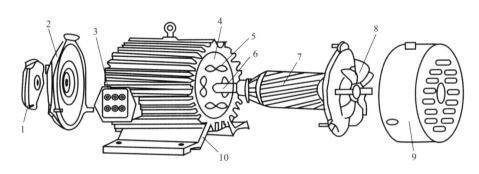

图 1-34　三相异步电动机的构造

1—轴承盖；2—端盖；3—接线盒；4—定子铁心；5—定子绕组；

6—转轴；7—转子；8—风扇；9—罩壳；10—机座

1）型号（如 Y-112M-4）。Y 为电动机的系列代号，112 为基座至输出转轴的中心高度（mm），M 为机座类别（L 为长机座，M 为中机座，S 为短机座），4 为磁极数。

2）额定功率指在满载运行时三相电动机轴上所输出的额定机械功率，用 P_N 表示，以千瓦（kW）或瓦（W）为单位。

3）额定电压是三相电动机长时间工作所适用的最佳工作电压，一般指电动机绕组上的线电压，用 U_N 表示。三相电动机要求所接的电源电压值的变动一般不应超过额定电压的 $\pm5\%$。

4）额定电流指三相电动机在额定电源电压下，输出额定功率时，流入定子绕组的线电流，用 I_N 表示，以安（A）为单位。

三相异步电动机的额定功率与其他额定数据之间有如下关系式：

$$P_N = \sqrt{3}U_N I_N \cos\varphi_N \eta_N \tag{1-9}$$

式中　$\cos\varphi_N$——额定功率因数；

η_N——额定效率。

5）额定频率指电动机所接的交流电源每秒钟内周期变化的次数，用 f_N 表示。我国规定标准电源频率为 50Hz。

6）额定转速表示三相电动机在额定工作情况下运行时每分钟的转速，用 n_N 表示，一般是略小于对应的同步转速 n_1。如 $n_1=1500r/min$，则 $n_N=1440r/min$。

7）绝缘等级指三相电动机所采用的绝缘材料的耐热能力，它表明三相电动机允许的最高工作温度。A 级绝缘为 105℃，E 级绝缘为 120℃，B 级绝缘为 130℃，F 级绝缘为 155℃，H 级绝缘为 180℃。

8）三相电动机定子绕组的连接方法有星形（Y）和三角形（△）两种。定子绕组的连接只能按规定方法连接，不能任意改变接法，否则会损坏三相电动机。

9）防护等级表示三相电动机外壳的防护能力，以 IP 加数字表示，其后面的两位数字分别表示电机防固体和防水能力。数字越大，防护能力越强，如 IP44 中第一位数字"4"表示电机能防止直径或厚度大于 1mm 的固体进入电机内壳。第二位数字"4"表示能承受任何方向的溅水。

10）定额是指三相电动机的运转状态，即允许连续使用的时间，分为连续、短时、周期断续三种。

① 连续工作状态是指电动机带额定负载运行时，运行时间长，电动机的温升可以达到稳态温升的工作方式。

② 短时工作状态是指电动机在额定负载运行时，运行时间短，使电动机的温升达不到稳态温升；停机时间长，使电动机的温升可以降到零的工作方式。

③ 周期断续工作状态是指电动机在额定负载运行时，运行时间短，使电动机的温升达不到稳态温升；停止时间也短，使电动机的温升降不到零，工作周期小于 10min 的工作方式。

（5）三相异步电动机的运行与维护

1）电动机起动前检查

① 电动机上和附近有无杂物和人员；

② 电动机所拖动的机械设备是否完好；

③ 大型电动机轴承和起动装置中油位是否正常；

④ 绕线式电动机的电刷与滑环接触是否紧密；

⑤ 转动电动机转子或其所拖动的机械设备，检查电动机和拖动的设备转动是否正常。

2）电动机运行中的监视与维护

① 电动机的温升及发热情况；

② 电动机的运行负荷电流值；

③ 电源电压的变化；

④ 三相电压和三相电流的不平衡度；

⑤ 电动机的振动情况；

⑥ 电动机运行的声音和气味；

⑦ 电动机的周围环境、适用条件；

⑧ 电刷是否冒火或其他异常现象。

（6）电动机的安全使用

1）长期停用或可能受潮的电动机，使用前应测量绕组间和绕组对地的绝缘电阻，绝缘电阻值应大于 0.5MΩ，绕线转子电动机还应检查转子绕组及滑环对地绝缘电阻。

2）电动机应装设过载和短路保护装置。并应根据设备需要装设断、错相和失压保护装置。

3）电动机的熔丝额定电流应按下列条件选择：

① 单台电动机的熔丝额定电流为电动机额定电流的 150%～250%；

② 多台电动机合用的总熔丝额定电流为其中最大一台电动机额定电流 150%～250% 再加上其余电动机额定电流的总和。

4）采用热继电器作电动机过载保护时，其容量应选择电动机额定电流的 100%～125%。

5）绕线式转子电动机的集电环与电刷的接触面不得小于满接触面的 75%。电刷高度磨损超过原标准 2/3 时应换新。在使用过程中不应有跳动和产生火花现象，并定期检查电刷簧的压力是否可靠。

6）直流电动机的换向器表面应光洁，当有机械损伤或火花灼伤时应修整。

7）当输入电压在额定电压的 −5%～+10% 范围内时，电动机可以以额定功率连续运行；当超过时，则应控制负荷。

8）电动机运行中应无异响、无漏电、轴承温度正常且电刷与滑环接触良好。旋转中电动机的允许最高温度应按下列情况取值：滑动轴承为 80℃；滚动轴承为 95℃。

9）电动机在正常运行中，不得突然进行反向运转。

10）电动机在工作中遇停电时，应立即切断电源，将启动开关置于停止位置。电动机停止运行前，应首先将载荷卸去，或将转速降到最低，然后切断电源，启动开关置于停止位置。

3. 交流变频电机

变频电动机是变频器驱动的电动机的统称。变频电机采用"专用变频感应电动机＋变频器"的交流调速方式，使机械自动化程度和生产效率大为提高，设备小型化、增加舒适性，目前正取代传统的机械调速和直流调速方案。

（1）变频调速原理

交流电动机的同步转速表达式：

$$n = 60f(1-s)/p \qquad (1\text{-}10)$$

式中　n——异步电动机的转速；

　　　f——异步电动机的频率；

　　　s——电动机转差率；

　　　p——电动机极对数。

由式（1-10）可知，转速 n 与频率 f 成正比，只要改变频率 f 即可改变电动机的转速，当频率 f 在 0～50Hz 的范围内变化时，电动机转速调节范围非常宽。变频器就是通过改变电动机电源频率实现速度调节的，是一种理想的高效率、高性能的调速手段。

变频器是利用电力半导体器件的通断作用将工频电源变换为另一频率的电能控制装置。变频器用于电机控制，既可以改变电压，又可以改变频率。

（2）变频电动机的特点

1）电磁设计

对普通异步电动机来说，在设计时主要考虑的性能参数是过载能力、启动性能、效率和功率因数。而变频电动机，由于临界转差率反比于电源频率，可以在临界转差率接近 1 时直接启动，因此，过载能力和启动性能不再需要过多考虑，而要解决的关键问题是如何改善电动机对非正弦波电源的适应能力。方式一般如下：

① 尽可能地减小定子和转子电阻。减小定子电阻即可降低基波铜耗，以弥补高次谐波引起的铜耗。

② 为抑制电流中的高次谐波，需适当增加电动机的电感。但转子槽漏抗较大，其集肤效应也大，高次谐波铜耗也增大。因此，电动机漏抗的大小要兼顾到整个调速范围内阻抗匹配的合理性。

③ 变频电动机的主磁路一般设计成不饱和状态，一是考虑高次谐波会加深磁路饱和，二是考虑在低频时，为了提高输出转矩而适当提高变频器的输出电压。

2）结构设计

① 在结构设计时，主要也是考虑非正弦电源特性对变频电机的绝缘结构、振动、噪声冷却方式等方面的影响，一般注意以下问题：

绝缘等级，一般为 F 级或更高，加强对地绝缘和线匝绝缘的强度，特别要考虑绝缘耐冲击电压的能力。

② 对电机的振动、噪声问题，要充分考虑电动机构件及整体的刚性，尽力提高其固有频率，以免与各次力波产生共振现象。

③ 冷却方式一般采用强迫通风冷却，即主电机散热风扇采用独立的电机驱动。

④ 防止轴电流措施，对容量超过 160kW 电动机应采用轴承绝缘措施。主要是易产

生磁路不对称，也会产生轴电流，当其他高频分量所产生的电流结合一起作用时，轴电流将大为增加，从而导致轴承损坏，所以一般要采取绝缘措施。

⑤ 对恒功率变频三相异步电动机，当转速超过 3000r/min 时，应采用耐高温的特殊润滑脂，以补偿轴承的温度升高。

（3）变频器控制方式

变频器主电路都采用"交—直—交"电路，主要有以下几种方式。

1）正弦脉宽调制（SPWM）控制方式。

2）电压空间矢量（SVPWM）控制方式。

3）矢量控制（VC）方式。

4）直接转矩控制（DTC）方式。

5）矩阵式交—交控制方式。

（4）变频器的使用中遇到的问题和故障防范

1）外部的电磁感应干扰

如果变频器周围存在干扰源，它们将通过辐射或电源线侵入变频器的内部，引起控制回路误动作，造成工作不正常或停机，严重时甚至损坏变频器。

消除外部电磁干扰的具体方法：变频器周围所有继电器、接触器的控制线圈上需加装防止冲击电压的吸收装置，如 RC 吸收器；尽量缩短控制回路的配线距离，并使其与主线路分离；回路按规定采用屏蔽线。若线路较长，应采用合理的中继方式；变频器接地端子不能同电焊、动力接地混用；变频器输入端安装噪声滤波器，避免由电源进线引入干扰。

2）安装环境

变频器属于电子器件装置，在其说明书中有详细安装使用环境的要求。在特殊情况下，若确实无法满足这些要求，必须采用相应抑制措施：对于振动冲击较大的场合，应采用橡胶等避振措施；对于潮湿、腐蚀性气体及尘埃等场所，应对控制板进行防腐防尘处理，并采用封闭式结构；应根据装置要求的环境条件安装空调或避免日光直射。

3）变频器的散热处理

变频器的故障率随温度升高而成指数的上升，使用寿命随温度升高而成指数的下降。环境温度升高 10℃，变频器使用寿命减半。在变频器工作时，流过变频器的电流是很大的，变频器产生的热量也是非常大的，不能忽视其发热所产生的影响。

当变频器安装在控制机柜中时，要考虑变频器发热值的问题，适当地增加机柜的尺寸。如果把变频器的散热器部分放到控制机柜的外面，将会使变频器有 70% 的发热量释放到控制机柜的外面。由于大容量变频器有很大的发热量，所以对大容量变频器更加有效。还可以用隔离板把本体和散热器隔开，使散热器的散热不影响到变频器本体。这样效果也很好。

变频器散热设计中都是以垂直安装为基础的，横着放散热会变差的。一般功率稍微大的变频器，都带有冷却风扇，建议在控制柜上出风口安装冷却风扇。

1.5.3 电气控制

1. 电气控制基础

（1）概述

1）电气系统的组成

工程机械电气系统包括电气设备和电子控制系统。

电气设备指蓄电池、发电机、起动系统、充电系统和各种用电设备，主要由电源设备、用电设备和其他辅助设备等组成。

电子控制系统指发动机电子控制燃油喷射系统、施工机械的电子检测与监控系统、电子智能控制系统等，主要由传感器、微控制器和执行装置等组成。

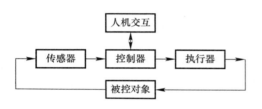

图 1-35　电子控制系统框图

2）电子控制系统组成

工程机械电子控制系统组成框图见图 1-35。

传感器是将某种变化的物理量或化学量转成对应的电信号的元件。控制器即电子控制单元 ECU（Electronic Control Unit）是以微处理器为核心而组成的电子控制装置，具有很强的数学运算和逻辑判断功能。执行器是 ECU 动作命令的执行者，主要是各类继电器、直流电动机、步进电动机、电磁阀或控制阀等执行器件。

（2）电气线路基础

1）电气线路分类

电气线路按功能划分一般包括以下几个部分：

① 电源电路：由蓄电池、发电机、电源开关及相应指示装置等电路组成；

② 起动电路：由点火开关、继电器、起动马达、发电机、预热控制器及相关保护装置等电路组成；

③ 控制电路：由仪表、传感器、各种报警指示灯及控制电器等组成。

2）电路保护

电气控制系统为了在安全可靠的条件下满足机械设备施工要求，在线路中应设有各种保护装置，保证设备和人身安全。一般包括以下几种保护方式：

① 短路保护：一般利用熔断器或低压断路器来实施保护；

② 过载保护：一般利用热继电器、电流反馈实时监测和保护用电设备因长期超载运行而引起的温升和电流超过额定值；

③ 零位保护：确保工作装置在非工作位置才允许机器起动而实施的保护，如发动

机或电动机起动；

④ 自锁及互锁：统称为电器的联锁控制。

3）导线与线束

常用的导线有低压导线、高压导线、防干扰屏蔽线等。

① 线束：为了使设备电气线路安装方便、牢固和整齐美观，在布置和连接导线时，将走向相同的导线包扎成束，称作线束。有的还套上胶管或波纹管，为方便维修，线束两端通常用接插件连接。表 1-4 为导线颜色与表示符号对应表。

② 接插件：由插头与插座两部分组成，有片式和针式两种。

代表导线颜色的字母标记 表 1-4

棕	红	橙	黄	绿	蓝	紫	灰	白	黑	粉
N/Br	R	H/O	Y	G	U/Bl	V	S/Gr	W	B	F

4）电路图的组成

电气控制系统是由许多电气元件按要求连接而成。为了表述电气控制系统的组成及工作原理，便于电气元件的安装、调试和维护，通常在图上用不同的图形符号来表示各种电气元件，并用文字符号来进一步说明电气元件，在电器接线端子用字母、数字等符号标记。

常用的电气控制系统图纸有五种：电气原理图、电器布置图、电气互连图、电气接线图及安装线束图。

（3）低压电气设备

低压电器按其功能分为开关电器、控制电器、保护电器、调节电器、主令电器、成套电器等，主要介绍起重机械中常用的几种低压电器。

1）主令电器

主令电器是一种能向外发送指令的电器，主要有按钮、行程开关、万能转换开关、接触开关等。利用它们可以实现人对控制电器的操作或实现控制电路的顺序控制。

① 按钮。按钮是一种靠外力操作接通或断开电路的电气元件，一般不能直接用来控制电气设备，只能发出指令，但可以实现远距离操作。图 1-36 为几种按钮的外形与结构。

行程开关。行程开关又称限位开关或终点开关，是一种将机械信号转换为电信号来控制运动部件行程的开关元件。广泛用于顺序控制器、运动方向、行程、零位、限位、安全及自动停止、自动往复等控制系统中。如图 1-37 所示，为几种常见的行程开关。

② 万能转换开关。万能转换开关是一种多对触头、多个挡位的转换开关。主要由操作手柄、转轴、动触头及带号码牌的触头盒等构成。图 1-38 为一种万能转换开关。

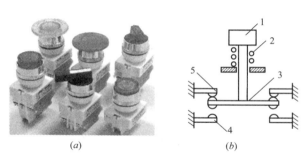

图 1-36　按钮的外形与结构

（a）视图；（b）示意图

1—按钮；2—弹簧；3—接触片；4(5)—接触点

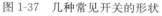

图 1-37　几种常见开关的形状　　　　图 1-38　万能转换开关

③ 主令控制器。主令控制器（又称主令开关）主要用于电气传动装置中，按一定顺序分合触头，达到发布命令或其他控制线路联锁转换的目的。塔机的联动操作台就属于主令控制器，用来操作塔式起重机的回转、变幅、升降，如图 1-39 所示。

2）空气断路器

低压空气断路器又称自动空气开关或空气开关，属开关电器，是用于当电路中发生过载、短路和欠压等不正常情况时，能自动分断电路的电器，也可用作不频繁地启动电动机或接通、分断电路，有万能式断路器、塑壳式断路器、微型断路器等。图 1-40 为两种常见的断路器。

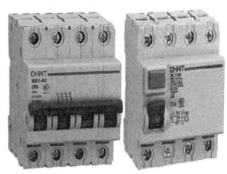

图 1-39　塔机的联动操作台　　　　图 1-40　两种常见的断路器

3）漏电保护器

漏电保护器，又称剩余电流动作保护器，主要用于保护人身因漏电发生电击伤亡、防止因电气设备或线路漏电引起电气火灾事故。

安装在负荷端电器电路的漏电保护器，是防止漏电电流通过人体产生的伤亡。

漏电保护器按结构和功能分为漏电开关、漏电断路器、漏电继电器、漏电保护插头、插座。漏电保护器按极数还可分为单极、二极、三极、四极等多种。

4）接触器

接触器是利用电流流过自身线圈产生的磁场力，使触头闭合，以达到控制负载的目的。接触器用途广泛，是电力拖动和控制系统中应用最为广泛的一种电器，它可以频繁操作，远距离闭合、断开主电路和大容量控制电路，接触器可分为交流接触器和直流接触器两大类。

接触器主要由电磁系统、触头系统，灭弧装置等几部分组成。交流接触器的交流线圈的额定电压有 380V、220V 等。图 1-41 为两种常见的接触器。

5）继电器

继电器是一种自动控制电器，在一定的输入参数下，它受输入端的影响而使输出参数有跳跃式的变化。常用的有中间继电器、热继电器、时间继电器、温度继电器等。图 1-42 为两种常见的继电器。

图 1-41　两种常见的接触器　　　　图 1-42　两种常见的断电器

6）刀型隔离开关

刀型隔离开关，它是手控电器中最简单使用又较广泛的一种低压电器。刀型隔离开关在电路中的作用是隔离电源和分断负载。图 1-43 为一种常见的刀型隔离开关。

（4）电子电路基础

电子技术是在常规电气技术基础上发展起来的，却具有与常规电气不同的技术概念。其基础理论主要包括模拟电子技术和数字电子技术。

1）模拟电子技术

模拟电子技术是处理连续变化的电信号的技术，一

图 1-43　刀型隔离开关

般来说电压、电流、阻抗等都是模拟信号，即用电信号的变化来传递"量"的变化。

【应用举例】

温度测量电路。见图1-44，Rt为热敏电阻式水温传感器，通过与一个电阻 R₁ 串接到5V电压电路，把随温度变化的阻值变换成变化的电压值，输出给ECU。

2）数字电子技术

数字电子技术是处理脉冲信号的技术，用两个符号即"0"和"1"来表示量，它是离散的数值和符号，对应的有通、断型传感器，或者是开关触点的通、断状态。

【应用举例】

节气门开关电路，见图1-45。

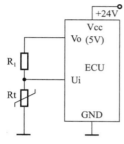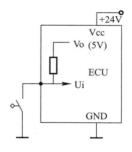

图1-44　温度测量电路　　　图1-45　开关电路

3）数字电路的主要特点

① 数字信号采用数字形式表示，在时间上是不连续的。

② 数字信号的表示方法采用二值逻辑，用1和0表示电压或电流的两种对立状态，对电压的高低或者电流的大小并不十分讲究；

③ 数字技术主要研究电路的逻辑功能，反映电路的输出和输入之间的逻辑关系。

2. 工程机械用传感器

（1）传感器概述

1）概念与分类

传感器是一种将被检测信息的物理量或化学量转换成电信号而输出的功能器件，传感信息的获取是测控系统的重要环节。

传感器由敏感元件、传感元件和基本转换电路组成。

按工作原理分有电阻式、电容式、电感式、压电式、光电式、磁电式等；

按用途分有温度、压力、转速传感器等。

2）传感器的性能要求

传感器的性能指标包括精度、响应特性、可靠性、耐久性、结构紧凑性、适应性、输出电平和制造成本等。

工程机械电子控制系统对传感器的性能要求有以下几点：

① 较好的环境适应性;

② 较高的可靠性;

③ 再现性好;

④ 具有批量生产和通用性。

3)传感器的发展

工程机械电子化趋势推动了传感器技术的发展,传感器技术发展趋势是多功能化、集成化、智能化。

多功能化指一个传感器能检测两个或两个以上的特性参数;集成化是利用 IC 制造技术和精细化加工技术制作 IC 式传感器;智能化指传感器与大规模集成电路结合,带有 MPU,具有智能作用,包括采用总线接口输出,具有线性、温度补偿等特点。

(2)变阻式传感器

变阻式传感器是将被检测的物理量如温度、压力、液位等转化为随自身电阻变化而输出电信号的一种传感器,原理图见图 1-46 所示。

变阻式传感器在工作时没有能量输出,仅随着被测参数的变化而改变传感器的电阻值,因此必须外加电源才能有能量输出。

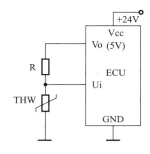

图 1-46 变阻测量原

1)热电阻式温度传感器

热电阻式温度传感器是利用导体电阻随温度变化这一特性来测量温度的。纯金属具有正的温度系数,常用有铜、铂、铁和镍等热电阻材料,其优点是电阻温度系数大,测量灵敏度高,图 1-47 和图 1-48 分别为实物图和原理图。

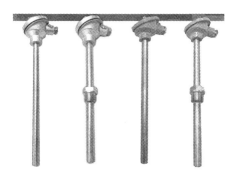

图 1-47 热电阻式温度传感器

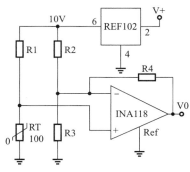

图 1-48 热敏电阻测量原理图

2)热敏电阻式温度传感器

热敏电阻式温度传感器分为负温度系数热敏电阻(NTC)、临界负温度系数热敏电阻(CTR)、正温度系数热敏电阻(PTC),见图 1-49 和图 1-50。

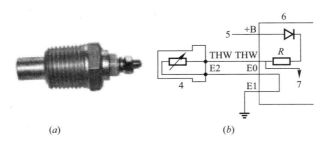

图 1-49　NTC 电阻实物图及原理图

(*a*) 实物图；(*b*) 原理图

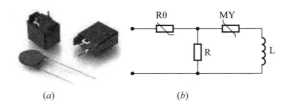

图 1-50　PTC 电阻实物图及原理图

(*a*) 实物图；(*b*) 原理图

3）压力传感器

压力是垂直而均匀地作用在单位面积上的力，见图 1-51。

压力传感器能感受压力并转换成可用输出电信号。压力传感器是工业实践中最为常用的一种传感器。

4）液位传感器

用于液位进行检测，有开关量、模拟量输出的浮子和筒式三种型式。筒式液位传感器则根据其长度不同电阻也有所不同。其外形结构见图 1-52 所示。

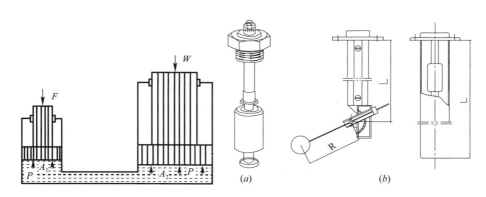

图 1-51　压力传感器原理图

图 1-52　液位传感器

(*a*) 外形图；(*b*) 结构图

5) 行驶操作手柄

将手柄的转角物理量转换为电阻的变化，在工程机械控制系统中，常用于行走速度或转向角度等参数的给定。

（3）电磁式传感器

电磁式传感器是根据电磁感应原理将磁信号转化成为电信号输出。

1) 电磁式转速传感器

在工程机械上，转速用来表示发动机曲柄、车轮或液压马达主轴在单位时间所旋转的圈数，单位为转/分（r/min）。其计算公式为：

$$n = \frac{f \cdot 60}{Z} \qquad (1\text{-}11)$$

式中　n——转速；

　　　f——脉冲频率；

　　　Z——飞轮齿数。

转速传感器的结构原理见图1-53。

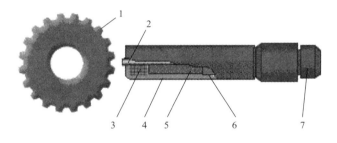

图 1-53　电磁转速传感器

1—测量齿轮；2—软铁；3—线圈；4—外壳；5—永磁铁；6—填料；7—插座

2) 电磁式接近开关

电磁式接近开关主要用于对运动部件的位置检测和限位保护、计数、定位控制和自动保护环节，特点是动作可靠，性能稳定，频率响应快，应用寿命长，见图1-54。

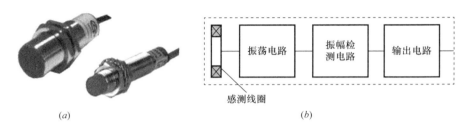

（a）　　　　　　　　　　　　　　　　　　　（b）

图 1-54　电磁接近开关

（a）实物图；（b）原理图

（4）霍尔式传感器

霍尔式传感器是一种应用比较广泛的半导体磁电传感器，其工作原理是基于霍尔效应。

$$U = \frac{K \cdot I \cdot B}{d} \qquad (1\text{-}12)$$

式中　K——霍尔系数；

　　　I——薄片中通过的电流；

　　　B——外加磁场（洛伦兹力 Lorrentz）的磁感应强度；

　　　d——薄片的厚度。

1）霍尔转速传感器

具有耐高温，可靠性高，输出电压不受转速高低影响，抗干扰能力强的特点。图 1-55 为安装在车轮上的转速传感器。

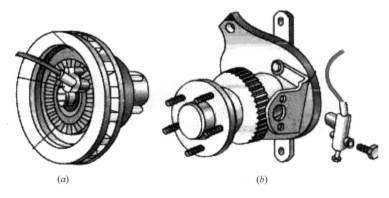

(a)　　　　　　　　　　　　　　　(b)

图 1-55　车轮转速传感器

(a) 前轮；(b) 后轮

2）倾角传感器

倾角传感器将水平倾角转化为电信号输出，有模拟量和总线输出两种输出方式。应用于压路机防倾翻、防滑控制和泵车防倾翻控制等。

（5）压力传感器

霍尔式压力传感器主要用于电子压力检测、诊断和限制保护。

（6）角度传感器

霍尔式角度传感器用于角度和位移测量，图 1-56 为 WS1T90/10 角度传感器实物图。

图 1-56　角度传感器

1.6　施工机械维修保养知识

1.6.1　机械技术状况变化规律

机械在使用中，由于零件技术状况的变化，引起合件、组合件和总成技术状况的变化，从而引起整个机械技术状况的变化。

（1）机械技术状况变化的原因

机械零件在使用过程中，由于磨损、疲劳、腐蚀等产生的损伤，使零件原有的几何形状、尺寸、表面粗糙度、硬度、强度以及弹性等发生变化，破坏了零件间的配合特性和合理位置，造成零件技术性能的变坏或失效，引起机械技术状况发生变化。

零件损伤的原因按其性质可分为自然性损伤和事故性损伤。自然性损伤是不可避免的，但是随着科学技术的发展，机械设计、制造、使用和维修水平的提高，可以使损伤避免发生或延期发生；事故性损伤是人为的，只要认真注意是可以避免的。

（2）机械零件磨损的规律

机械零件所处的工作条件各不相同，引起磨损的程度和因素也不完全一样。绝大部分零件是受交变载荷的作用，因而其磨损是不均匀的。各个零件的磨损也都有它的个性特点，但在正常磨损过程中，任何摩擦副的磨损都具有一定的共性规律。在正常情况下，机械零件配合表面的磨损量是随零件工作时间的增加而增长的，这种磨损变化规律，称为磨损规律。

在正常情况下，零件的磨损可分为三个阶段：

1）第一阶段为磨合阶段，包括生产磨合和运用磨合两个时期。机械零件加工不论多么精密，其加工表面都必然具有一定的微观不平度，磨合开始时，磨损增长非常迅速，当零件表面加工的凸峰逐渐磨平时，磨损的增长率逐渐降低，达到某一程度后趋向稳定，为第一阶段结束，此时的磨损量称为初期磨损。正确使用和维护保养，可以减少初期磨损，延长机械使用寿命。

2）第二阶段为正常工作阶段。由于零件已经磨合，其工作表面已达到相当光洁程度，润滑条件已有相当改善，因此，磨损增长缓促，而且在较长时间内均匀增长，但到后期，磨损增加率又逐渐增大。在此期内，合理使用机械，认真进行保养维修，就能降低磨损增长率，进一步延长机械使用寿命。

3）第三阶段为事故性磨损阶段。由于自然磨损的增加，零件磨损增加到极限磨损时，因间隙增大面使冲击载荷增加，同时润滑条件恶化，使零件磨损急剧增加，甚至导致损坏，还可能引起其他部件或总成的损坏。

1.6.2 机械故障分析

（1）故障类别划分

按故障发生的原因划分

1）外因造成的故障。是指由于外界因素而引起的故障，又可分为：

① 环境因素；例如：温度、湿度、气压、振动、冲击、日照、放射能、有毒气体等。

② 使用因素：是指机械使用中，零部件承受的应力超过其设计规定值

③ 时间因素：是指物质的老化和劣化，大多数取决于时间的长短。

2）内因造成的故障。是指由于内部原因造成的故障。又可分为：

① 磨损性故障；是指由于机械设计时预料中的正常磨损造成的故障。

② 固有的薄弱性故障：是指由于零部件材料强度下降等原因诱发产生的故障。

（2）机械故障规律

机械故障随时间的变化大致分为 3 个阶段：早期故障期、偶发故障期和耗损故障期。

1）早期故障期

出现在机械使用的早期，其特点是故障率较高，且故障随时间的增加而迅速下降。它一般是由于设计、制造上的缺陷等原因引起的。机械进行大修理或改造后，再次使用时，也会出现这种情况。机械使用初期经过运转磨合和调整，原有的缺陷逐步消除，运转趋于正常，从而故障逐渐减少。

2）偶发故障期

偶发故障期是机械的有效寿命期，在这个阶段故障率低而稳定，近似为常数。偶发故障是由于使用不当、维护不良等偶然因素引起的，故障不能预测，也不能通过延长磨合期来消除。设计缺点、零部件缺陷、操作不当、维护不良等都会造成偶发故障。

3）耗损故障期

它出现在机械使用的后期，其特点是故障率随运转时间的增加而增高。它是由于机械零部件的磨损、疲劳、老化、腐蚀等造成的。这类故障是机械部件接近寿命末期的征兆。如事先进行预防性维修，可经济而有效地降低故障率。

对机械故障的规律与过程进行分析，可以探索出减少机械故障的适当措施，见表 1-5。

减少机械故障措施

表 1-5

故障阶段	早期故障期	偶发故障期	耗损故障期
故障原因	设计、制造、装配等存在的缺陷	不合理的使用和维护	机械磨损严重
减少故障措施	精心检查、认真维护，做好选型购置，加强初期管理，认真分析缺陷，采取改造措施并反馈给生产厂	定人定机，合理使用，遵章操作，搞好状态检查，加强维护保养，重视改善维修	进行状态监测维修，合理改装，大修或更新

（3）机械故障的模式和机理

1）机械故障的模式

机械的每一种故障都有其主要特征，即所谓故障模式或故障状态。机械的结构千变万化，其故障状态也是相当复杂的，但归纳它们的共同形态，常见的有下列数种：

异常振动、磨损、疲劳、裂纹、破裂、过度变形、腐蚀、剥离、渗漏、堵塞、松弛、熔融、蒸发、绝缘劣化、异常响声、油质劣化、材质劣化及其他。

上述的每一种故障模式中，包含由于不同原因产生的故障现象。例如：

疲劳：应力集中、增高引起的疲劳，侵蚀引起的疲劳，材料内部缺陷引起的疲劳等。

磨损：微量切削性磨损。

腐蚀性磨损；疲劳（点蚀）磨损；咬接性磨损。

过度变形：压陷、碎裂、静载荷下断裂、拉伸、压缩、弯曲、扭力等作用下过度变形。

腐蚀：应力性腐蚀、气蚀、酸腐蚀、钒或铅的沉积物造成的腐蚀等。

每个企业由于机械管理和使用的条件不同，各有其主要的故障模式，就是故障管理的重点目标。

2）机械故障的机理

故障机理是指某种类型的故障在达到表面化之前，在内部出现了怎样的变化，是什么原因引起的。也就是故障的产生原因和它的发展变化过程。

产生故障的共同点，是来自工作条件、环境条件等方面的能量积累到超过一定限度时，机械（零部件）就会发生异常而产生故障。一般故障的产生，是由于故障件的材料所承受的载荷，超过了它所允许的载荷能力，或材料性能降低时才会发生。故障按什么机理发展，是由载荷的特征或过载量的大小所决定的。如由于过载引起故障时，不仅对材料的特性值有影响，而且对材料的金相组织也有影响。因此，任何一种故障，都可以从材料学的角度找出产生故障的机理。

（4）故障原因分析

产生故障的原因是多方面的，归纳起来，主要有以下几类：

1）设计不合理。机械结构先天性缺陷，零部件配合方式不当使用条件和工作环境考虑不周等。

2）制造、修理缺陷。零部件制作过程的切削、压力加工等存在缺陷。

3）原材料缺陷。使用材料不符合技术要求，铸件、锻件、轧制件等缺陷或热处理缺陷等。

4）使用不当。超出规定的使用条件，超载作业，违反操作规程，润滑不良，维护不当。

5）自然耗损。由于自然条件造成零部件磨损、疲劳、腐蚀、老化（劣化）等。

有些故障是由单一原因造成的，有些故障则是多种因素综合引起的，有的是一种原因起主导作用而它种因素起媒介作用。作为机械使用和维修人员，必须研究故障发生的原因和规律，以便正确地处理故障。

重视故障规律和故障机理的研究，加强日常维护、检查，就有可能避免突发性事故和控制偶发件事故的发生，并取得良好效果。机械检测的分类。

1.6.3　施工机械保养

根据机械技术状况的变化规律，在零件尚未达到极限磨损或发生故障以前，采取相应的预防性措施，以降低零件的磨损速度，消除故障隐患，保证机械正常工作，延长使用寿命，这就是对机械的保养。

（1）机械保养的作用

1）保持机械技术状况良好和外观整洁，减少故障停机日，提高机械完好率和利用率；

2）在合理使用的条件下，不致因机械意外损坏而引起事故，影响施工生产的安全；

3）减少机械零件磨损，避免早期损坏，延长机械修理间隔期和使用寿命；

4）降低机械运行和维修成本，使机械的燃料、润滑油料、配件、替换设备等各种材料的消耗降到较低限度；

5）减少噪声和污染。

（2）保养分类

机械保养分日常保养和按规定周期的分级保养。各级保养的中心内容是：

1）日常保养（又称每班例行保养）。它指在机械运行的前、后和运行过程中的保养作业、中心内容是检查，如检查机械和部件的完整情况；油、水数量；仪表指示值；操纵和安全装置（转向、制动等）的工作情况；关键部位的紧固情况；以及有无漏油、水、气、电等不正常情况。必要时加添燃料、润滑油料和冷却水，以确保机械正常运行和安全生产。每班保养由操作人员执行。

2）月保养。它是以润滑、调整为中心，通过检查，紧固外部连接件，并按润滑图表加注润滑脂，加添润滑油，清洗滤清器或更换滤芯等。

3）年度保养。它是以检查、消除隐患为中心，除执行月级保养的全部内容外，还要从外部检查动力装量、操纵、传动、转向、制动、变速、行走等机构的工作情况，必要时对应检查部位进行局部解体，以检查内部零件的紧固、损等情况，目的是发现和排除所发现的故障，消除隐患。

4）机械的特殊保养

① 停放保养。它是指机械在停放或封存期内，至少每月一次的保养，由操作或保

管人员进行。

② 走合期保养。它是指机械在走合期内和走合期完毕后的保养，内容是加强检查，提前更换润滑油，注意分析油质以了解机械的磨合情况。

③ 换季保养。它是指机械进入夏季或冬季前的保养，主要是更换适合季节的润滑油，调整蓄电池电解液比重、采取防寒或降温措施。这项保养应尽可能结合定期保养进行。

④ 转移前保养。它是根据行业特点，在机械转移工地前，进行一次相当于年度保养的作业，以利于机械进入新工地后能立即投入施工生产。

根据施工机械不易集中的特点，保养作业应尽可能在机械所在地进行。大型机械月保养和中小型机械的各级保养，都应由操作人员承担。对于操作人员不能胜任的保养作业，由维修人员协助。月以上保养应由承修人员承担，操作人员协助。

（3）机械保养计划的编制和实施

1）机械保养计划的编制

机械保养一般是按月编制月度机械保养计划，并下达执行和检查。

2）机械保养计划的实施

① 机械使用单位在安排施工生产和机械使用计划时，必须安排好保养计划，在检查生产计划执行情况的同时，要检查保养计划的执行情况，切实保证保养计划能按时执行。

② 机械管理部门要检查督促保养计划的实施，在机械达到保养间隔期前，要及时下达保养任务单，通知操作或维修人员进行保养。

③ 保养任务完成后，执行人要认真填写保养记录。

3）机械保养质量的检验

① 机械保养必须严格按照规定的项目和要求进行保养，确保质量。不得漏项、失修，也不得随意扩大拆卸零件范围。

② 必须坚持自检、互检和专职检验相结合的检验制度。凡由操作工进行的保养，须由承保人自检，班组长复检，专职人员抽检。凡由专业保养单位进行的保养，应实行承保人自检、互检、班组长复检、专职人员逐台检验和操作人员验收的制度。

③ 建立保养验收记录制度。月及定期保养必须经过检验合格，签发验收表。并应对保养竣工出厂的机械实行质量保证（保证期为 5～10 天）。在保证期内因保养质量造成机械故障或损坏，应由保养单位负责修复。

④ 保养单位要创造条件，逐步实现检验仪表化，采用先进的检测诊断技术，使质量检验工作建立在科学的基础上。

1.6.4　施工机械润滑管理

润滑是向运转机械的摩擦表面供给适当的润滑剂，以减少机械零件的磨损，降低动能消耗，延长使用寿命。在机械维护保养中，润滑是最重要的作业内容。

（1）润滑管理的基本任务

润滑是减少机械磨损，保证机械正常安全运行的关键工作。润滑管理的基本任务是：

1）建立润滑管理制度，落实各级润滑人员的职责。

2）贯彻和推行"五定、三过滤"的润滑管理办法。

3）编制机械润滑技术资料，包括：润滑图表和润滑卡片，润滑清洗操作规程，使用润滑剂的种类、定额及代用品，换油周期和旧油检测及换油的标准等。

4）编制年、季、月的机械清洗换油计划，组织制订润滑材料消耗定额。

5）检查机械的润滑状态，及时解决润滑系统存在的问题，补充和更换缺损的润滑零件、装置，改进加油工具和加油方法。

6）组织和督促废油的回收和再生利用。

7）采取措施治理漏油，降低损耗，并积累治漏经验。

8）组织各级润滑人员的技术培训，开展润滑管理的宣传教育工作。

9）组织推广有关润滑的新技术、新材料的试验和应用。

（2）润滑管理的组织

润滑管理是机械管理的组成部分，应由机械管理部门负责，配备专职或兼职润滑技术员，并按拥有机械数量配备适当比例的专职或兼职润滑工（由操作工或维修工兼任）。

润滑工应掌握润滑的技术知识和操作能力外，还应协助搞好各项润滑管理业务，经常检查机械润滑状态，定期抽样送检等。

（3）润滑工作的"五定"和"三过滤"

1）五定，是指定点、定质、定量、定期、定人。其内容如下：

① 定点：确定机械的润滑部位和润滑点，操作工和润滑工均须熟悉各注油点。（用图形表示），明确规定加油方法。

② 定质：按照润滑图表规定的油脂牌号用油：润滑材料，掺配油品须经检验合格。润滑装置和加油器具应保持清洁。

③ 定量，制定机械各润滑部位的用油量、添加量、日常消耗量和废油收回量。做到计划用油、合理用油、节约用油。

④ 定期：按润滑图表或卡片上规定的间隔期进行加油、添油。同时应根据机械实际运行情况及油质情况，合理地调整加（换）油间隔期，保证正常润滑。

⑤ 定人：按图表上的规定分工，分别由操作工、维修工和润滑工负责加（换）油，明确润滑工作的责任者，定期换油应做好记录。

2）三过滤。这是为了减少油液中的杂质，防止尘屑等杂质随油进入润滑部位而采取的措施。包括以下三种过滤：

① 入库过滤：油液经运输入库，泵入油罐贮存时要经过过滤。

② 转换过滤：油液转换容器时要经过过滤。

③ 加油过滤：油液加注时要经过过滤。

（4）润滑管理的基础资料

1）润滑图表。它是机械润滑部位的指示图表，用不同颜色或不同形状的标志标明各个润滑点的油料品种、加（换）的间隔期，使操作工、维修工、润滑工能按图作业。

2）润滑卡片。它是润滑作业的执行记录。卡片上列出机械的润滑部位、润滑周期、所用润滑油的品种以及加（换）油量等，由润滑技术人员编制，润滑执行人填写，是润滑作业的依据。

3）机械换油计划。是由润滑技术人员编制的年度及月份换油计划，按台时进行调整。有些机械的换油应根据油质抽样化验后确定。

（5）润滑管理的实施

1）机械润滑工作要贯彻"五定"要求，做到既有明确分工，又要保证机械润滑的质量。

2）机械的日常润滑工作应由操作人员负责，润滑工负责定期检查机械的润滑情况。

3）定期保养（维护）中的润滑应由维修工完成，主要是清洗和换油。

4）润滑技术员应根据润滑油的消耗量及油质化验情况，分析机械技术状况的劣化程度，提供有关人员作为安排修理计划的依据。

1.6.5　施工机械的检查

（1）机械的检查及其分类

机械的检查就是对其运行情况、工作性能、磨损程度进行检查和校验，通过检查可以全面掌握机械技术状况的变化、劣化程度和磨损情况，针对检查发现的问题，改进设备维修工作，提高维修质量和缩短维修时间。

1）按检查时间的间隔分类

① 日常检查

日常检查是操作工人每天对设备进行的检查。

② 定期检查

定期检查是在操作工人参加下，由专职维修人员按计划定期对设备进行的检查。定期检查的周期按规定标准进行，无标准的，一般每月检查一次，最少每季度检查一次。

2）按技术功能分类

① 机能检查

机能检查是对机械的各项机能的检查和测定，如检查是否漏油、防尘密封性以及零件耐高温、高压、高速的性能等。

② 精度检查

精度检查是对机械的实际加工精度进行检查和测定，以便确定设备精度的劣化程度。这也是一种计划检查，由维修人员或设备检查员进行，主要是检查设备的精度情况，作为精度调整的依据，有些企业在精度检查中，测定精度指数，作为制定设备大修、项修、更新、改造的依据。

（2）机械的点检

为了准确地掌握设备运行状况和劣化损失程度，及时消除隐患，保持机械完好性能，因而应对机械运行中对影响设备正常运行的一些关键部位实行管理制度化、操作技术规范化的检查维护工作，称为机械点检。

1）机械的点检及其分类

机械点检包括日常点检、定期点检和专项点检三类。

检查项目一般是针对设备上影响产品产量、质量、成本、安全和设备正常运行部位进行点检，开展点检工作，首先要制定点检标准书和点检卡。

点检标准书应列出需要点检的项目、部位、周期、方法、机具仪器、判断标准、处理意见等，作为开展日常点检和定期点检的总依据。

机械点检卡是根据点检标准书制定的一种检查记录卡，检查人员按规定的检查部位、内容、方法和时间进行点检，并用简单的符号记入点检卡，为分析设备状态和预防维修提供依据。

① 日常点检

日常点检是由操作工人进行的，主要是利用感官检查设备状态，当发现异常现象后，经过简单调整、修理可以解决的，当操作工人不能处理时，由巡回检查的维修工人及时反映给专业维修人员修理，排除故障，有些不影响生产正常进行的缺陷劣化问题，待定期修理时解决。

② 定期点检

定期点检是一种计划检查，由维修人员或设备检查员进行，除利用感官外，还要采用一些专用测量仪器。点检周期要与生产计划协调，并根据以往维修记录、生产情况、设备实际状态和经验修改点检周期，使其更加趋于合理。定期点检中发现问题，可以处理的应立即处理，不能处理的可列入计划预修或改造计划内。

③ 专项点检

专项点检一般由专职维修人员（含工程技术人员）针对某些特定的项目，如机械的精度、某项或某些功能参数等进行定期或不定期检查测定，目的是为了了解机械的技术性能、专业性能，通常要使用专用工具和专业仪器设备。

2）点检的主要工作

点检通常包括以下几个工作环节：

① 确定检查点。一般将机械的关键部位和薄弱环节列为检查点，尽可能选择设备振动的敏感点；离设备核心部位最近的关键点和容易产生劣化现象的易损点。

② 确定点检项目。就是确定各检查部位（点）的检查内容。

③ 制定点检的判定标准。根据制造厂家提供的技术和实践经验制定各检查项目的技术状态是否正常的判定标准。

④ 确定检查周期。根据检查点在维持生产或安全方面的重要性和生产工艺的特点，并结合设备的维修经验，制定点检周期。

⑤ 确定点检的方法和条件。根据点检的要求，确定各检查项目所采用的方法和作业条件。

⑥ 确定检查人员。确定各类点检（如日常点检、定期点检、专项点检）的负责人员，确定各种检查的负责人。

⑦ 编制点检表。将各检查点、检查项目、检查周期、检查方法、检查判定标准以及规定的记录符号等制成固定表格，供点检人员检查时使用。

⑧ 做好点检记录和分析。点检记录是分析设备状况、建立设备技术档案、编制设备检修计划的原始资料。

⑨ 做好点检人员的培训工作。

1.6.6　施工机械修理

为了维持机械的正常运行，必须根据机械技术状态变化规律，更换或修复磨损失效的零部件，并对整机或局部进行拆装、调整的技术作业，这就是修理。修理是使机械在一定时间内保持其正常技术状态的重要措施。

（1）机械修理分类

根据机械修理内容和工作量大小，对机械修理划分为大修、项修、小修。

1）大修

大修是指机械大部分零件、甚至某些基础件即将达到或已经达到极限磨损程度，不能正常工作，经过技术鉴定，需要进行一次全面彻底的恢复性修理，使机械的技术状况和使用性能达到规定的技术要求，从而延长其使用寿命。

大修时，机械要全部拆卸分解、更换或修复全部磨损超限的零件，修复机械外观，是工作量最大、费用最高的修理。

2）项修

项修是项目修理的简称。它是以机械技术状态的检测诊断为依据，对机械零件磨损接近极限而不能正常工作的少数或个别总成，有计划地进行局部恢复性修理，以保持机械各总成使用期的平衡，延长整机的大修间隔期。

3）小修

小修是指机械使用和运行中突然发生的故障件损坏和临时故障的修理，所以又称故障修理。对于实行点检制的机械，小修的工作内容主要是针对日常点检和定期检查发现的问题进行检查、调整，更换或修复失效的零件，以恢复机械的正常功能。对于实行定期保养制的机械，小修的工作内容主要是根据已掌握的磨损规律，更换或修复在保养间隔期内失效或即将失效的零件，并进行调整，以保持机械的正常工作能力。

（2）机械修理计划的编制

机械修理计划是企业组织管理机械修理的指导性文件。机械大修计划由企业机械管理部门按年、季度编制；项修计划、月度修理作业计划，由修理单位编制；计划编制前要积累足够的、可靠的并符合机械技术状况的资料、数据及信息。

（3）机械修理计划的实施

为保证修理计划的实施，机械管理部门应经常检查修理计划的执行情况，机械送修单位和承修单位解决存在问题。

送修单位应按计划确定的时间准时送修，如因特殊情况不能按时送修时，应事先将不能送修的原因和要求改变的送修时间通知计划编制单位和承修单位，由计划编制单位进行处理。

考 试 习 题

一、单项选择题（每小题有 4 个备选答案，其中只有 1 个是正确选项。）

1. 机械联接的强度由联接中（　　）的强度决定。

A. 最强环节　　　　　　　　　　　B. 最薄弱环节

C. 各环节加权平均　　　　　　　　D. 综合计算

正确答案：B

2. 蜗杆传动是可以实现（　　）的传动，因此被广泛应用于机床、起重运输机械及施工机械中。

A. 小传动比　　　B. 大传动比　　　C. 中传动比　　　D. 可调传动比

正确答案：B

3. 电功率是衡量用电器消耗（　　）快慢的物理量。

A. 电压　　　　　B. 电能　　　　　C. 电流　　　　　D. 电感

正确答案：B

4. 长期停用或可能受潮的电动机，在使用前应测量绕组间和绕组对地的绝缘电阻，绝缘电阻值应大于（　　）。

A. 0.5Ω　　　　　B. 0.5KΩ　　　　C. 0.5MΩ　　　　D. 5.0MΩ

正确答案：C

5. 采用热继电器作电动机过载保护时，其容量应选择电动机额定电流的（　　）。

A. 100%～125%　　　　　　　　B. 110%～150%

C. 100%～135%　　　　　　　　D. 110%～125%

正确答案：A

6. 当输入电压在额定电压的（　　）范围内时，电动机可以以额定功率连续运行；当超过时，则应控制负荷。

A. −10%～+10%　　　　　　　　B. −5%～+10%

C. −5%～+20%　　　　　　　　D. −10%～+5%

正确答案：B

7. 多台电动机合用的总熔丝额定电流为其中最大一台电动机额定电流的（　　）加上其余电动机额定电流的总和。

A. 125%～150%　　　　　　　　B. 150%～200%

C. 150%～250%　　　　　　　　D. 200%～300%

正确答案：C

8. 防护等级为（　　）的三相异步电动机，适用于潮湿、多尘、易受风雨侵蚀及有腐蚀性气体等较恶劣的工作环境。

A. IP11　　　　B. IP21　　　　C. IP22　　　　D. IP44

正确答案：D

9. 绕线式转子电动机电刷高度磨损超过原标准（　　）时应换新。

A. 2/3　　　　B. 3/4　　　　C. 4/5　　　　D. 1/2

正确答案：A

10. 短路保护一般采用下列哪种保护方式来实施。（　　）

A. 接地电阻　　　　　　　　B. 熔断器或低压断路器

C. RC 吸收器　　　　　　　　D. 过压保护器

正确答案：B

11. 漏电保护器主要用于保护人身因漏电而发生电击伤亡或防止因（　　）漏电引起电气火灾事故。

A. 线路雷击　　　　　　　　B. 过电流

C. 电气设备或线路　　　　　D. 过电压

正确答案：C

12. 隔离开关在电路中的作用是（　　）。

A. 切断电流　　　　　　　　B. 隔离电压

C. 线路联锁转换　　　　　　D. 隔离电源和分断负载

正确答案：D

13. 在正常情况下，机械零件配合表面的磨损量是随零件工作时间的增加而（   ）的，这种磨损变化规律，称为机械零件磨损规律。

    A. 缩短　　　　　　B. 增长　　　　　　C. 不变　　　　　　D. 消失

正确答案：B

14. 每班保养是指在机械运行的前、后和运行过程中的保养作业，其中心内容是（   ）。

    A. 小修　　　　　　B. 检查　　　　　　C. 润滑　　　　　　D. 整修

正确答案：B

15. 机械保养质量的检验必须坚持自检、互检和（   ）相结合的检验制度。

    A. 抽检　　　　　　B. 专职检验　　　　　C. 巡检　　　　　　D. 定期检验

正确答案：B

16. 不属于机械润滑管理三过滤措施的是（   ）。

    A. 日常过滤　　　　B. 加油过滤　　　　C. 转换过滤　　　　D. 入库过滤

正确答案：A

17. 下列关于机械点检陈述，不正确的是（   ）。

    A. 定期点检是由操作工人进行的

    B. 专项点检是针对机械的某些功能参数等进行定期或不定期检查测定

    C. 日常点检主要是利用感官检查设备状态

    D. 定期点检除利用感官外，还要采用一些专用测量仪器

正确答案：A

18. 下列不属于机械特殊保养的是（   ）。

    A. 停放保养　　　　B. 走合期保养　　　C. 日常保养　　　　D. 转移前保养

正确答案：C

二、多项选择题（每小题有 5 个备选答案，其中至少有 2 个是正确选项。）

1. 下列联接形式中，属于机械动联接的有（   ）。

    A. 轴和轴承联接　　　　　　　　　B. 导向平键和导向花键联接

    C. 螺旋传动　　　　　　　　　　　D. 铰链

    E. 导轨

正确答案：ABCDE

2. 关于液压传动系统，下列陈述正确的有（   ）。

    A. 液压传动设备适合于极高或极低温度环境下工作

    B. 溢流阀、节流阀、换向阀，属于液压控制阀

    C. 液压控制阀中的方向控制阀可以用来改变液油的流动方向

D. 液压泵是把原动机提供的机械能转换成压力能的动力元件

E. 节流阀和调速阀属于流量控制阀

正确答案：BCDE

3. 电动机起动前检查项目包括下列（　　　）。

A. 电动机上和附近有无杂物和人员

B. 电动机所拖动的机械设备是否完好

C. 大型电动机轴承和起动装置中油位是否正常

D. 绕线式电动机的电刷与滑环接触是否紧密

E. 转动电动机转子或其所拖动的机械设备，检查电动机和拖动的设备转动是否正常

正确答案：ABCDE

4. 下列描述电动机正常运行的状态有（　　　）。

A. 无异响　　　　　　　　　　　B. 无漏电

C. 轴承温度正常　　　　　　　　D. 电刷与滑环接触良好

E. 电刷冒火

正确答案：ABCD

5. 电动机在运行中，应监视下列哪些项目。（　　　）

A. 电动机的温升及发热情况　　　B. 电动机的振动情况

C. 电动机运行的声音和气味　　　D. 电动机的周围环境．适用条件

E. 电刷是否冒火或其他异常现象

正确答案：ABCDE

6. 电气控制系统中的线路保护一般包括下列哪几种方式。（　　　）

A. 短路保护　　　B. 过载保护　　　C. 零位保护　　　D. 自锁及互锁

E. 接地保护

正确答案：ABCD

7. 下列关于减少机械偶发故障的措施，正确的有（　　　）。

A. 定人定机　　　B. 合理使用　　　C. 遵章操作　　　D. 加强维护保养

E. 搞好状态检查

正确答案：ABCDE

8. 下列关于机械定点、定质、定量、定期、定人润滑陈述，正确的是（　　　）。

A. 确定机械的润滑部位和润滑点及用油量

B. 操作工须熟悉各注油点

C. 明确规定加油方法

D. 确定油脂牌号的用油材料

E. 按润滑图表或卡片上规定的间隔期进行加油、添油

正确答案：ABCDE

9. 根据机械修理内容和工作量大小，机械修理通常可分为（　　）。

A. 大修　　　　　　B. 普通修理　　　　C. 小修　　　　　　D. 项修

E. 月修

正确答案：ACD

三、**判断题**（答案 A 表示说法正确，答案 B 表示说法不正确）

1. 按照性能等级，螺栓可分为高强度螺栓和普通螺栓。

正确答案：A

2. 齿轮传动是靠主动轮的轮齿与从动轮的轮齿直接啮合来传递运动和动力的。

正确答案：A

3. 带传动是靠带与带轮之间的粘合力来传递运动和动力的。

正确答案：B

4. 交流电（AC）是不随时间而改变方向的电流。

正确答案：B

5. 铭牌是选择、安装、使用和修理三相电动机的重要依据。

正确答案：A

6. 三相电机的绝缘等级，是指电机所采用的绝缘材料的耐热能力高低。

正确答案：A

7. 电动机在工作中遇停电时，应立即切断电源，将启动开关置于停止位置。

正确答案：A

8. 防护等级表示三相电动机外壳的防护能力等级。IP 是防护等级标志符号，其后面的两位数字分别表示电机防固体和防水能力。数字越大，防护能力越强。

正确答案：A

9. 电动机在正常运行中，可以突然进行反向运转。

正确答案：B

10. 零位保护是确保工作装置在非工作位置才允许机器起动而实施的保护，如发动机或电动机起动。

正确答案：A

11. 过载保护是防止电器因长期超载运行而引起的温升和电流超过额定值造成设备损坏。

正确答案：A

12. 传感器是一种将被检测信息的物理量或化学量转换成电气信号而输出的功能器件。

正确答案：A

13. 一般故障的产生，是由于故障件的材料所承受的载荷，超过了它所允许的载荷

能力，或材料性能降低时才会发生。（　　）

正确答案：A

14. 机械的保养是采取相应的预防性措施，以降低零件的磨损速度，消除故障隐患，保证机械正常工作，延长使用寿命。（　　）

正确答案：A

15. 润滑的目的是减少机械零件的磨损，降低动能消耗，延长使用寿命。（　　）

正确答案：A

16. 施工机械维修保养中，定期点检是一种计划检查。（　　）

正确答案：A

17. 施工机械维修保养中，日常检查是指操作工人每天对设备进行的检查。（　　）

正确答案：A

18. 施工机械维修保养中，小修属于故障修理。（　　）

正确答案：A

第 2 章 起重吊装

本章主要介绍了常用索具吊具、起重机具、起重和吊装等安全技术要求。本章主要依据《建筑机械使用安全技术规程》JGJ 33—2012、《施工现场机械设备检查技术规范》JGJ 160—2016、《建筑施工起重吊装安全技术规范》JGJ 276—2012、《重要用途钢丝绳》GB 8918—2006 和《起重机　钢丝绳　保养、维护、检验和报废》GB/T 5972—2016、《水利水电起重机械安全规程》SL 425—2017 等标准规范。

2.1 常用索具和吊具

2.1.1 钢丝绳

钢丝绳具有断面相同、强度高、弹性大、韧性好、耐磨、高速运行平稳并能承受冲击荷载等特点，是起吊、牵引、捆扎等吊装作业中的主要绳索。

1. 钢丝绳的分类

钢丝绳的种类较多，施工现场起重作业一般使用圆股钢丝绳。

按《重要用途钢丝绳》GB 8918—2006 标准，钢丝绳分类如下：

（1）按绳和股的断面、股数和股外层钢丝绳的数目分类，见表 2-1。

钢丝绳分类　　　　　　　　　　　　　　　　表 2-1

组别	类别	分类原则	典型结构		直径范围 /mm
			钢丝绳	股绳	
1	圆股钢丝绳	6×7	6 个圆股，每股外层丝可到 7 根，中心丝（或无）外捻制 1～2 层钢丝，钢丝等捻距	6×7 6×9W	（6+1） （3/3+3）	2～36 14～36
2		6×19（a）	6 个圆股，每股外层丝可到 8～12 根，中心丝外捻制 2～3 层钢丝，钢丝等捻距	6×19S 6×19W 6×25Fi 6×26SW 6×31SW	（9+9+1） （6/6+6+1） （12+6F+6+1） （10+5/5+5+1） （12+6/6+6+1）	6～36 6～41 14～44 13～40 12～46
		6×19（b）	6 个圆股，每股外层丝 12 根，中心丝外捻制 2 层钢丝	6×19	（12+6+1）	3～46

续表

组别	类别	分类原则	典型结构		直径范围 /mm
			钢丝绳	股绳	
3	6×37（a）	6 个圆股，每股外层丝可到 14～18 根，中心丝外捻制 3～4 层钢丝，钢丝等捻距	6×29Fi	（14＋7F＋7＋1）	10～44
			6×36SW	（14＋7/7＋7＋1）	12～60
			6×37S（点线接触）	（15＋15＋6＋1）	10～60
			6×41SW	（16＋8/8＋8＋1）	32～60
			6×49SWS	（16＋8/8＋8＋1）	36～60
			6×55SWS	（18＋9/9＋9＋9＋1）	36～64
	6×37（b）	6 个圆股，每股外层丝 8 根，中心丝外捻制 3 层钢丝	6×37	（18＋12＋6＋1）	5～66
4	圆股钢丝绳 8×19	8 个圆股，每股外层丝可到 8～12 根，中心丝外捻制 2～3 层钢丝，钢丝等捻距	8×19S	（9＋9＋1）	11～44
			8×19W	（6/6＋6＋1）	10～48
			8×25Fi	（12＋6F＋6＋1）	18～52
			8×26SW	（10＋5/5＋6＋1）	16～48
			8×31SW	（12＋6/6＋6＋1）	14～56
5	8×37	8 个圆股，每股外层丝可到 14～18 根，中心丝外捻制 3～4 层钢丝，钢丝等捻距	8×36SW	（14＋7/7＋7＋1）	14～60
			8×41SW	（16＋8/8＋8＋1）	40～56
			8×49SWS	（16＋8/8＋8＋8＋1）	44～64
			8×55SWS	（16＋9/9＋9＋9＋1）	44～64
6	17×7	钢丝绳中有 17 个或 18 个圆股，在纤维芯或钢芯外捻制 2 层股	17×7	（6＋1）	6～44
			18×7	（6＋1）	6～44
			18×19W	（6/6＋6＋1）	14～44
			18×19S	（9＋9＋1）	14～44
			18×19	（12＋6＋1）	10～44
7	34×7	钢丝绳中有 34 个或 36 个圆股，在纤维芯或钢芯外捻制 3 层股	34×7	（6＋1）	16～44
			36×7	（6＋1）	16～44
8	6×24	6 个圆股，每股外层丝 12～16 根，在纤维芯外捻制 2 层股	6×24	（15＋9＋FC）	8～40
			6×24S	（12＋12＋FC）	10～44
			6×24W	（8/8＋8＋FC）	10～44

施工现场常见钢丝绳的断面如图 2-1、图 2-2 所示。

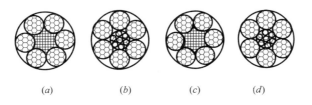

（a）　　　　　（b）　　　　　（c）　　　　　（d）

图 2-1　6×19 钢丝绳断面图

（a）6×19S＋FC；（b）6×19S＋IWR；（c）6×19W＋FC；（d）6×19W＋IWR

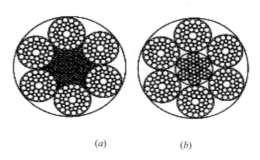

图 2-2　6×37S 钢丝绳断面图

(a) 6×37S+FC；(b) 6×37S+IWR

（2）钢丝绳按捻法，分为右交互捻（ZS）、左交互捻（SZ）、右同向捻（ZZ）和左同向捻（SS）四种，如图 2-3 所示。

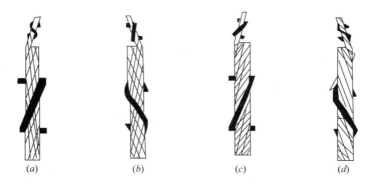

图 2-3　钢丝绳按捻法分类

（a）右交互捻；（b）左交互捻；（c）右同向捻；（d）左同向捻

（3）钢丝绳按绳芯不同，分为纤维芯和金属芯。纤维芯钢丝绳比较柔软，易弯曲，纤维芯可浸油作润滑、防锈，减少钢丝间的摩擦；金属芯的钢丝绳耐高温度、耐重压、硬度大、不易弯曲。

2. 钢丝绳的标记

根据《钢丝绳——术语、标记和分类》GB/T 8706—2006 标准，钢丝绳的标记格式如图 2-4 所示。

图 2-4　钢丝绳的标记示例

3. 钢丝绳的选用

起重机械上只能使用由设备制造商指定的标准长度、直径、结构和破断拉力的钢丝绳，除非经起重机设计人员、钢丝绳制造商或有资格人员的准许，才能选择其他型号钢丝绳。选用其他钢丝绳时应遵循下列原则：

（1）应遵守起重机手册和由钢丝绳制造商给出的使用说明书中的规定，并必须有产品检验合格证；

（2）能承受所要求的拉力，保证足够的安全系数；

（3）能保证钢丝绳受力不发生扭转；

（4）耐疲劳，能承受反复弯曲和振动作用；

（5）有较好的耐磨性能；

（6）与使用环境相适应：

1）高温或多层缠绕的场合宜选用金属芯；

2）高温、腐蚀严重的场合宜选用石棉芯；

3）有机芯易燃，不能用于高温场合。

4. 安全系数

在钢丝绳受力计算和选择钢丝绳时，考虑到钢丝绳受力不均、负荷不准确、计算方法不精确和使用环境较复杂等一系列不利因素，应给予钢丝绳一个储备能力。因此确定钢丝绳的受力时必须考虑一个系数，作为储备能力，这个系数就是钢丝绳的安全系数。钢丝绳的安全系数是不可缺少的安全储备，绝不允许凭借这种安全储备而擅自提高钢丝绳的最大允许安全载荷，钢丝绳的安全系数见表 2-2。

<table>
<tr><td colspan="4" align="center">钢丝绳的安全系数</td><td align="right">表 2-2</td></tr>
<tr><td>用途</td><td>安全系数</td><td>用途</td><td>安全系数</td></tr>
<tr><td>作缆风绳</td><td>3.5</td><td>作吊索、无弯曲时</td><td>6～7</td></tr>
<tr><td>用于手动起重设备</td><td>4.5</td><td>作捆绑吊索</td><td>8～10</td></tr>
<tr><td>用于机动起重设备</td><td>5～6</td><td>用于载人的升降机</td><td>14</td></tr>
</table>

5. 钢丝绳的储存与展开

（1）钢丝绳的储存

1）装卸运输过程中，应谨慎小心，卷盘或绳卷不允许坠落，也不允许用金属吊钩或叉车的货叉插入钢丝绳。

2）钢丝绳应储存在凉爽、干燥的仓库里，且不应与地面接触。严禁存放在易受化学烟雾、蒸汽或其他腐蚀剂侵袭的场所。

3）储存的钢丝绳应定期检查，如有必要，应对钢丝绳进行包扎。

4）户外储存不可避免时，地面上应垫木方，并用防水毡布等进行覆盖，以免湿气导致锈蚀。

5）储存从起重机上卸下的待用的钢丝绳时，应进行彻底的清洁，在储存之前对每一根钢丝绳进行包扎。

6）长度超过30m的钢丝绳应在卷盘上储存。

7）为搬运方便，内部绳端应首先被固定到邻近的外圈。

（2）钢丝绳的展开

1）当钢丝绳从卷盘或绳卷展开时，应采取措施避免绳的扭转或降低钢丝绳扭转的程度。如图2-5所示，为正确的钢丝绳展开方法。对于有木轴包装的钢丝绳，应该将木轴架设在支撑架上，一边滚动木轮，一边按照顺序对钢丝绳放绳，如图2-5（a）；对于没有木轴包装的钢丝绳，应该先解卷，然后将解开的一头平放在地上，然后滚动软包装即可，如图2-5（b）。

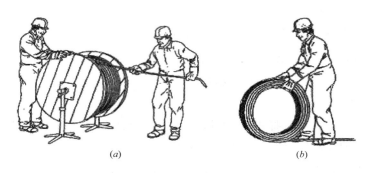

图 2-5　钢丝绳展开
（a）有木轴包装；（b）无木轴包装

2）在钢丝绳展开和重新缠绕过程中，应有效控制卷盘的旋转惯性，使钢丝绳按顺序缓慢的释放或收紧。钢丝绳上的油脂容易黏附沙粒碎石，当卷筒上钢丝绳重叠受力后，沙石会嵌入钢丝绳内，对其造成损伤，缩短使用寿命。应避免钢丝绳与污泥接触，尽可能保持清洁，以防止钢丝绳生锈。

3）切勿由平放在地面的绳卷或卷盘中释放钢丝绳，以避免增加钢丝绳扭结。扭结的钢丝绳受力后会改变出厂时捻向的松紧程度，缩短使用寿命。

6. 钢丝绳的安装、固定与连接

（1）钢丝绳的安装

安装钢丝绳时，必须注意检查钢丝绳的捻向，起升钢丝绳的捻向必须与起升卷筒上的钢丝绳绕向相反。

（2）钢丝绳的固定与连接

钢丝绳与卷筒、吊钩滑轮组或起重机结构的连接，应采用起重机制造商规定的钢丝绳端连接装置，或经起重机设计人员、钢丝绳制造商或有资格人员的准许的供选方案。

终端固定应确保安全可靠，并且应符合相关规范的要求。常用的连接和固定方式有以下几种，如图 2-6 所示：

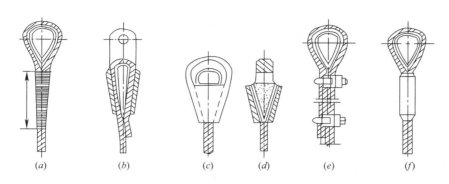

图 2-6　钢丝绳固接

（a）编结连接；（b）楔块、楔套连接；（c）（d）锥形套浇铸法；

（e）绳夹连接；（f）铝合金套压缩法

1）编结连接，如图 2-6（a）所示，编结长度不应小于钢丝绳直径的 15 倍，且不应小于 300mm；连接强度不小于 75％钢丝绳破断拉力。

2）楔块、楔套连接，如图 2-6（b）所示，钢丝绳一端绕过楔块，利用楔块在套筒内的锁紧作用使钢丝绳固定。固定处的强度约为钢丝绳自身强度的 75％～85％。楔套应用钢材制造，连接强度不小于 75％钢丝绳破断拉力。

3）锥形套浇铸法，如图 2-6（c）、图 2-6（d）所示，先将钢丝绳拆散，切去绳芯后插入锥套内，再将钢丝绳末端弯成钩状，然后灌入熔融的铅液，最后经过冷却即成。

4）绳夹连接，如图 2-6（e）所示，绳夹连接简单、可靠，被广泛应用。

5）铝合金套压缩法，如图 2-6（f）所示，钢丝绳末端穿过锥形套筒后松散钢丝，将头部钢丝弯成小钩，浇入金属液凝固而成。其连接应满足相应的工艺要求，固定处的强度与钢丝绳自身的强度大致相同。

7. 钢丝绳的安全使用和维护保养

（1）钢丝绳在卷筒上，应按顺序整齐排列。

（2）载荷由多根钢丝绳承受时，应设有各根钢丝绳受力的均衡装置。

（3）起升机构和变幅机构，不得使用编结接长的钢丝绳。

（4）起升高度较大的起重机械，宜采用不旋转、无松散倾向的钢丝绳。采用其他钢丝绳时，应有防止钢丝绳和吊具旋转的装置或措施。

（5）当吊钩处于工作位置最低点时，钢丝绳在卷筒上的缠绕，除固定绳尾的圈数外，一般不少于 3 圈。

（6）吊运溶化或炽热金属的钢丝绳，应采用石棉芯、金属芯等耐高温的钢丝绳。

（7）对钢丝绳应防止损伤、腐蚀或其他物理、化学因素造成的性能降低。

（8）钢丝绳展开时，应防止打结或扭曲。

（9）钢丝绳切断时，应有防止绳股散开的措施。

（10）安装钢丝绳时，不应在不洁净的地方拖线，也不应缠绕在其他的物体上，应防止划、磨、碾、压和过度弯曲。

（11）钢丝绳应保持良好的润滑状态。所用润滑剂应符合该绳的要求，并且不影响外观检查。润滑时应特别注意不易看到和润滑剂不易渗透到的部位，如平衡滑轮处的钢丝绳。

（12）取用钢丝绳时，必须检查该钢丝绳的合格证，以保证机械性能、规格符合设计要求。

（13）对日常使用的钢丝绳每天都应进行检查，包括对端部的固定连接、平衡滑轮处的检查，并作出安全性的判断。

（14）钢丝绳的润滑

对钢丝绳定期进行系统润滑，可保证钢丝绳的性能，延长使用寿命。润滑之前，应将钢丝绳表面上积存的污垢和铁锈清除干净。

钢丝绳润滑的方法有刷涂法和浸涂法。刷涂法就是人工使用专用的刷子，把加热的润滑脂涂刷在钢丝绳的表面上。浸涂法就是将润滑脂加热到60℃，然后使钢丝绳通过一组导辊装置被张紧，同时使之缓慢地在容器里的熔融润滑脂中通过。

8. 钢丝绳的报废

当钢丝绳断丝、磨损发展到一定程度，保证不了钢丝绳的安全性能，则钢丝绳不能继续使用，则应予以报废。钢丝绳的报废还应考虑、腐蚀、变形等情况。钢丝绳的报废应考虑以下项目：

（1）断丝的性质和数量；

（2）绳端断丝；

（3）断丝的局部聚集；

（4）断丝的增加率；

（5）绳股断裂；

（6）绳径减小，包括从绳芯损坏所致的情况；

（7）弹性降低；

（8）外部和内部磨损；

（9）外部和内部腐蚀；

（10）变形；

（11）由于受热或电弧引起的破坏；

（12）永久伸长率。

钢丝绳的损坏往往由于多种因素综合累积造成的，国家对钢丝绳的报废有明确的标准，具体标准见附录《起重机　钢丝绳　保养、维护、检验和报废》GB/T 5972—2016。

2.1.2　钢丝绳夹

钢丝绳夹是起重吊装作业中使用较广的钢丝绳夹具。钢丝绳夹主要用于钢丝绳的连接和钢丝绳穿绕滑车组时绳端的固定以及桅杆上缆风绳绳头的固定等,如图 2-7 所示。常用的钢丝绳夹为骑马式绳夹和"U"形绳夹。

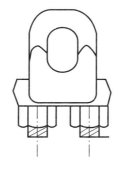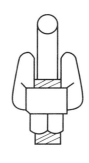

图 2-7　常用的钢丝绳夹

1. 钢丝绳夹布置

钢丝绳夹布置,应把绳夹座扣在钢丝绳的工作段上,U 形螺栓扣在钢丝绳的尾段上,如图 2-8 所示。钢丝绳夹不得在钢丝绳上交替布置。

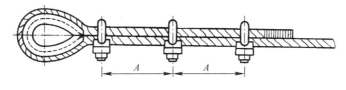

图 2-8　钢丝绳夹的布置

2. 钢丝绳夹数量

钢丝绳绳夹应与钢丝绳匹配,不得少于 3 个。钢丝绳夹数量应符合表 2-3 的规定。

<table>
<tr><th colspan="6">钢丝绳夹的数量</th><th>表 2-3</th></tr>
<tr><td>绳夹规格(钢丝绳直径)mm</td><td>≤18</td><td>18～26</td><td>26～36</td><td>36～44</td><td colspan="2">44～60</td></tr>
<tr><td>绳夹最少数量/组</td><td>3</td><td>4</td><td>5</td><td>6</td><td colspan="2">7</td></tr>
</table>

3. 钢丝绳夹安全使用要求

(1) 钢丝绳夹间的距离 A(如图 2-8 所示)应等于钢丝绳直径的 6～7 倍。

(2) 钢丝绳夹固定处的强度决定于绳夹在钢丝绳上的正确布置,以及绳夹固定和夹紧的谨慎和熟练程度。不恰当的紧固螺母或钢丝绳夹数量不足可能使绳端在承载时,一开始就产生滑动。

（3）在实际使用中，绳夹受载一、二次以后应作检查，在多数情况下，螺母需要进一步拧紧。

（4）钢丝绳夹紧固时须考虑每个绳夹的合理受力，离套环最远处的绳夹不得首先单独紧固；离套环最近处的绳夹（第一个绳夹）应尽可能地紧靠套环，但仍须保证绳夹的正确拧紧，不得损坏钢丝绳的强度。

（5）绳夹在使用后要检查螺栓丝扣有否损坏，如暂不使用，要在丝扣部位抹上防锈油并存放在干燥的地方，以防生锈。

2.1.3 卸扣

卸扣又称卡环，是起重作业中广泛使用的连接工具，它与钢丝绳等索具配合使用，拆装颇为方便。

1. 卸扣分类

（1）卸扣按其外形分为直形和椭圆形，如图2-9所示。

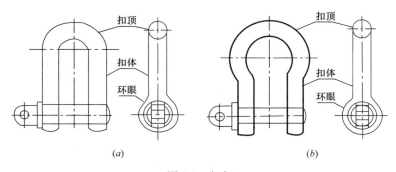

图2-9 卸扣

（a）直形卸扣；（b）椭圆形卸扣

（2）按活动销轴的形式可分为销子式和螺栓式，如图2-10所示。常用的是螺栓式。

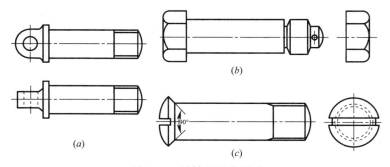

图2-10 销轴的几种形式

（a）W型，带有环眼和台肩的螺纹销轴；

（b）X型，六角头螺栓、六角螺母和开口销；（c）Y型，沉头螺钉

2. 卸扣安全使用要求

（1）卸扣必须是锻造的，一般是用 20 号钢锻造后经过热处理而制成的，以便消除残余应力和增加其韧性，不能使用铸造和补焊的卸扣。

（2）使用时不得超过规定的荷载，应使销轴与扣顶受力，不能横向受力。横向使用会造成扣体变形。

（3）吊装时使用卸扣绑扎，在吊物起吊时应使扣顶在上销轴在下，如图 2-11 所示，使绳扣受力后压紧销轴，销轴因受力，在销孔中产生摩擦力，使销轴不易脱出。

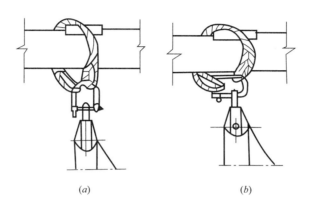

（a）   （b）

图 2-11　卸扣的使用示意图

（a）正确的使用方法；（b）错误的使用方法

（4）不得从高处往下抛掷卸扣，以防止卸扣落地碰撞而变形和内部产生损伤及裂纹。

3. 卸扣的报废

卸扣出现以下情况之一时，应予报废：

（1）裂纹；

（2）磨损达原尺寸的 10%；

（3）本体变形达原尺寸的 10%；

（4）横销变形达原尺寸的 5%；

（5）螺栓坏丝或滑丝；

（6）卸扣不能闭锁。

2.1.4　吊钩

吊钩属起重机上重要取物装置之一。吊钩若使用不当，容易造成损坏和折断而发生重大事故，因此，必须加强对吊钩经常性的安全技术检验。

1. 吊钩分类

吊钩按制造方法可分为锻造吊钩和片式吊钩。锻造吊钩又可分为单钩和双钩，如图 2-12（a）、图 2-12（b）所示。单钩一般用于小起重量，双钩多用于较大的起重量。

锻造吊钩材料采用优质低碳镇静钢或低碳合金钢,如20优质低碳钢、16Mn、20MnSi、36MnSi。片式吊钩由若干片厚度不小于20mm的C3、20或16Mn的钢板铆接起来。片式吊钩也有单钩和双钩之分,如图2-12(c)和图2-12(d)所示。

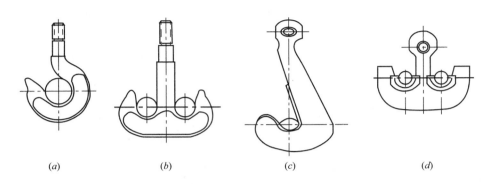

(a)   (b)   (c)   (d)

图 2-12 吊钩的种类

(a)锻造单钩;(b)锻造双钩;(c)片式单钩;(d)片式双钩

片式吊钩比锻造吊钩安全,因为吊钩板片不可能同时断裂,个别板片损坏还可以更换。吊钩按钩身(弯曲部分)的断面形状可分为:圆形、矩形、梯形和T字形断面吊钩。

2. 吊钩安全技术要求

吊钩应有出厂合格证明,在低应力区应有额定起重量标记。

(1)吊钩的检查

检查吊钩先用煤油洗净钩身,然后用20倍放大镜检查钩身是否有疲劳裂纹,特别对危险断面要仔细检查。钩柱螺纹部分的退刀槽是应力集中处,要注意检查有无裂缝。对板钩还应检查衬套、销子、小孔、耳环及其他紧固件是否有松动、磨损现象。对一些大型、重型起重机的吊钩还应采用无损探伤法检验其内部是否存在缺陷。

(2)吊钩的保险装置

吊钩必须装有可靠防脱棘爪(吊钩保险),防止工作时索具脱钩,如图2-13所示。防脱棘爪在吊钩负载时不得张开,安装棘爪后钩口尺寸减小值不得超过钩口尺寸的10%;防脱棘爪的形态应与钩口端部相吻合。

3. 吊钩的报废

吊钩表面应光洁,不应有剥裂、锐角、毛刺、裂纹。吊钩禁止补焊,有下列情况之一的,应予以报废:

(1)表面有裂纹或破口;

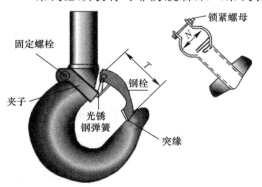

图 2-13 吊钩防脱棘爪

（2）钩尾和螺纹部分等危险截面及钩筋有永久性变形；

（3）挂绳处截面磨损量超过原高度的 10%；

（4）开口度比原尺寸增加 15%；开口扭转变形超过 10°；

（5）板钩衬套磨损达原尺寸的 50% 时，应报废衬套；

（6）板钩芯轴磨损达原尺寸的 5% 时，应报废芯轴。

2.1.5　起重链条

链条有片式链和焊接链之分。片式链条一般安装在设备中用来传递动力；焊接链条是一种起重索具，常用来作起重吊装索具。

1. 焊接链条的特点

焊接链条挠性好，可以用较小直径的链轮和卷筒，因而减少了机构尺寸。对焊接链条的缺点不可忽略，它弹性小，自重大，链环接触处易磨损，不能随冲击载荷，运行速度低，安全性较差等。

当链条绕过导向滑轮或卷筒时，链条中产生很大的弯曲应力，这个应力随 D（滑轮或卷筒直径）与 d（链条元钢直径）之比 D/d 的减少而增大。因此，特要求：

人力驱动：$D \geqslant 20d$　　　　　　　　机械驱动：$D \geqslant 30d$

2. 焊接链条的安全使用

使用焊接链条应注意下列安全事项：

（1）只宜于垂直起吊，不宜于双链夹角起吊。

（2）不得用于有震动冲击的工作或超负荷使用。

（3）焊接链在光面卷筒上使用时，卷扬速度应小于 1m/s；在链轮上工作时，速度不得超过 0.1m/s。

（4）使用前后应经常检查链环和链条接头处是否有磨损和裂痕，发现问题及时报废更换。

2.1.6　螺旋扣

螺旋扣又称"花兰螺丝"，如图 2-14 所示，其主要用在张紧和松弛拉索、缆风绳等，故又被称为"伸缩节"。

螺旋扣的使用应注意以下事项：

（1）使用时应钩口向下；

（2）防止螺纹轧坏；

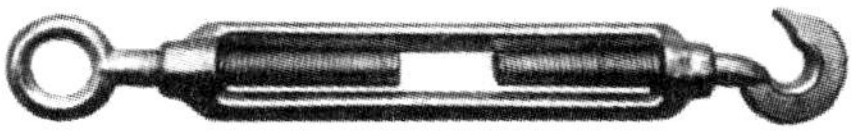

图 2-14　螺旋扣

（3）严禁超负荷使用；

（4）长期不用时，应在螺纹上涂好防锈油脂。

2.1.7 化学纤维绳

1. 化学纤维绳的特点

化学纤维绳又叫合成纤维绳。目前多采用绵纶、尼龙、涤纶、维尼纶、乙纶、丙纶等合成纤维制成。化学纤维绳具有重量轻、质地柔软、耐腐蚀、有弹性、能减少冲击的优点，它的吸水率只有 4%，但对温度的变化较敏感，不耐高温。

2. 化学纤维绳的应用

在吊运表面光洁的零件、软金属制品、磨光的销轴或其他表面不许磨损的物体时，常使用化学纤维绳。

3. 化学纤维绳的安全使用

使用化学纤维绳进行吊装作业应注意以下安全事项：

(1) 遇高温时易熔化，要防止暴晒，远离明火。

(2) 弹性较大，起吊时不稳定，应防止吊物摆动伤人。

(3) 伸长率大，断绳时其回弹幅度较大，应采取防止回弹伤人的措施。

(4) 摩擦力小，当带载从缆桩上放出时，要防止绳子全部滑出伤人。

4. 吊装带

合成纤维吊装带也称扁平编织吊装带，具有重量轻、强度高、不易损伤吊装物体表面等特点，在许多方面逐步替代了钢丝绳索具。合成纤维吊装带的使用与保养应注意以下事项：

(1) 每次使用前应进行认真检查，查明允许拉力，严禁超负荷使用。

(2) 不允许集中使用不带保护的栓结吊升方式。

(3) 吊运作业中，在移动吊带和货物时，不得强行拖曳。

(4) 在承载时，不得使之打扭和打结。

(5) 不允许使用没有护套的吊带承载有尖角、棱边的物体。

(6) 多条吊带同时使用时，尽可能将载荷均匀分布在每条吊带上。

(7) 吊带被弄脏或在有酸、碱倾向环境中使用后，应立即用水冲洗干净。

(8) 应储存在干燥和通风好的库房内，避免受潮或高温烘烤。

(9) 禁止使一头吊带套同时受两个方向的力，使两层吊带分开，造成事故。

2.1.8 麻绳

1. 麻绳的特点与用途

麻绳具有质地柔韧、轻便、易于捆绑、结扣及解脱方便等优点，但其强度较低，一般麻绳的强度，只为相同直径钢丝绳的 10% 左右，而且易磨损、腐烂、霉变。

麻绳在起重作业中主要用于捆绑物体，起吊 500kg 以下的较轻物件；当起吊物件或重物时，麻绳拉紧物体，以保持被吊物体的稳定和在规定的位置就位。

2. 麻绳的种类

按制造方法，麻绳分为土法制造和机器制造两种。

土法制造麻绳质量较差，不能在起重作业中使用。

机制麻绳质量较好，主要有白棕绳、混合绳和线麻绳等。

3. 麻绳的安全使用

（1）麻绳只适用于工具及轻便工件的移动和起吊，或用于吊装工件的控制绳。在机械驱动的起重机具中不得使用。

（2）麻绳不得向一个方向连续扭转，以免松散或扭劲。使用中，如果麻绳有扭曲时，应抖直。

（3）麻绳使用中，严禁与锐利的物体直接接触，如无法避免时应挚以保护物；不容许麻绳在尖锐或粗糙的物体上拖拉，以免降低麻绳的强度。

（4）麻绳在当作跑绳使用时，安全系数不得小于 10；当作捆绑绳使用时，安全系数不得小于 12。

（5）麻绳不得与酸、碱等腐蚀介质接触。

（6）麻绳应存放在通风干燥的地方，不得受热受潮。

（7）麻绳使用前应认真检查，当表面均匀磨损不超过直径的 30％，局部触伤不超过同断面直径的 10％时，可按直径缩减程度折合降低使用。如局部触伤和局部腐蚀严重的，可截去受损部分插接使用。

（8）麻绳使用于滑车组时，滑轮的直径应大于麻绳直径的 10 倍，其绳槽半径应大于麻绳半径的 1/4。

4. 白棕绳

白棕绳是以剑麻为原料捻制而成的。白棕绳抗拉力和抗阻力较强，而且耐腐蚀、耐摩擦、有弹性，当突然受到冲击时不易断裂，在起重作业中用得较多。吊装作业中白棕绳的选择和使用应符合下列要求：

（1）必须由剑麻的茎纤维搓成，并不得涂油。其规格和破断拉力应符合产品说明书的规定。

（2）只可用作起吊轻型构件（如钢支撑）、受力不大的缆风绳和溜绳。

（3）穿绕滑轮的直径根据人力或机械动力等驱动形式的不同，应大于白棕绳直径的 10 倍或 30 倍。麻绳有结时，不得穿过滑车狭小之处。长期在滑车使用的白棕绳，应定期改变穿绳方向，以使绳的磨损均匀。

（4）整卷白棕绳应根据需要长度切断绳头，切断前必须用铁丝或麻绳将切断口扎紧，严防绳头松散。

（5）使用中发生的扭结应立即抖直。如有局部损伤，应切去损伤部分。

（6）当绳长度不够时，必须采用编接接长。根据用途，如控制起吊重物方向的溜绳，还可采用单帆索结接长。

（7）捆绑有棱角的物件时，必须垫以木板或麻袋等物。

（8）使用中不得在粗糙的构件上或地下拖拉，并应严防砂、石屑嵌入，磨伤白棕绳。

（9）编接绳头绳套时，编接前每股头上应用绳扎紧，编接后相互搭接长度：绳套不得小于白棕绳直径的 15 倍；绳头不得小于 30 倍。

2.2 常用起重机具

2.2.1 千斤顶

千斤顶是一种用较小的力将重物顶高、降低或移位的简单而方便的起重设备。

1. 千斤顶分类

千斤顶有齿条式、螺旋式和液压式三种基本类型。

（1）齿条式千斤顶

齿条式千斤顶又叫起道机，由金属外壳、装在壳内的齿条、齿轮和手柄等组成。在路基路轨的铺设中常用到齿条式千斤顶。如图 2-15 所示。

图 2-15　齿条式
千斤顶

（2）螺旋千斤顶

螺旋千斤顶常用的是 LQ 型，如图 2-16 所示，它由棘轮组 1、小锥齿轮 2、升降套筒 3、锯齿形螺杆 4、铜螺母 5、大锥齿轮 6、推力轴承 7、主架 8、底座 9 等组成。

（3）液压千斤顶

常用的液压千斤顶为 YQ 型，其构造如图 2-17 所示。

2. 千斤顶安全使用要求

（1）使用前应拆洗干净，并检查各部件是否灵活，有无损伤，液压千斤顶的阀门、活塞、皮碗是否良好，油液是否干净。

（2）使用时，应放在平整坚实的地面上，如地面松软，应铺设方木以扩大承压面积。设备或物件的被顶点应选择坚实的平面部位并应清洁至无油污，以防打滑，还须加垫木板以免顶坏设备或物件。

（3）严格按照千斤顶的额定起重量使用千斤顶，每次顶升高度不得超过活塞上的标志。

（4）在顶升过程中要随时注意千斤顶的平整直立，不得歪斜，严防倾倒，不得任意加长手柄或操作过猛。

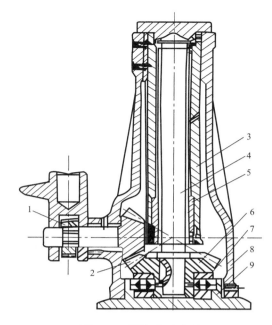

图 2-16　螺旋式千斤顶

1—棘轮组；2—小锥齿轮；3—升降套筒；4—锯齿形螺杆；
5—螺母；6—大锥齿轮；7—推力轴承；8—主架；9—底座

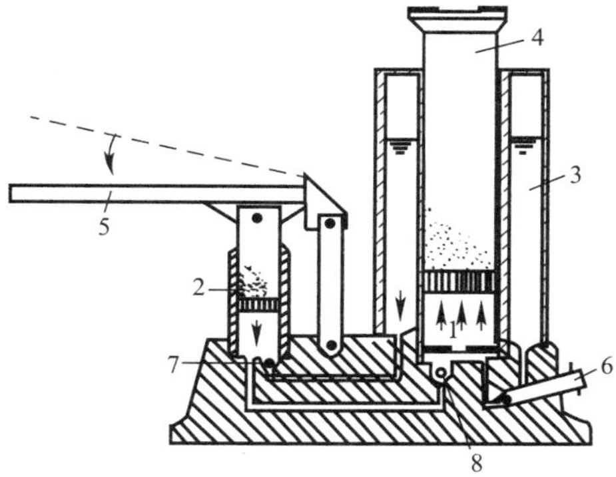

图 2-17　液压千斤顶的构造

1—油室；2—油泵；3—储油腔；4—活塞；5—摇把；
6—回油阀；7—油泵进油门；8—油室进油门

（5）操作时，先将物件顶起一点后暂停，检查千斤顶、枕木垛、地面和物件等情况是否良好，如发现千斤顶和枕木垛不稳等情况，必须处理后才能继续工作。顶升过程中，应设保险垫，并要随顶随垫，其脱空距离应保持在 50mm 以内，以防千斤顶倾倒或突然回油而造成事故。

（6）用两台或两台以上千斤顶同时顶升一个物件时，要有统一指挥，动作一致，升降同步，保证物件平稳。

（7）应存放在干燥、无尘土的地方，避免日晒雨淋。

2.2.2　滑车和滑车组

滑车和滑车组是起重吊装、搬运作业中较常用的起重工具。滑车一般由吊钩（链环）、滑轮、轴、轴套和夹板等组成。

1. 滑车

（1）滑车的种类

滑车按滑轮的多少，可分为单门（一个滑轮）、双门（两个滑轮）和多门等几种；按连接件的结构型式不同，可分为吊钩型、链环型、吊环型、吊梁型四种；按滑车的夹板形式分，有开口滑车和闭口滑车两种等，如图 2-18 所示。

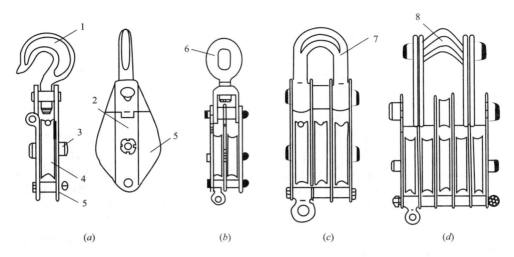

图 2-18 滑车

（a）单门开口吊钩型；（b）双门闭口链环型；（c）三门闭口吊环型；（d）三门吊梁型

开口滑车的夹板可以打开，便于装入绳索，一般都是单门，常用在拔杆脚等处作导向用。滑车按使用方式不同，又可分为定滑车和动滑车。定滑车在使用中是固定的，可以改变用力的方向，但不能省力；动滑车在使用中是随着重物移动而移动的，它能省力，但不能改变力的方向。

（2）滑车的允许荷载

滑车的允许荷载滑车上都有标明，使用时应根据其标定的数值选用，同时滑轮直径还应与钢丝绳直径匹配。

2. 滑车组

滑车组是由一定数量的定滑车和动滑车及绕过它们的绳索组成的简单起重工具。

（1）滑车组的种类

滑车组根据牵引方向引出的方向不同，可以分为牵引方向自动滑车引出和牵引方向自定滑车引出两种。如图 2-19（a）所示，牵引方向自动滑车引出，这时用力的方向与重物移动的方向一致；如图 2-19（b）所示，牵引方向自定滑车绕出，这时用力的方向与重物移动的方向相反。在采用多门滑车进行吊装作业时常采用双联滑车组。如图 2-19（c）所示，双联滑车组有两个牵引方向，可用两台卷扬机同时牵引，其速度快一倍，滑车组受力比较均衡，滑车不易倾斜。

（2）滑车组绳索的穿法

滑车组中绳索有普通穿法和花穿法两种，如图 2-20 所示。普通穿法是将绳索自一侧滑轮开始，顺序地穿过中间的滑轮，最后从另一侧的滑轮引出，如图 2-20（a）所示。滑车组在工作时，由于两侧钢丝绳的拉力相差较大中，牵引方向 7 的拉力最大，第 6 根为次，顺次至固定头受力最小，所以滑车在工作中不平稳。如图 2-20（b）所示，花穿法的牵引方向从中间滑轮引出，两侧钢丝绳的拉力相差较小，所以能克服普通穿法的缺点。在用"三三"以上的滑车组时，应采用花穿法。滑车组中动滑车上穿绕绳子的根数，习惯上叫"走几"，如动滑车上穿绕 3 根绳子，叫"走 3"，穿绕四根绳子叫"走 4"。

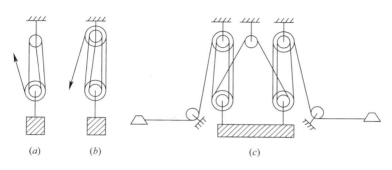

图 2-19　滑车组的种类

（a）牵引方向自动滑车绕出；（b）牵引方向自定滑车绕出；（c）双联滑车组

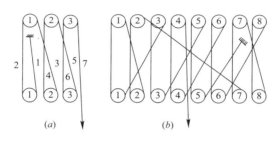

图 2-20　滑车组的穿法

（a）普通穿法；（b）花穿法

3. 滑车及滑车组安全使用要求

（1）使用前应查明标识的允许荷载，检查滑车的轮槽、轮轴、夹板、吊钩（链环）等有无裂缝和损伤，滑轮转动是否灵活。

（2）滑车组绳索穿好后，要慢慢地加力，绳索收紧后应检查各部分是否良好，有无卡绳现象。

（3）滑车的吊钩（链环）中心，应与吊物的重心在一条垂线上，以免吊物起吊后不平稳，滑车组上下滑车之间的最小距离应根据具体情况而定，一般为 700～1200mm。

（4）滑车在使用前、后都要刷洗干净，轮轴要加油润滑，防止磨损和锈蚀。

（5）为了提高钢丝绳的使用寿命，滑轮直径最小不得小于钢丝绳直径的 16 倍。

4. 滑轮的报废

滑轮出现下列情况之一的，应予以报废：

（1）裂纹或轮缘破损；

（2）滑轮绳槽壁厚磨损量达原壁厚的 20%；

（3）滑轮底槽的磨损量超过相应钢丝绳直径的 25%。

2.2.3 倒链

1. 倒链的特点和用途

倒链又称"链式滑车"、"手拉葫芦"，它适用于小型设备和物体的短距离吊装，可用来拉紧缆风绳以及用在构件或设备运输时拉紧捆绑的绳索，如图 2-21 所示。倒链具有结构紧凑、手拉力小、携带方便、操作简单等优点，它不仅是起重常用的工具，也常用做机械设备的检修拆装工具。

2. 倒链的安全使用要求

（1）使用前需检查传动部分是否灵活，链子和吊钩及轮轴是否有裂纹损伤，手拉链是否有跑链或掉链等现象。

（2）挂上重物后，要慢慢拉动链条，当起重链条受力后再检查各部分有无变化，自锁装置是否起作用，经检查确认各部分情况良好后，方可继续工作。

（3）在任何方向使用时，拉链方向应与链轮方向相同，防止手拉链脱槽，拉链时力量要均匀，不能过快过猛。

图 2-21 链式滑车

（4）当手拉链拉不动时，应查明原因，不能增加人数猛拉，以免发生事故。

（5）起吊重物中途停止的时间较长时，要将手拉链拴在起重链上，以防时间过长而自锁失灵。

（6）转动部分要经常上油，保证滑润，减少磨损，但切勿将润滑油渗进摩擦片内，以防自锁失灵。

（7）双起重倒链在使用前，应检查起重倒链是否扭结，如发生扭结，应将吊钩从两根起重链中翻转，直到链条恢复正常状态后再使用。

2.2.4 起重桅杆

1. 起重桅杆的特点

起重桅杆也称抱杆，是一种常用的起吊机具。它配合卷扬机、滑轮组和绳索等进行起吊作业。由于结构比较简单，安装和拆除方便，对安装地点要求不高、适应性强等特点，在设备和大型构件安装中广泛使用。

起重桅杆为立柱式，用绳索（缆风绳）绷紧立于地面。绷紧一端固定在起重桅杆的顶部，另一端固定在地面锚桩上。拉索一般不少于 3 根，通常用 4～6 根。每根拉索初拉力约为 10～20kN，拉索与地面成 30°～45°夹角，各拉索在水平投影面夹角不得大于 120°。起重桅杆可直立地面，也可倾斜于地面（与地面夹角一般不小于 80°）。起重桅杆底部垫以枕木。

起重桅杆上部装有起吊用的滑轮组，绳索从滑轮组引出，通过桅杆下部导向滑轮引至卷扬机起吊重物。

2. 起重桅杆的分类

（1）起重桅杆按其材质不同，可分为木桅杆和金属桅杆。木桅杆起重高度一般在 15m 以内，起重量在 20t 以下。木桅杆又可分为独脚、人字和三脚式三种。金属桅杆可分为钢管式和格构式。钢管式桅杆起重高度在 25m 以内，起重量在 20t 以下。格构式桅杆起重高度可达 70m，起重量高达 100t 以上。

（2）起重桅杆按其形式可分为人字桅杆、牵引式桅杆、龙门桅杆。

3. 起重桅杆的安全使用要求

（1）新桅杆组装时，中心线偏差不大于总支承长度的 1/1000；

（2）多次使用过的桅杆，在重新组装时，每 5m 长度内中心线偏差和局部塑性变形不应大于 20mm；

（3）在桅杆全长内，中心偏差不应大于总支承长度 1/200；

（4）组装桅杆的连接螺栓，必须紧固牢靠；

（5）各种桅杆的基础都必须平整坚实，不得积水。

2.2.5 卷扬机

卷扬机在水利水电施工中使用广泛，它可以单独使用，也可以作为其他起重机械的卷扬机构。

1. 卷扬机构造和分类

卷扬机是由电动机、齿轮减速机、卷筒、制动器等构成。载荷的提升和下降均为一种速度，由电机的正反转控制。

卷扬机按卷筒数分：有单筒、双筒、多筒卷扬机；按速度分：有快速、慢速卷扬机。常用的有电动单筒和电动双筒卷扬机。如图 2-22 所示，为一种单筒电动卷扬机的结构示意图。

2. 卷扬机的固定和布置

（1）卷扬机的固定

卷扬机必须用地锚予以固定，以防工作时产生滑动或倾覆。根据受力大小，卷扬机固定的方法大致有螺栓锚固法、水平锚固法、立桩锚固法和压重锚固法四种，如图 2-23 所示。

（2）卷扬机布置的注意事项

1）卷扬机地基与基础应平整坚实，场地应排水畅通，地锚应设置可靠；

2）卷扬机应搭设安全防护棚；

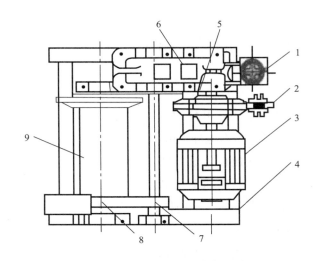

图 2-22　单筒电动卷扬机结构示意图

1—可逆控制器；2—电磁制动器；3—电动机；4—底盘；5—联轴器；

6—减速器；7—小齿轮；8—大齿轮；9—卷筒

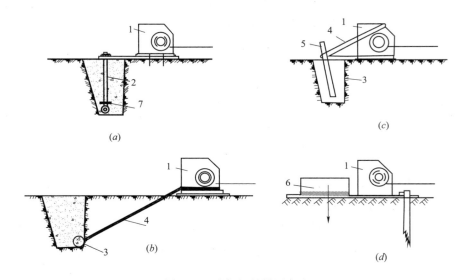

图 2-23　卷扬机的锚固方法

（a）螺栓锚固法；（b）水平锚固法；（c）立桩锚固法；（d）压重物锚固法

3）安装位置应能使操作人员看清指挥人员和起吊、拖动的物件，操作者视线仰角应小于 45°；

4）在卷扬机正前方应设置导向滑车，如图 2-24 所示。卷筒中心线与导向滑车的轴线位置应垂直，且导向滑轮的轴线应在卷筒中间位置。导向滑车至卷筒轴线的距离，槽面卷筒不应小于卷筒宽度的 15 倍，出绳偏斜角 $\alpha \le 4°$；无槽（光面）卷筒不应小于卷筒宽度的 20 倍，采用自然排绳的，出绳偏斜角 $\alpha \le 2°$；使用排绳器的，出绳偏斜角

$\alpha \leqslant 4°$。这样能使钢丝绳圈排列整齐，不致斜绕和互相错叠挤压，避免钢丝绳与导向滑车槽缘产生过度的磨损。

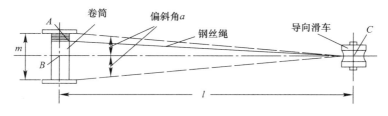

图 2-24 卷扬机的布置

3. 卷扬机安全使用要求

（1）作业前，应检查卷扬机与地面的固定、安全装置、防护设施、电气线路、接零或接地线、制动装置和钢丝绳等，全部合格后方可使用。

（2）使用皮带或开式齿轮的部分，均应设防护罩，导向滑轮不得用开口拉板式滑轮。

（3）正反转卷扬机卷筒旋转方向应在操纵开关上有明确标识。

（4）必须有良好的接地或接零装置，接地电阻不得大于 10Ω；在一个供电网路上，接地和接零不得混用。

（5）作业前，要先作空载正、反转试验，检查运转是否平稳，有无不正常响声；传动、制动机构是否灵敏可靠；各紧固件及连接部位有无松动现象；润滑是否良好，有无漏油现象。

（6）作业前，都应对制动器进行检查。制动片与制动轮之间的接触面应均匀，间隙调整应适宜，制动应平稳可靠。当制动器的零件，出现下述情况之一时，应作报废处理：

1）裂纹；

2）制动器摩擦片厚度磨损达原厚度 50%；

3）弹簧出现塑性变形；

4）小轴或轴孔直径磨损达原直径的 5%。

（7）制动轮的制动摩擦面不应有妨碍制动性能的缺陷或沾染油污。制动轮出现下述情况之一时，作报废处理：

1）裂纹；

2）起升、变幅机构的制动轮，轮缘厚度磨损大于原厚度的 40%；

3）其他机构的制动轮，轮缘厚度磨损大原厚度的 50%；

4）轮面凹凸不平度达 1.5～2.0mm 时。

（8）钢丝绳的选用应符合原厂说明书规定。水利水电施工现场不得使用摩擦式卷扬机。

（9）卷筒上的钢丝绳全部放出时应留有不少于3圈，用于起吊作业的卷筒在吊装构件时，卷筒上的钢丝绳应至少保留5圈；钢丝绳的末端应固定牢靠；卷筒边缘外周至最外层钢丝绳的距离应不小于钢丝绳直径的1.5倍。

（10）钢丝绳应与卷筒及吊笼连接牢固，不得与机架或地面摩擦，通过道路时，应设过路保护装置。

（11）卷筒上的钢丝绳应排列整齐，当重叠或斜绕时，应停机重新排列，严禁在转动中用手拉脚踩钢丝绳。

（12）作业中，任何人不得跨越正在作业的卷扬钢丝绳。物件提升后，操作人员不得离开卷扬机，物件或吊笼下面严禁人员停留或通过。休息时应将物件或吊笼降至地面。导向滑轮三角区内严禁行人通过或逗留。

（13）作业中如发现异响、制动不灵、制动装置或轴承等温度剧烈上升等异常情况时，应立即停机检查，排除故障后方可使用。

（14）作业中出现制动不灵，应立即采取措施，阻止吊物下落，修复制动装置后，方可继续作业。

（15）作业中停电或休息时，应切断电源，将提升物件或吊笼降至地面，操作人员离开现场应锁好开关箱。

2.2.6 地锚

地锚又称锚桩、锚点、锚锭。起重作业中常用地锚来固定拖拉绳、缆风绳、卷扬机、导向滑轮等，地锚一般用钢丝绳、钢管、钢筋混凝土预制件、圆木等做埋件埋入地下做成。

1. 地锚的形式

地锚是固定卷扬机必需的装置，常用的有立式地锚、桩式地锚和卧式地锚三种形式。

2. 地锚制作的安全技术要求

（1）立式地锚

宜在不坚固的土壤条件下采用，其构造应符合下列要求：

1）必须在枕木、圆木、枋木地垄柱的下部后侧和中部前侧设置挡木，并贴紧土壁，坑内应回填土石并夯实，表面略高于自然地坪。

2）地坑深度应大于1.5m，地垄柱应露出地面0.4~1m，并略向后倾斜。

3）使用枕木或枋木做地垄柱时，应使截面的长边与受力方向一致。

4）若荷载较大，单柱立式地锚承载力不够时，可在受力方向后侧增设一个或两个单柱立式地锚，并用绳索连接，使其共同受力。

（2）桩式地锚

宜在有地面水或地下水位较高的地方采用，应符合下列要求：

1）应用直径 180～330mm 的松木或杉木做地垄柱，略向后倾斜打入地层中，并于其前方距地面 0.4～0.9m 深处，紧贴桩身埋置 1m 长的挡木一根。

2）桩长应为 1.5～2m。入土深度不应小于 1.5m，地锚的生根钢丝绳应拴在距地面不大于 300mm 处。

3）荷载较大时，可将两根或两根以上的桩用绳索与木板将其连在一起使用。

（3）卧式地锚

宜在永久性地锚或大型吊装作业中采用，应符合下列要求：

1）应用一根或几根松木（或杉木）捆绑一起，横置埋入地层中，钢丝绳应根据作用荷载大小，系结于横置木中部或两侧，并用土石回填夯实。

2）木料尺寸和数量应根据作用荷载的大小和土壤的承载力并经过计算确定。

3）木料横置埋入深度宜为 1.5～3.5m。当作用荷载超过 75kN 时，应在横置木料顶部加压板；当作用荷载超过 150kN 时，应在横置木料前增设挡板立柱和挡板。

4）当卧式地锚作用荷载较大时，地锚的生根钢丝绳应用钢拉杆代替。

（4）岩层地锚

宜在不易挖坑和打桩的岩石地带采用，应符合下列要求：

1）应在地锚位置的岩层中打直径 40mm、深 1.5m 的孔眼，眼数视作用荷载大小而定，不宜少于 4 个眼孔，且其中一孔应置于尾部，作为保险钢钎的插孔。

2）应将直径 32mm 的 3 号钢钎和 8～10 倍钢钎直径的圆木，用钢丝绳捆在一起，插入孔眼中，并将缆风绳紧贴地面绑扎。

3）当作用荷载较大时，应将眼深和直径加大并打入钢轨。

（5）混凝土地锚

宜用于永久性或重型地锚，受力拉杆应焊在混凝土中的型钢梁上。

2.3　起重吊装的安全要求

2.3.1　起重吊装的基本安全要求

（1）必须编制吊装作业施工组织设计，并应充分考虑施工现场的环境、道路、架空电线等情况。作业前应进行技术交底；作业中，未经技术负责人批准，不得随意更改。

（2）参加起重吊装的人员应经过严格培训，取得培训合格证后，方可上岗。

（3）作业前，应检查起重吊装所使用的起重机滑轮、吊索、卡环和地锚等，应确保其完好,符合安全要求。

(4)起重作业人员必须穿防滑鞋、戴安全帽,高处作业应佩挂安全带,并应系挂可靠和严格遵守高挂低用。

(5)吊装作业区四周应设置明显标志,严禁非操作人员入内。夜间施工必须有足够的照明。

(6)起重设备通行的道路应平整坚实。

(7)登高梯子的上端应予固定,高空用的吊篮和临时工作台应绑扎牢靠。吊篮和工作台的脚手板应铺平绑牢,严禁出现探头板。吊移操作平台时,平台上面严禁站人。

(8)绑扎所用的吊索、卡环、绳扣等的规格应按计算确定。

(9)起吊前,应对起重机钢丝绳及连接部位和索具设备进行检查。

(10)高空吊装屋架、梁和斜吊法吊装柱时,应于构件两端绑扎溜绳,由操作人员控制构件的平衡和稳定。

(11)构件吊装和翻身扶直时的吊点必须符合设计规定。异型构件或无设计规定时,应经计算确定,并保证使构件起吊平稳。

(12)安装所使用的螺栓、钢楔(或木楔)、钢垫板、垫木和电焊条等的材质应符合设计要求的材质标准及国家现行标准的有关规定。

(13)吊装大、重、新结构构件和采用新的吊装工艺时,应先进行试吊,确认无问题后,方可正式起吊。

(14)大雨、雾、大雪及风速12m/s以上大风等恶劣天气应停止吊装作业。事后应及时清理冰雪并应采取防滑和防漏电措施。雨雪后作业前,应检查制动器是否灵敏可靠。

(15)严禁采用斜拉、斜吊及起吊埋于地下或黏结在地面上的构件。

(16)起重机靠近架空输电线路作业或在架空输电线路下方行走时,与架空输电线的安全距离应符合《施工现场临时用电安全技术规范》JGJ 46—2005。当需要在小于规定的安全距离范围内进行作业时,必须采取安全保护措施,并经供电部门审查批准。

(17)采用双机抬吊时,宜选用同类型或性能相近的起重机,负载分配应合理,单机起吊载荷不得超过额定起重量的80%。操作者之间相互配合,动作协调,起吊的速度应平稳缓慢。

(18)严禁超载吊装和起吊重量不明的重大构件和设备。

(19)起吊过程中,在起重机行走、回转、俯仰吊臂、起落吊钩等动作前,起重司机应鸣声示意。一次只宜进行一个动作,待前一动作结束后,再进行下一动作。

(20)开始起吊时,应先将构件吊离地面200~300mm后停止起吊,并检查起重机的稳定性、制动装置的可靠性、构件的平衡性和绑扎的牢固性等,待确认无误后,方可继续起吊。已吊起的构件不得长久停滞在空中。

（21）严禁在吊起的构件上行走或站立，不得用起重机载运人员，不得在构件上堆放或悬挂零星物件。

（22）起吊时不得忽快忽慢和突然制动。回转时动作应平稳，当回转未停稳前不得做反向动作。

（23）严禁在已吊起的构件下面或起重臂下旋转范围内作业或行走。

（24）因故（天气、下班、停电等）对吊装中未形成空间稳定体系的部分，应采取有效的加固措施。

（25）高处作业所使用的工具和零配件等，必须放在工具袋（盒）内，严防掉落，并严禁上下抛掷。

（26）吊装中的焊接作业应选择合理的焊接工艺，避免发生过大的变形，冬季焊接应有焊前预热（包括焊条预热）措施，焊接时应有防风防水措施，焊后应有保温措施。

（27）已安装好的结构构件，未经有关设计和技术部门批准不得用作受力支承点和在构件上随意凿洞开孔。不得在其上堆放超过设计荷载的施工荷载。

（28）永久固定的连接，应经过严格检查，并确保无误后，方可拆除临时固定工具。

（29）高处安装中的电、气焊作业，应严格采取安全防火措施，在作业处下面周围10m 范围内不得有人。

（30）对起吊物进行移动、吊升、停止、安装时的全过程应用旗语或通用手势信号进行指挥，信号不明不得启动，上下相互协调联系应采用对讲机。

2.3.2 钢筋混凝土吊装的基本要求

1. 构件的运输应符合下列要求：

（1）运输前应对构件的质量和强度进行检查核定，合格后方可出厂运输。

（2）长、重和特型构件运输应制定运输技术措施，并严格执行。

（3）运输道路应平整坚实，有足够的宽度和转弯半径。公路运输构件的装运高度不得超过 4m，过隧道时的装运高度不得超过 3.8m。

（4）运输时，柱、梁板构件的混凝土强度不应低于设计值的 75%，桁架和薄壁构件或强度较小的细、长、大构件应达到 100%。后张法预应力构件的孔道灌浆强度应遵守设计规定，设计无规定时不应低于 $15N/mm^2$。

（5）构件运输时的受力情况应与设计一致，对"Γ"形等特型构件和平面不规则的梁板应分析确定支点。当受力状态不符合设计要求时，应对构件进行抗裂度验算，不足时应加固。

（6）高宽比较大的构件的运输，应采用支承框架、固定架、支撑或用倒链等予以固定，不得悬吊或堆放运输。支承架应进行设计计算，保证稳定、可靠和装卸方便。

（7）大型构件采用半拖或平板车运输时，构件支承处应设转向装置。

（8）运输时，各构件之间应用隔板或垫木隔开，上、下垫木应在同一垂线上，垫木应填塞紧密，且必须用钢丝绳及花篮螺栓将其连成一体拴牢于车厢上。

2. 构件的堆放应符合下列要求：

（1）构件堆放场地应平整压实，周围必须设排水沟。

（2）构件应根据制作、吊装平面规划位置，按类型、编号、吊装顺序、方向依次配套堆放，避免二次倒运。

（3）构件应按设计支承位置堆放平稳，底部应设置垫木。对不规则的柱、梁、板应专门分析确定支承和加垫方法。

（4）重叠堆放的构件应采用垫木隔开，上、下垫木应在同一垂线上。堆垛间应留 2m 宽的通道。

3. 吊点设置和构件绑扎应符合下列要求：

（1）当构件无设计吊钩（点）时，应通过计算确定绑扎点的位置。绑扎的方法应保证可靠和摘钩简便安全。

（2）绑扎竖直吊升的构件时，应符合下列要求：

1）绑扎点位置应稍高于构件重心。有牛腿的柱应绑在牛腿以下；工字形断面应绑在矩形断面处，否则应用方木加固翼缘；双肢柱应绑在平腹杆上。

2）在柱子不翻身或不会产生裂缝时，可用斜吊绑扎法，否则应用直吊绑扎法。

（3）绑扎水平吊升的构件时，应符合下列要求：

1）绑扎点应按设计规定设置。无规定时，一般应在距构件两端 $1/6 \sim 1/5$ 构件全长处进行对称绑扎。

2）各支吊索内力的合力作用点（或称绑扎中心）必须处在构件重心上。

3）预应力混凝土圆孔板用兜索时，应对称设置，且与板的夹角必须大于 $60°$。

（4）绑扎应平稳、牢固，绑扎钢丝绳与物体的水平夹角应为：构件起吊时不小于 $45°$；扶直时不小于 $60°$。

4. 其他要求

（1）构件起吊前，其强度必须符合设计规定，并应将其上的模板、灰浆残渣、垃圾碎块等全部清除干净。

（2）作业前应清除吊装范围内的一切障碍物。

2.3.3 钢结构吊装的基本要求

（1）钢构件必须具有制造厂出厂产品质量检查报告，结构安装单位应根据构件性质分类，进行复检。

（2）预检钢构件的计量标准、计量工具和质量标准必须统一。

（3）钢构件应按照规定的吊装顺序配套供应，装卸时，装卸机械不得靠近基坑行走。

（4）钢构件的堆放场地应平整干燥，构件应放平、放稳，并避免变形。

（5）柱底灌浆应在柱校正完或底层第一节钢框架校正完并紧固完地脚螺栓后进行。

（6）作业前应检查操作平台、脚手架和防风设施，确保使用安全。

（7）雨雪天和风速超过 5m/s（气保焊为 2m/s）而未采取措施者不得焊接。气温低于 −10℃ 时，焊接后应采取保温措施。重要部位焊缝（柱节点、框架梁受拉翼缘等）应用超声波检查，其余一般部位应用超声波抽检或磁粉探伤。

（8）钢结构框架吊装时，必须设置安全网。

（9）吊装程序必须符合施工组织设计的规定。缆风绳或溜绳的设置应明确，对不规则构件的吊装，其吊点位置，捆绑、安装、校正和固定方法应明确。

2.3.4　闸门吊装的基本要求

（1）闸门上的吊耳、悬挂爬梯应经过专门的设计验算，由技术部门审批、质量安全部门检查验收，经检查确认合格后方可使用（吊耳材质和连接焊缝需检验）。

（2）起吊大件或不规则的重物应拴牵引绳。

（3）闸门起吊离地面 0.1m 时，应停机检查绳扣、吊具和吊车刹车的可靠性，观察周围有无障碍物。上下起落 2～3 次确认无问题后，才可继续起吊。已吊起的闸门作水平移动时，应使其高出最高障碍物 0.5m。

（4）闸门起吊前，应将闸门区格内、边梁筋板等处的杂物清扫干净。

（5）闸门翻身，宜采取抬吊方式，在没有采取可靠措施时，严禁单车翻身。

（6）应采取可靠防倾翻措施。

（7）严禁在已吊起的构件设备上从事施工作业。未采取稳定措施前，严禁在已竖立的闸门上徒手攀登。

（8）所吊构件没有落放平稳和采取加固措施前，不得随意摘除吊钩。

（9）多台千斤顶同时工作时，其轴心载荷作用线方向应一致。

2.3.5　钢管吊装的基本要求

（1）起吊前应先清理起吊地点及运行通道上的障碍物，并在工作区域设置警示标志，通知无关人员避让，工作人员应选择适当的位置及随物护送的路线。

（2）吊运时如发现捆绑松动或吊装工具发生异常响声，应立即停车进行检查。

（3）翻转时应先放好旧轮胎或木板等垫物，工作人员应站在重物倾斜方向的对面。翻转时应采取措施防止冲击。

（4）大型钢管抬吊时，应有专人指挥，专人监控，且信号明确清晰。

（5）利用卷扬机吊装井内钢管时，除执行起重安全技术规范外，还应符合下列要求：

1）井口上下应有清楚的联系信号和通信设备。

2）卷扬机房和井内应装设示警灯、电铃。

3）听从指挥人员的信号，信号不明或可能引起事故时，应暂停作业，待弄清情况后方可继续操作。操作司机不应在精神疲乏下工作。

4）卷扬机运行时，严禁跨越或用手触摸钢丝绳。

5）竖井工作人员应将所有工具放置工具袋内或安全位置。

2.3.6 设备安装的基本要求

（1）安装设备宜优先选用汽车吊或履带吊进行吊装。吊装时，起重设备的回转范围内禁止人员停留，起吊的构件严禁在空中长时间停留。

（2）用滚动法装卸安装施工设备时，应符合下列要求：

1）滚杠的粗细应一致，长度应比托排宽度长 500mm 以上，严禁戴手套填塞滚杠。

2）滚道的搭设应平整、坚实，接头错开。装卸车滚道的坡度不得大于 20°。

3）滚动的速度不宜太大，必要时应设溜绳。

（3）用拔杆吊装施工设备时，应符合下列要求：

1）多台卷扬机联合操作时，各卷扬机的牵引速度宜相同。

2）施工设备各吊点的受力宜均匀。

（4）采用旋转法或扳倒法安装施工设备时，应符合下列要求：

1）设备底部应安装具有抵抗起吊过程中水平推力的铰腕，在施工设备的左右应设溜绳。

2）回转和就位应平缓。

（5）在架体或建筑物上安装建筑设备时，应符合下列要求：

1）强度和稳定性应满足安装和使用要求。

2）设备安装定位后，应及时按要求进行连接紧固或焊接，完毕之后方可摘钩。

考 试 习 题

一、单项选择题（每小题有 4 个备选答案，其中只有 1 个是正确选项。）

1. 钢丝绳的安全系数是不可缺少的安全储备，选择用于机动起重设备钢丝绳的安全系数是（　　）。

A. 3.5　　　　　B. 4.5　　　　　C. 5～6　　　　　D. 6～7

正确答案：C

2. 钢丝绳编结连接，编结长度不应小于钢丝绳直径的 15 倍，且不应小于（　　）mm。

A. 200　　　　　　　B. 300　　　　　　　C. 400　　　　　　　D. 500

正确答案：B

3. 使用楔块、楔套连接钢丝绳时，楔套连接强度不小于（　　）钢丝绳破断拉力。

A. 65％　　　　　　B. 70％　　　　　　C. 75％　　　　　　D. 80％

正确答案：C

4. 下列关于钢丝绳夹用途的说法，哪个是错误的？（　　）

A. 钢丝绳的连接　　　　　　　　　　B. 钢丝绳穿绕滑车组时绳端的固定

C. 缆风绳绳头的固定时绳端的固定　　D. 钢丝绳的展开

正确答案：D

5. 钢丝绳绳夹应与钢丝绳匹配，数量不得少于（　　）个。

A. 6　　　　　　　　B. 5　　　　　　　　C. 4　　　　　　　　D. 3

正确答案：D

6. 直径为 18～26mm 的钢丝绳绳端的固定选用的钢丝绳夹最少数量为（　　）。

A. 6　　　　　　　　B. 5　　　　　　　　C. 4　　　　　　　　D. 3

正确答案：C

7. 钢丝绳绳夹间距应等于钢丝绳直径的（　　）倍。

A. 3～4　　　　　　B. 4～5　　　　　　C. 5～6　　　　　　D. 6～7

正确答案：D

8. 吊钩按制造方法可分为（　　）吊钩和片式吊钩。

A. 铸造　　　　　　B. 锻造　　　　　　C. 链式　　　　　　D. 铆接

正确答案：B

9. 吊钩的检验一般先用煤油洗净钩身，然后用（　　）倍放大镜检查钩身是否有疲劳裂纹。

A. 5　　　　　　　　B. 10　　　　　　　C. 15　　　　　　　D. 20

正确答案：D

10. 吊钩防脱棘爪在吊钩负载时不得张开，安装棘爪后钩口尺寸减小值不得超过钩口尺寸的（　　）％。

A. 5　　　　　　　　B. 10　　　　　　　C. 15　　　　　　　D. 20

正确答案：B

11. 焊接链条常用来作起重吊装索具。下列对焊接链条特点的描述哪个是错误的？（　　）

A. 运行速度低　　　B. 弹性大　　　　　C. 自重大　　　　　D. 不能随冲击载荷

正确答案：B

12. 白棕绳编接绳头绳套时，编接前每股头上应用绳扎紧，编接后相互搭接长度：绳套不得小于白棕绳直径的 15 倍；绳头不得小于（   ）倍。

A. 5 　　　　　　 B. 10 　　　　　　 C. 15 　　　　　　 D. 30

正确答案：D

13. 下列对动滑车的说法正确的是（   ）。

A. 它能省力但不能改变力的方向　　　　B. 它不能省力但能改变力的方向

C. 它能省力也能改变力的方向　　　　　D. 以上说法均不对

正确答案：A

14. 滑车组中绳索有普通穿法和花穿法两种。其中，（   ）以上滑轮组应采用花穿法。

A. 二二 　　　　　 B. 三三 　　　　　 C. 四四 　　　　　 D. 五五

正确答案：B

15. 滑轮绳槽壁厚磨损量达原壁厚的（   ）%，滑轮应予报废。

A. 5 　　　　　　 B. 10 　　　　　　 C. 20 　　　　　　 D. 30

正确答案：C

16. 新起重桅杆组装时，中心线偏差不大于总支承长度的（   ）。

A. 1/1000 　　　 B. 1.5/1000 　　　 C. 2/1000 　　　 D. 3/1000

正确答案：A

17. 下列不属于卷扬机构成部分的是（   ）。

A. 电动机 　　　 B. 齿轮减速机 　　　 C. 链条 　　　 D. 卷筒

正确答案：C

18. 在卷扬机正前方应设置导向滑车，导向滑车至卷筒轴线的距离，带槽卷筒应不小于卷筒宽度的（   ）倍。

A. 5 　　　　　　 B. 10 　　　　　　 C. 12 　　　　　　 D. 15

正确答案：D

19. 无槽（光面）卷筒卷扬机，采用自然排绳的，出绳偏斜角 α 应（   ）。

A. ≤2° 　　　　 B. ≥2° 　　　　 C. ≤4° 　　　　 D. ≥4°

正确答案：A

20. 制动器摩擦片厚度磨损达原厚度（   ）%，应报废。

A. 20 　　　　　 B. 30 　　　　　 C. 40 　　　　　 D. 50

正确答案：D

21. （   ）地锚宜用于永久性或重型地锚，受力拉杆应焊在混凝土中的型钢梁上。

A. 混凝土 　　　 B. 岩层 　　　 C. 枋木 　　　 D. 松木

正确答案：A

22. 大雨、雾、大雪及风速（　　）m/s 以上大风等恶劣天气应停止吊装作业。

A. 8　　　　　　　B. 10　　　　　　　C. 12　　　　　　　D. 15

正确答案：C

23. 采用双机抬吊时，宜选用同类型或性能相近的起重机，负载分配应合理，单机载荷不得超过额定起重量的（　　）。

A. 100%　　　　　B. 90%　　　　　　C. 80%　　　　　　D. 70%

正确答案：C

24. 进行起重吊装作业开始起吊时，应先将构件吊离地面（　　）mm 后停止起吊，并检查起重机的稳定性等，待确认无误后，方可继续起吊。

A. 50～100　　　　B. 200～300　　　　C. 400～500　　　　D. 600～800

正确答案：B

25. 高处安装中的电气焊作业，应严格采取安全防火措施，在作业处下面周围（　　）m 范围内不得有人。

A. 8　　　　　　　B. 10　　　　　　　C. 12　　　　　　　D. 15

正确答案：B

26. 已吊起的闸门作水平移动时，应使其高出最高障碍物（　　）m。

A. 0.1　　　　　　B. 0.5　　　　　　C. 0.2　　　　　　D. 0.3

正确答案：B

27. 闸门起吊离地面（　　）m 时，应停机检查绳扣、吊具和吊车刹车的可靠性，观察周围有无障碍物。

A. 0.1　　　　　　B. 1.0　　　　　　C. 0.2　　　　　　D. 0.3

正确答案：A

28. 用滚动法装卸安装施工设备时，滚杠的粗细应一致，长度应比托排宽度长（　　）mm 以上，严禁戴手套填塞滚杠。

A. 500　　　　　　B. 200　　　　　　C. 300　　　　　　D. 400

正确答案：A

29. 已吊起的闸门作水平移动时，应使其高出最高障碍物（　　）m。

A. 0.2　　　　　　B. 0.3　　　　　　C. 0.4　　　　　　D. 0.5

正确答案：D

二、多项选择题（每小题有 5 个备选答案，其中至少有 2 个是正确选项。）

1. 钢丝绳具有以下哪些特点？（　　）

A. 强度高　　　　B. 弹性小　　　　C. 自重轻　　　　D. 弹性大

E. 强度低

正确答案：ACD

2. 下列选用起重机钢丝绳时应遵循的原则，哪些是正确的？（　　）

A. 必须有产品检验合格证

B. 能承受所要求的拉力，保证足够的安全系数

C. 能保证钢丝绳受力发生扭转

D. 耐疲劳，不能承受反复弯曲和振动作用

E. 有较好的耐磨性能

正确答案：ABE

3. 钢丝绳常用的连接和固定方式有哪几种（　　）。

A. 绳套连接 　　　　　　　　B. 锥形套浇铸法

C. 楔块、楔套连接 　　　　　D. 编结连接

E. 铝合金套压缩法

正确答案：BCDE

4. 下列钢丝绳安全使用的要求，哪些是正确的？（　　）

A. 钢丝绳在卷筒上，应按顺序整齐排列

B. 起升机构和变幅机构，不得使用编结接长的钢丝绳

C. 吊运溶化或炽热金属的钢丝绳，应采用纤维芯等耐高温的钢丝绳

D. 取用钢丝绳时，必须检查该钢丝绳的合格证

E. 对日常使用的钢丝绳应每周检查一次

正确答案：ABD

5. 下列哪些属于钢丝绳报废应考虑的项目？（　　）

A. 断丝的性质和数量 　　　　B. 绳股断裂

C. 外部和内部磨损 　　　　　D. 外部和内部腐蚀

E. 变形

正确答案：ABCDE

6. 卸扣出现下列哪些情况应予报废？（　　）

A. 裂纹 　　　　　　　　　　B. 本体变形达原尺寸的 5%

C. 横销变形达原尺寸的 5% 　D. 螺栓坏丝或滑丝

E. 卸扣不能闭锁

正确答案：ACDE

7. 吊钩出现以下哪些情况应予报废？（　　）

A. 表面有裂纹或破口

B. 钩尾和螺纹部分等危险截面及钩筋有永久性变形

C. 挂绳处截面磨损量超过原高度的 10%

D. 心轴磨损量超过其直径的 5%

E. 开口度比原尺寸增加 10%

正确答案：ABCD

8. 下列关于合成纤维吊装带的使用与保养事项，哪些是正确的？（　　）

A. 每次使用前应查明允许拉力，严禁超负荷使用

B. 允许集中使用不带保护的栓结吊升方式

C. 吊运作业中，在移动吊带和货物时，不得强行拖曳

D. 允许使用没有护套的吊带承载有尖角、棱边的物体

E. 多条吊带同时使用时，尽可能将载荷均匀分布在每条吊带上

正确答案：ACE

9. 下列关于吊装作业中白棕绳的选择和使用注意事项，哪些是正确的？（　　）

A. 必须由剑麻的茎纤维搓成，并不得涂油

B. 其规格和破断拉力应符合产品说明书的规定

C. 整卷白棕绳应根据需要长度切断绳头，切断前必须用铁丝或麻绳将切断口扎紧

D. 当绳长度不够时，可采用打结接长

E. 捆绑有棱角的物件时，必须垫以木板或麻袋等物

正确答案：ABCE

10. 下列关于滑车及滑车组安全使用要求，哪些是正确的？（　　）

A. 使用前应查明标识的允许荷载

B. 使用前检查滑车的部件有无裂缝和损伤，滑轮转动是否灵活

C. 滑车组绳索穿好后，要快速地加力

D. 绳索收紧后应检查各部分是否良好，有无卡绳现象

E. 滑轮直径最小不得小于钢丝绳直径的 10 倍

正确答案：ABD

11. 下列关于倒链的安全使用要求，哪些是正确的？（　　）

A. 使用前需检查传动部分是否灵活，链子和吊钩及轮轴是否有裂纹损伤

B. 挂上重物后，要慢慢拉动链条，当起重链条受力后再检查自锁装置是否起作用

C. 在任何方向使用时，拉链方向应与链轮方向相反

D. 当手拉链拉不动时，应查明原因

E. 起吊重物中途停止的时间较长时，要将手拉链拴在起重链上，以防时间过长而自锁失灵

正确答案：ABDE

12. 下列关于卷扬机安全使用要求，哪些是正确的？（　　）

A. 作业前，应检查卷扬机的固定和各部件，全部合格后方可使用

B. 导向滑轮可用开口拉板式滑轮

87

C. 正反转卷扬机卷筒旋转方向应在操纵开关上有明确标识

D. 作业前，都应对制动器进行检查

E. 制动轮的制动摩擦面应涂油

正确答案：ACD

13. 下列关于卷扬机安全使用要求，哪些是正确的？（　　）

A. 钢丝绳的选用应符合原厂说明书规定

B. 卷筒上的钢丝绳全部放出时应留有不少于 2 圈

C. 钢丝绳应与卷筒及吊笼连接牢固，不得与机架或地面摩擦

D. 作业中，任何人都可跨越正在作业的卷扬钢丝绳

E. 作业中出现制动不灵，应立即采取措施

正确答案：ACE

14. 下列关于起重吊装作业前的要求，哪些是正确的？（　　）

A. 必须编制吊装作业施工组织设计，并应充分考虑施工现场的环境、道路、架空电线等情况

B. 参加起重吊装的人员应经过严格培训，取得培训合格证后，方可上岗

C. 作业前，应检查起重吊装所使用的起重机滑轮、吊索、卡环和地锚等，应确保其完好，符合安全要求

D. 起重作业人员必须穿皮鞋、戴安全帽

E. 吊装作业区四周应设置明显标志，严禁操作人员入内

正确答案：ABC

15. 下列关于起重吊装作业安全要求，哪些是正确的？（　　）

A. 起重设备通行的道路应平整坚实

B. 吊篮和工作台的脚手板应铺平绑牢，严禁出现探头板

C. 绑扎所用的吊索、卡环、绳扣等的规格可凭经验确定

D. 高空吊装屋架、梁和斜吊法吊装柱时，应于构件两端绑扎溜绳，由操作人员控制构件的平衡和稳定

E. 为保证安装速度，吊装大、重、新结构构件和采用新的吊装工艺时，可不进行试吊

正确答案：ABD

16. 下列关于起重吊装作业安全要求，哪些是正确的？（　　）

A. 严禁采用斜拉、斜吊，可使用起重机起吊埋于地下或粘结在地面上的构件

B. 严禁超载吊装和起吊重量不明的重大构件和设备

C. 起吊过程中，在起重机行走、回转、俯仰吊臂、起落吊钩等动作前，起重司机应鸣声示意

D. 不得用起重机载运人员，但可在构件上堆放或悬挂零星物件

E. 操作人员可在已吊起的构件下面或起重臂下旋转范围内作业或行走

正确答案：BC

17. 下列关于钢结构吊装的规定，哪些是正确的？（　　）

A. 钢构件必须具有制造厂出厂产品质量检查报告

B. 钢构件应按照规定的吊装顺序配套供应，装卸时，装卸机械可以靠近基坑行走

C. 钢构件的堆放场地应平整干燥，构件应放平、放稳，并避免变形

D. 作业前应检查操作平台、脚手架和防风设施，确保使用安全

E. 钢结构框架吊装时，必须设置安全网

正确答案：ACDE

三、判断题（答案 A 表示说法正确，答案 B 表示说法不正确。）

1. 钢丝绳的种类较多，施工现场起重作业一般使用圆股钢丝绳。（　　）

正确答案：A

2. 用于载人的升降机钢丝绳的安全系数是 8～10。（　　）

正确答案：B

3. 钢丝绳应储存在温暖潮湿的仓库里。（　　）

正确答案：B

4. 常用的钢丝绳夹为骑马式绳夹和"S"形绳夹。（　　）

正确答案：B

5. 钢丝绳夹布置时，应把绳夹座扣在钢丝绳的尾段上，U 形螺栓扣在钢丝绳的工作段上。

正确答案：B

6. 钢丝绳夹不得在钢丝绳上交替布置。

正确答案：A

7. 卸扣必须是铸造的，不能使用锻造和补焊的卸扣。（　　）

正确答案：B

8. 不得从高处往下抛掷卸扣，以防止卸扣落地碰撞而变形和内部产生损伤及裂纹。（　　）

正确答案：A

9. 吊钩表面应光洁，不应有剥裂、锐角、毛刺、裂纹，但可以补焊。（　　）

正确答案：B

10. 麻绳在当作跑绳使用时，安全系数不得小于 10。（　　）

正确答案：A

11. 白棕绳堆放时严禁与油漆、酸、碱以及有腐蚀性的化学药品接触。（　　）

正确答案：A

12. 千斤顶的基本类型有齿条式、螺旋式和链条式。（　　）

正确答案：B

13. 用两台或两台以上千斤顶同时顶升一个物件时，要有统一指挥，动作一致，升降同步，保证物件平稳。（　　）

正确答案：A

14. 倒链具有结构紧凑、手拉力小、携带方便、操作简单等优点，它不仅是起重常用的工具，也常用做机械设备的检修拆装工具。（　　）

正确答案：A

15. 卷扬机地基与基础应平整坚实，场地应排水畅通，可不设置地锚。（　　）

正确答案：B

16. 卷扬机应搭设安全防护棚。

正确答案：A

17. 用于起吊作业的卷扬机在吊装构件时，卷扬机卷筒上的钢丝绳应至少保留 5 圈。（　　）

正确答案：A

18. 卷扬机卷筒中心线与导向滑车的轴线位置应垂直。（　　）

正确答案：A

19. 卷扬机制动器制动片与制动轮之间的接触面应均匀，间隙调整应适宜，制动应平稳可靠。

正确答案：A

20. 卷扬机卷筒边缘外周至最外层钢丝绳的距离应不小于钢丝绳直径的 1 倍。（　　）

正确答案：B

21. 卷筒上的钢丝绳应排列整齐，当重叠或斜绕时，应停机重新排列，严禁在转动中用手拉脚踩钢丝绳。（　　）

正确答案：A

22. 立式地锚宜在不坚固的土壤条件下采用。（　　）

正确答案：B

23. 木质地锚应使用剥皮落叶松、杉木。（　　）

正确答案：A

24. 雨雪后作业前，应检查制动器是否灵敏可靠。（　　）

正确答案：A

25. 起重吊装作业时，作业人员可以在吊起的构件上行走或站立。（　　）

正确答案：B

26. 起重吊装作业起吊时不得忽快忽慢和突然制动。（　　）

正确答案：A

27. 对起吊物进行移动、吊升、停止、安装时的全过程应用旗语或通用手势信号进行指挥，信号不明不得起动，上下相互协调联系应采用手势信号。（　　）

正确答案：B

28. 绑扎竖直吊升的构件时，绑扎点位置应稍高于构件重心。有牛腿的柱应绑在牛腿以上。（　　）

正确答案：B

29. 用拔杆吊装施工设备，多台卷扬机联合操作时，各卷扬机的牵引速度可不同。（　　）

正确答案：B

第 3 章　运输、起重与升降机械

本 章 要 点

本章主要介绍了水利水电施工现场常用的运输机械、起重机械、升降机械等施工设备设施的分类、主要机构、安全保护装置、安装与拆卸以及安全使用等内容。

本章主要依据《水利水电建设用门座起重机》SL 542—2011、《水利水电工程施工机械设备选择技术导则》SL 484—2010、《建筑施工升降设备设施检验标准》JGJ 305—2013、《履带起重机　安全操作规程》DL/T 5248—2010、《塔式起重机安全规程》GB 5144—2006、《塔式起重机》GB/T 5031—2008、《门座起重机》DL/T 5249—2010、《水电水利工程施工机械安全操作规程　运输类车辆》DL/T 5305—2013、《施工升降机》GB/T 10054—2005、《吊笼有垂直导向的人货两用施工升降机》GB 26557—2011、《龙门架及井架物料提升机安全技术规范》JGJ 88—2010、《起重机械定期检验规则》TSG Q7015—2016、《通用门式起重机》GB/T 14406—2011、《水利水电建设用缆索起重机技术条件》SL 375—2017、《高处作业吊篮》GB 19155—2003 等标准规范。

3.1　运输机械

1. 自卸汽车

在工程建设中，使用最普遍的工程运输车辆是各种型号的载重自卸汽车。在国际市场上，其型号达 200～300 种，载重量从 10～300t，功率由 129～2207kW。国产 100t 级的 1994 年已经开始生产。WABC050 型的载重量 45t，斗容 23.5，功率 635 马力，其性能良好、驾驶室舒适、动力稳定、倾卸自如、结构可靠。

2. 宽轨机车

水电工程使用的宽轨机车的车用可侧向卸料，可运载土石料上坝，也可作为基坑出渣使用。混凝土坝可用其运送砂石料。

3. 水泥专用列车

大型水电工地常用散装水泥，由罐式水泥专用列车或箱式水泥专用列车运输。列车到达工地火车站后，水泥由压缩空气输送入大型水泥罐组成的水泥仓库。东江和水口工程，列车不直通拌和楼，由水泥专用汽车把水泥转运到拌和场附近的水罐，以供混凝土拌和使用。

4. 水泥专用汽车

水泥专用汽车可转运工地、火车站、水泥仓库的水泥，也可从水泥厂直接运送水泥，供拌和场生产使用。水泥专用汽车配有小型水泥罐，靠压缩空气把水泥输送入拌和场的水泥罐。

5. 重型平板挂车

重型平板挂车主要用于运输工程机械和大型机械设备。许多水电站因种种原因没有修建直通厂房的铁路，而水轮机、发电机及变压器等设备均用重型平板挂车运输。

6. 沙石料专用驳船

许多大型水电工程所用的砂石料由采沙船开采，通过驳船运输到工地码头，驳船系工地订造的砂石料专用船，船内的料仓呈漏斗型，漏斗底下设有皮带机，供卸料之用。有的沙石料在码头进行初筛分，然后通过皮带机送往筛分楼附近的毛料堆场。此种自行式驳船不用人工卸料、使用方便、效率高。

7. 侧抛船

侧抛船可用于截流龙口护底、江堤防冲加固、库内防渗铺盖敷设等施工任务。截流中采用侧抛船进行龙口护底，目的是保护龙口底部的覆盖层不被水流冲走，并能降低立堵时的截流流速。采用块石钢筋笼和混凝土四面体对龙口进行护底后，对截流的顺利进行作用很大。葛洲坝和水口工程都采用了侧抛船进行龙口护底。

8. 皮带机

在水利水电工程施工中，带式输送机是一种重要的运输机械，主要用于运输土石方、砂石料和流态混凝土等。由于能连续运输物料、生产率高、能耗低、结构简单、工作可靠、管理方便、线路工程简单，因此得到普遍使用。一般单机长为 50～200m，国产单机最长的已达 2500m。皮带由电动机带动、拉紧装置拉紧，只作直线运行。转弯时需设转换皮带，常在毛料堆场和骨料罐顶上装有活动的卸料小车。

9. 螺旋输送机

螺旋输送机一般用来沿水平或倾斜方向运送松散的细粒物料，运距不大，一般为30～40m。它由半圆形料槽、带有螺旋叶片的轴和驱动装置组成。由料槽一端进料，由料槽另一端出料。常用于把大型输送罐的水泥输送入斗式提升机，再转运到拌和楼上的小型水泥罐。

10. 斗式提升机

斗式提升机可用来提升垂直与倾斜方向的散粒或粉末材料，其提升高度在 20m 左右，较高的达 60m。在混凝土生产企业中，常用来提升水泥、粉煤灰和碎石、砂砾等材料。其牵引构件为环形的胶带或链条，其上部装着料斗，物料由底部进料并提升到顶部卸出，底部有螺杆式拉紧装置。

3.2 起重机械

3.2.1 塔式起重机

1. 塔式起重机的概述

（1）概念

塔式起重机指臂架安置在垂直的塔身顶部的可回转臂架型起重机，简称塔机。主要用于设备的安装、材料和构件的吊运。

（2）分类

根据《塔式起重机》GB/T 5031—2008，塔机分类如下：

1）按架设方式

分快装式和非快装式

2）按变幅方式

塔机按变幅方式分为动臂变幅塔机（如图 3-1 所示）和小车变幅塔机（如图 3-2 所示）。小车变幅塔机按臂架小车轨道与水平面的夹角大小可分为水平臂小车变幅塔机和倾斜臂小车变幅塔机；

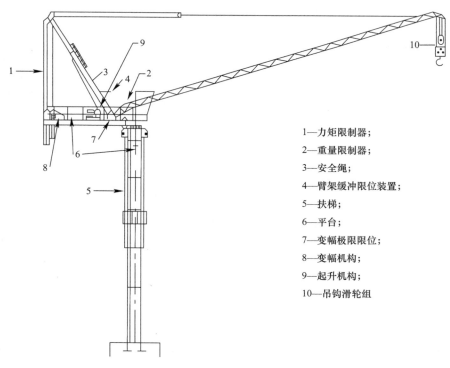

1—力矩限制器；

2—重量限制器；

3—安全绳；

4—臂架缓冲限位装置；

5—扶梯；

6—平台；

7—变幅极限限位；

8—变幅机构；

9—起升机构；

10—吊钩滑轮组

图 3-1　动臂式塔机示意图

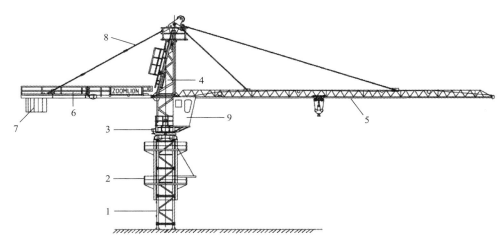

图 3-2　上回转自升式小车变幅塔式起重机外形结构图

1—塔身；2—顶升套架；3—转台；4—塔帽；5—起重臂；

6—平衡臂；7—平衡重；8—承座；9—平衡臂拉索

3）按臂架结构型式

小车变幅塔机按臂架结构型式分为定长臂小车变幅塔机、伸缩臂小车变幅塔机和折臂小车变幅塔机。

按臂架支承型式小车变幅塔机又可分为平头式塔机和非平头式塔机。

动臂变幅塔机按臂架结构型式分为定长臂动臂变幅塔机与铰接臂动臂变幅塔机。

4）按回转形式分

① 上回转塔机：回转支承设置在塔身上部的塔式起重机。又可分为塔帽回转式、塔顶回转式、上回转平台式、转柱式等形式。

② 下回转塔机：回转支承设置于塔身底部、塔身相对于底架转动的塔式起重机。

2. 塔式起重机的性能参数

塔式起重机的技术性能用各种数据来表示，即性能参数。主要参数如下：

（1）最大起重力矩：最大额定起重量重力与其在设计确定的各种组合臂长中所能达到的最大工作幅度的乘积。

（2）起升高度：塔机运行或固定独立状态时，空载、塔身处于最大高度、吊钩处于最小幅度处，吊钩支承面对塔机基准面的允许最大垂直距离。对动臂变幅塔机，起升高度分为最大幅度时起升高度和最小幅度时起升高度。

（3）工作速度：工作速度参数包括起升速度、回转速度、小车变幅速度、整机运行速度和慢降速度等。

1）最大起升速度：塔机起吊各稳定运行速度档对应的最大额定起重量，吊钩上升过程中稳定运动状态下的上升速度。

2）回转速度：塔机在最大额定起重力矩载荷状态，风速小于 3m/s、吊钩位于最大高度时的稳定回转速度。

3）小车变幅速度：对小车变幅塔机，起吊最大幅度时的额定起重量，风速小于 $3m/s$，小车稳定运行的速度。

4）运行速度：空载，风速小于 $3m/s$，起重臂平行于轨道方向时塔机稳定运行的速度。

5）慢降速度：起升滑轮组为最小倍率，吊有该倍率允许的最大额定起重量，吊钩稳定下降时的最低速度。

（4）工作幅度：塔机置于水平场地时，吊钩垂直中心线与回转中心线的水平距离。

（5）起重量：是吊钩能吊起的重量，其中包括吊索、吊具及容器的重量，因幅度的变化而改变塔机吊起重物的起重量。

最大起重量是指塔机在正常工作条件下允许起吊的最大重量。对于能够变换吊钩滑轮组钢丝绳倍率的塔机，其最大起重量是指钢丝绳最大倍率时允许起吊的最大重量。

（6）轨距：两条钢轨中心线之间的水平距离。

（7）轴距：前后轮轴的中心距。

（8）自重：不包括压重，含平衡重在内的塔机全部自身的重量。

3. 塔式起重机的组成

塔机主要由金属结构、工作机构、安全装置和控制系统部分组成。上回转自升式小车变幅塔式起重机外形结构如图 3-2 所示。

（1）金属结构

塔机金属结构部件包括底架、塔身、顶升套架、上下回转总成、塔帽和驾驶室、起重臂、平衡臂及附着装置等部分。其安全控制要点如下：

① 主要结构件应无明显塑性变形、裂纹、严重锈蚀和可见焊接缺陷；

② 结构件、连接件的安装应符合使用说明书的要求；

③ 销轴轴向定位应可靠；

④ 平衡重、压重的安装数量、位置与臂长组合及安装应符合使用说明书的要求，平衡重、压重吊点应完好；

⑤ 塔式起重机的斜梯、直立梯、护圈和各平台应位置正确，安装应齐全完整，无明显可见缺陷，并应符合使用说明书的要求；

⑥ 平台钢板网不得有破损；

⑦ 休息平台应设置在不超过 12.5m 的高度处，上部休息平台的间隔不应大于 10m；

⑧ 对于司机室，应当符合以下要求：

a. 结构应牢固，固定应符合使用说明书的要求；

b. 应有绝缘地板和符合消防要求的灭火器，门窗应完好，起重特性曲线图（表）、安全操作规程牌应固定牢固，清晰可见；

⑨ 塔身高度超过使用说明书规定的最大独立高度时，应设有附着装置。

（2）工作机构

塔机的主要工作机构包括：起升机构、变幅机构、回转机构、顶升机构和行走机构。上回转自升式塔式起重机机构位置如图 3-3 所示。

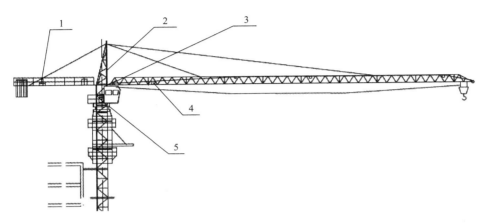

图 3-3　上回转自升式塔机机构、安全装置位置示意图

1—起升机构（制动器、高度限制器）；2—力矩限制器；3—起重量限制器；

4—变幅机构（制动器、幅度限位器）；5—回转机构（制动器、回转限位器）

1）起升机构（图 3-4 所示）

起升机构通常由电动机、制动器、变速箱、联轴器、卷筒、高度限位器等组成。

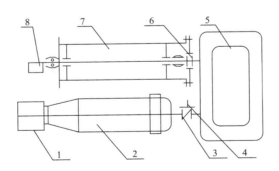

图 3-4　起升机构传动示意图

1—涡流制动器；2—电机；3—联轴器；4—制动器；5—减速箱；6—齿形接盘；7—卷筒；8—高度限位器

起升机构由电动机通过联轴器带动减速箱驱动卷筒工作。电机通过涡流制动器并串接可调电阻使起升机构获得良好的可调低速性能。起升机构不工作时始终处于制动位置。高度限位器一般装在卷筒轴另一端。

安全控制要点：

① 钢丝绳应符合下列规定：

a. 钢丝绳的规格、型号应符合使用说明书的要求，并应正确穿绕。钢丝绳润滑应良好，与金属结构无摩擦；

b. 钢丝绳绳端固结应符合使用说明书的要求；

c. 钢丝绳应符合现行国家标准《起重机　钢丝绳　保养、维护、检验和报废》GB/T 5972—2016 的规定。

② 卷扬机应符合下列规定：

a. 卷扬机应无渗漏，润滑应良好，各连接紧固件应完整、齐全；当额定荷载试验工况时，应运行平稳、无异常声响；

b. 卷筒两侧边缘超过最外层钢丝绳的高度不应小于钢丝绳直径的 2 倍，卷筒上钢丝绳层钢丝绳排列应整齐有序；

c. 卷筒上钢丝绳绳端固结应符合使用说明书的要求；

d. 当吊钩位于最低位置时，卷筒上应至少保留 3 圈安全圈。

③ 滑轮及卷筒应符合下列规定：

a. 滑轮转动应不卡滞，润滑应良好；

b. 卷筒和滑轮应无裂纹或轮缘破损；卷筒壁磨损量不超过原壁厚的 10%；滑轮绳槽壁厚磨损量不超过原壁厚的 20%；滑轮槽底的磨损量不超过相应钢丝绳直径的 25%。

④ 制动器应符合下列规定：

a. 制动器零件不得有可见裂纹；制动块摩擦衬垫磨损量小于原厚度的 50%；制动轮表面磨损量不超过 1.5～2mm；弹簧无塑性变形；电磁铁杠杆系统空行程不超过其额定行程的 10%；

b. 制动器应制动可靠，无影响制动性能的缺陷和油污，动作应平稳；

c. 防护罩应完好、稳固。

d. 制动器的推动器无漏油现象。

⑤ 吊钩应符合下列规定：

a. 心轴固定应完整可靠；

b. 吊钩防止吊索或吊具非人为脱出的装置应可靠有效；

c. 吊钩不得补焊，并应无裂纹、变形，挂绳处截面磨损量、心轴磨损量及开口度不超规定标准。

2）变幅机构（图 3-5 所示）

变幅机构通常采用双速电机，通过花键轴与行星齿轮减速机联接，减速机外壳带动卷筒旋转，两根牵引钢丝绳用压板固定在卷筒两侧端盖上，随着卷筒的转动，两根钢丝绳放出或卷入，完成载重小车沿起重臂水平运动。当电机断电后，可自动刹车，机构停止运转。变幅机构卷筒一端连接幅度限位器，控制牵引载重小车运行距离。

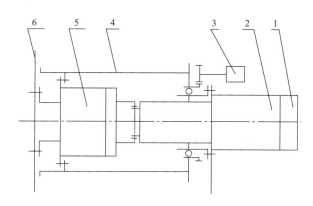

图 3-5　变幅机构传动示意图

1—电磁盘式制动器；2—发动机；3—限位器；4—卷筒；5—双极行星减速器；6—支架

安全控制要点：

① 钢丝绳、卷筒、滑轮、制动器的检验应符合标准规定；

② 变幅小车结构应无明显变形，车轮间距应无异常；

③ 小车维修挂篮应无明显变形，安装应符合使用说明书的要求；

④ 车轮有下列情况之一的应予以报废：

a. 可见裂纹；

b. 车轮踏面厚度磨损量达原厚度的 15％；

c. 车轮轮缘厚度磨损量达原厚度的 50％。

3）回转机构（图 3-6 所示）

塔机回转机构通常采用绕线电机驱动，经液力偶合器和行星齿轮减速器带动小齿轮，从而带动塔机上部的起重臂、平衡臂左右回转，在电机尾部带有盘式制动器，盘式制动器处于常开状态，回转制动器用于有风状态下，将工作或顶升时的塔机定位在规定的方位。

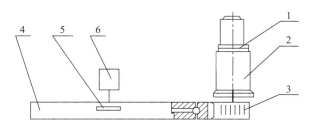

图 3-6　回转机构传动示意图

1—电动机；2—减速机；3—回转小齿轮；4—回转支承；5—小齿轮；6—回转限位器

重型塔机一般安装 2 台回转机构，而超重型塔机则根据起重能力和转动质量的大小，装设 3 台或 4 台回转机构。安全控制要点：

① 回转减速机应固定可靠、外观应整洁、润滑应良好；在非工作状态下臂架应能自由旋转；

② 齿轮啮合应均匀平稳，且无断齿、啃齿；

③ 回转机构防护罩应完整，无破损。

4）液压顶升机构（图 3-7 所示）

液压顶升机构是电动机通过液压泵驱动液压缸活塞杆伸出，将爬升套架及以上部分顶起，分次顶升至一标准节的空间，引进一个标准节完成塔机的升高。一般由液压泵、液压缸、操纵阀、液压锁、油箱、滤油器、高低压管道及爬升套架等组成。

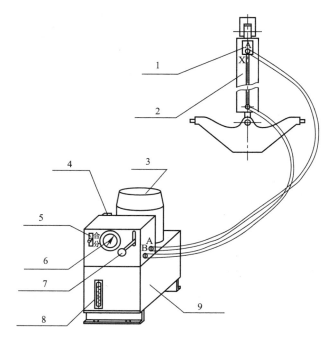

图 3-7　顶升系统液压接管示意图

1—平衡阀；2—顶升油缸；3—电动机；4—接线盒；5—空气开关；

6—压力表；7—操纵手柄；8—液位液温计；9—顶升泵站

安全要求：

① 液压系统应有防止过载和液压冲击的安全溢流阀；

② 顶升液压缸应有平衡阀或液压锁，平衡阀或液压锁与液压缸之间不得采用软管连接；

③ 泵站、阀锁、管路及其接头不得有明显渗漏油渍。

5）大车行走机构

大车行走机构是电动机通过减速箱驱动塔机底架台车，从而带动塔机整体沿轨道运行。

轻、中型塔机采用 4 轮式行走机构，重型采用 8 轮或 12 轮式行走机构，超重型塔机采用 12～16 轮式行走机构。

（3）电气控制系统

塔机的电气控制系统由电控箱、操作台（联动台）、安全保护系统及电气设备等组成。司机操作联动台发出主令信号，对塔机各机构进行控制。

4. 塔式起重机的安全装置

塔机的安全装置包括载荷保护装置、行程限位装置、止挡保护装置、警示显示装置、塔机安全监控系统。

超载保护装置：起重力矩限制器、起重量限制器；

行程限位装置：起升高度限位器、幅度限位器、回转限位器、运行限位器；

止挡保护装置：抗风防滑装置、缓冲器、止挡装置、小车断绳保护装置、小车防坠落装置、钢丝绳防脱装置、顶升防脱装置、吊钩保险；

警示显示装置：报警装置、显示记录装置、工作空间限制器、风速仪、障碍指示灯。

（1）超载保护装置，包括起重力矩限制器、起重量限制器。

1）起重力矩限制器

起重力矩限制器是塔机重要的安全装置之一，仅对在塔机垂直平面内起重力矩超载时起限制作用，而对由于吊钩侧向斜拉重物、水平面内的风载、轨道的倾斜和塌陷引起的水平面内的倾翻力矩不起作用。

当起重力矩大于相应工况额定值并小于额定值的 110％时，应切断上升和幅度增大方向电源，但机构可做下降和减小幅度方向的运动。对小车变幅的塔机，起重力矩限制器应分别由起重量和幅度进行控制。力矩限制器控制定码变幅的触点和控制定幅变码的触点应分别设置，且能分别调整。

对小车变幅的塔机，其最大变幅速度超过 40m/min，在小车向外运行，且起重力矩达到额定值的 80％时，变幅速度应自动转换为不大于 40m/min 的速度运行。

起重力矩限制器分为机械式和电子式，机械式中又分弓板式和杠杆式等。机械式力矩限制器常用的有弓板式和拉力环式。

弓板式力矩限制器由调节螺栓、弓形钢板、限位开关等部件组成，如图 3-8 所示。

弓板式力矩限制器一般安装在塔帽的主弦杆或平衡臂上，当塔机吊载重物时，由于载荷的作用，塔帽或平衡臂的主弦杆产生变形，这时力矩限制器上的弓形钢板也随之变形，并将弦杆的变形放大，使弓板上的调节螺栓与限位开关的距离随载荷的增加而逐渐缩小。当载荷达到额定载荷时，触碰调节螺栓来压迫限位开关，从而切断起升机构和变幅机构的电源，达到限制塔机的吊重力矩载荷的目的。

拉力环式力矩限制器是将塔机的负荷力矩在主弦杆上产生的弹性变形放大后去触动微动开关，从而达到超力矩保护和实现其他控制功能的目的。如图 3-9 所示。

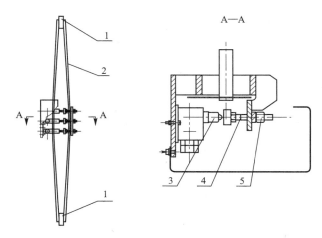

图 3-8 弓板式力矩限制器的示意图

1—安装块；2—弹簧板；3—行程开关；4—调整螺杆；5—锁紧螺母

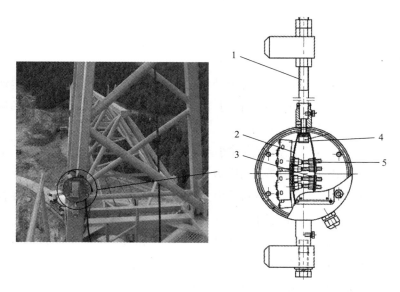

图 3-9 拉力环式力矩限制器

1—拉杆；2、3—变形钢片；4—微动开关；5—调整螺钉

2）起重量限制器

起重量限制器是塔机上重要的安全装置之一，当起升最大载荷超过额定载荷时，该装置能输出电信号，切断起升控制回路，并能发出警报，达到起重机超载定值的110％时，该装置能自动切断起升机构上升方向的电源，但仍可做下降方向的运动。起重量显示装置的数值误差不大于实际值的5％。

具有多挡变速的起升机构，限制器应对各挡位具有防止超载的作用。

起重量限制器主要有机械式和电子式，其中常用的机械式限制器有推杆式和测力环式。

① 推杆式起重量限制器（见图 3-10）

推杆式起重量限制器一般装在起重臂根部，由导向滑轮、弹簧推杆、力臂及限位开关等部件组成。由于塔机吊重的作用，起升钢丝绳 2 受到拉力，来推动力臂 5，力臂又作用于弹簧推杆 4。当负载达到一定限值时，推杆便压迫限位开关 3 动作，通过限位开关来切断起升回路电源。

② 测力环式起重量限制器（见图 3-11）

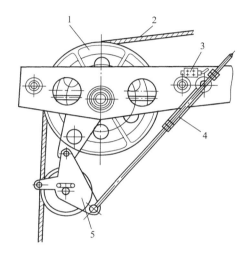 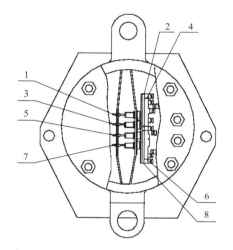

图 3-10　推杆式起重量限制器构造示意图

1—导向轮；2—起升钢丝绳；3—限位开关；

4—弹簧推杆；5—力臂

图 3-11　拉力环式力矩、起重量限制器示意图

2、4、6、8—微动开关；

1、3、5、7—螺钉调整装置

测力环式起重量限制器是由测力环、导向滑轮及限位开关等部件组成。其特点是体积紧凑，性能良好，便于调整。

测力环的一端固定于塔机机构的支座上，另一端则固定在导向滑轮轴上。当塔机吊载重物时，滑轮受到钢丝绳合力作用，并将此力传给测力环，测力环外壳产生弹性变形；

测力环内的金属板条与测力环壳体固接图，随壳体受力变形而延伸；当载荷超过额定起重量时，测力环内的金属板条压迫限位开关，使限位开关动作，从而切断起升回路电源，达到对起重量超载进行限制的目的。

使用时，可根据载荷情况来调节固定在金属板条上的调整螺栓，调整设定动作荷载限值。

③ 电子式起重量限制器。电子式起重量限制器用拉力传感器采集重量信号。当起吊载荷的拉力传感器的应变元件发生弹性变形时，而与应变元件连成一体的电阻应变元件随其变形产生阻值变化，这一变化与载荷重量大小成正比，这就是电子式起重量

限制器工作的基本原理，一般情况将电子式起重量限制器串接在起升钢丝绳中，置于臂架的前端。

（2）行程限位装置，包括起升高度限位器、幅度限位器、回转限位器、运行限位器。

1）起升高度限位器

起升高度限位器主要用来防止吊钩升降时可能出现的操纵失误，导致起升时碰坏起重机臂架结构或拉断钢丝绳和降落时卷筒上的钢丝绳松脱甚至反方向缠绕。

对动臂变幅的塔机，当吊钩装置顶部升至起重臂下端的最小距离为 800mm 处时，应能立即停止起升运动。对小车变幅的塔机，吊钩装置顶部至小车架下端的最小距离根据塔机型式及起升钢丝绳的倍率而定。上回转式塔机 2 倍率时为 1000mm，4 倍率时为 700mm，下回转塔机 2 倍率时为 800mm，4 倍率时为 400mm，此时应能立即停止起升运动。

起升高度限位器主要有多功能式、杠杆式和重锤式等，其中多功能行程限位器目前应用比较广泛。

多功能起升高度限位器的构造原理。一般安装在起升机构的卷筒轴端，由卷筒轴直接带动，也可由固定于卷筒上的齿圈来驱动。

如图 3-12 所示，为一多功能式起升高度限位器。当输入轴旋转时驱动若干个记忆凸轮 T 转动，凸轮 T 作用于微动开关（WK），从而切断工作机构的控制回路电源，使工作机构停止运动。

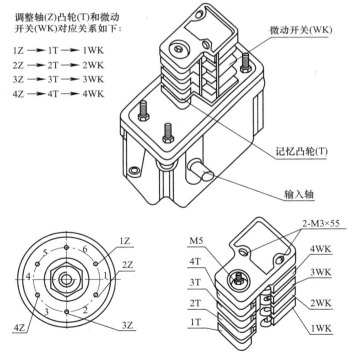

图 3-12　多功能式起升高度、幅度、回转限位器示意图

2）幅度限位器

幅度限位器的工作原理同多功能式起升高度限位器一样，一般安装在变幅机构的卷筒一侧，由卷筒轴直接带动，也可由固定于卷筒上的齿圈来带动。

①动臂变幅的塔机，应设置最小幅度限位器和防止臂架反弹后倾装置。用以防止臂架变幅到仰角极限位置时（一般与水平夹角为 63°～70°之间）切断变幅机构的电源，使其停止工作，同时还设有机械止挡，以防臂架因起幅中的惯性而后翻。

②小车变幅的塔机，应设置小车行程限位开关和终端缓冲装置。限位开关动作后应保证小车停车时其端部距缓冲装置最小距离为 200mm。

3）回转限位器

不设中央集电器的塔机应设置正反两个方向回转限位开关，使正反两个方向回转范围控制在 ±540°内，防止电缆线缠绕及损坏，也用于避免与障碍物发生碰撞等。最常用的回转限位器是以自身小齿轮驱动的减速装置，小齿轮直接与回转齿圈啮合，当塔机回转时，凸块又控制微动开关，这样通过调整即可在适当位置使回转停止运行。

4）运行限位器

对于轨道式塔机，前后两个方向均应设置限位装置，包括限位开关、缓冲器和终端止挡。应保证开关动作后塔机停车时其端部距缓冲器最小距离为 1000mm，缓冲器距终端止挡最小距离为 1000mm，如图 3-13 所示。

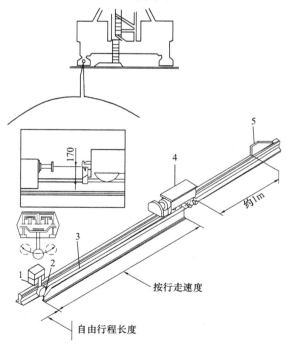

图 3-13　行走式塔机运行限位器

1—限位开关；2—摇臂滚轮；3—坡道；4—缓冲器；5—止挡块

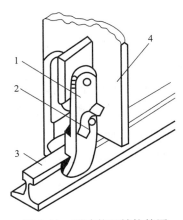

图 3-14　缓冲装置结构简图

1—夹钳；2—螺栓、螺母；

3—钢轨；4—台车架

（3）止挡保护装置：抗风防滑装置、缓冲器止挡装置、小车断绳保护装置、小车防坠落装置、钢丝绳防脱装置、顶升防脱装置、吊钩保险。

1）抗风防滑装置

轨道式塔机应设置非工作状态的抗风防滑装置，该装置是设在行走底架（或台车）上的夹轨钳，用来夹紧钢轨。防止塔机在大风情况下随风力行走造成塔机出轨倾翻事故。如图 3-14 所示

2）缓冲器止挡装置

塔机行走和小车变幅的轨道行程末端均需设置止挡装置。缓冲器安装在止挡装置或塔机（变幅小车）上，当塔机（变幅小车）与止挡装置撞击时，缓冲器应使塔机（变幅小车）较平稳地停车而不产生猛烈的冲击。

3）小车变幅断绳保护装置

对于小车变幅式塔机，为了防止小车牵引绳断裂导致小车失控，变幅的双向均设置小车断绳保护装置。

4）小车防坠落装置

对小车变幅塔机应设置小车防坠落装置，即使车轮失效小车也不得脱离臂架坠落。

5）钢丝绳防脱装置

用来防止滑轮、起升卷筒及动臂变幅卷筒等钢丝绳脱离滑轮或卷筒。

滑轮、起升卷筒及动臂变幅卷筒均应设置钢丝绳防脱装置，该装置表面与滑轮或卷筒侧板外缘间的间隙不应超过钢丝绳直径的 20%，与钢丝绳接触的表面不应有棱角。

6）顶升防脱装置

用以防止自升式塔机在加节、降节作业时，顶升装置从塔身支承中或油缸端头的连接结构中自行脱出的装置。

7）吊钩保险

吊钩保险是安装在吊钩挂绳处，防止起吊钢丝绳由于角度过大或挂钩不妥时脱钩的装置。吊钩保险常采用机械卡环式，用弹簧来控制挡板，阻止钢丝绳的滑脱。

（4）警示显示装置：报警装置、显示记录装置、工作空间限制器、风速仪、障碍指示灯。

1）报警装置

塔机应装有报警装置。在塔机达到额定起重力矩和/或额定起重量的 90% 以上时，装置应能向司机发出断续的声光报警。在塔机达到额定起重力矩和/或额定起重量的 100% 以上时，装置应能发出连续清晰的声光报警，且只有在降低到额定工作能力

100％以内时报警才能停止。

2）显示记录装置

在塔机上应安装显示记录装置，该装置应以图形和/或字符方式向司机显示塔机当前主要工作参数和额定能力参数。主要工作参数至少包含当前工作幅度、起重量和起重力矩；额定能力参数至少包含幅度及对应的额定起重量和额定起重力矩。对根据工作需要可改变安装配置（如改变臂长、起升倍率）的塔机，显示装置显示的额定能力参数应与实际配置相符。显示精度误差不大于实际值的5％；记录至少应存储最近 1.6×10000 个工作循环及对应的时间点。

3）工作空间限制器

用户需要时，塔机可装设工作空间限制器。对单台塔机，工作空间限制器应在正常工作时根据需要限制塔机进入某些特定的区域或进入该区域后不允许吊载。对群塔（两台以上），该限制器还应限制塔机的回转、变幅和大车运行区域以防止塔机间结构、起升绳或吊载发生相互碰撞。

当塔机间的工作空间限制器间采用有线通讯时，应采取有效措施以防止电缆（电线）意外损坏。

4）风速仪

自动记录风速，并能自动报警，使操作司机及时采取必要的防范措施，如停止作业、放下吊物等。

臂架根部铰点高度大于50m的塔机，应安装风速仪。当风速大于工作极限风速时，应能发出停止作业的警报。风速仪应安装在塔机顶部至吊具最高位置间的不挡风处。

5）障碍指示灯

塔顶高度大于30m且高于周围建筑物的塔机，必须在塔机的最高部位（臂架、塔帽或人字架顶端）安装红色障碍指示灯，并保证供电不受停机影响。

（5）塔机安全监控系统

塔机安全监控系统应具有对塔机的起重量、起重力矩、起升高度、幅度、回转角度、运行行程信息进行实时监视和数据存储功能。当塔机出现往危险方向运行趋势时，塔机控制回路电源应自动切断。在既有塔机升级加装安全监控系统安装时，不得损伤塔机受力结构。在既有塔机升级加装安全监控系统安装时，不得改变塔机原有安全装置及电气控制系统的功能和性能。

5. 塔式起重机的安装拆卸方案

塔机安装拆卸前，专业承包单位应当按照要求编写专项方案，用于指导安装拆卸作业。

（1）安装、拆除专项方案内容

安装方案应包括以下内容：

1）编制方案的依据：塔机有关技术标准和规范规程、出厂使用装说明书及随机技术资料和作业场地的实际情况编制；

2）工程概况；

3）安装位置平面和立面图；

4）所选用塔机型号及性能技术参数；

5）基础和附着装置的设置；

6）爬升工况及附着节点详图；

7）安装顺序和安全质量要求；

8）主要安装部件的重量和吊点位置；

9）安装辅助设备的型号、性能及布置位置；

10）电源的设置；

11）施工人员配置；

12）吊索具和专用工具的配备；

13）安装工艺程序；

14）安全装置的调试；

15）重大危险源和安全技术措施；

16）应急预案。

拆卸方案应包括以下内容：

1）工程概况；

2）安装位置平面和立面图；

3）拆卸顺序；

4）部件的重量和吊点位置；

5）拆卸辅助设备的型号、性能及布置位置；

6）电源的设置；

7）施工人员配置；

8）吊索具和专用工具的配备；

9）重大危险源和安全技术措施；

10）应急预案。

（2）编制要求

1）应结合本单位的设备条件和技术水平，还应考虑工艺的先进性和可靠性。在总结本单位拆装经验和学习外单位的先进经验基础上，对拆装工艺不断地改进和提高。

2）在编制拆装程序及进度时，应以保证拆装质量为前提。如果片面追求进度，简化必要的作业程序，将留下使用中的事故隐患，即便能在安装后的检验验收中发现，也将造成重大的返工损失。

3）塔机拆装作业的关键问题是安全。拆装方案中，应体现对安全作业的充分保证。编制拆装方案时，要充分考虑改善劳动和安全条件，尤其是保障高空作业中拆装工人的人身安全以及拆装机械的不受损害。

4）针对数量较多的机型，可以编制典型拆装方案，使它具有普遍指导意义。对于数量较少的其他机型，以典型拆装方案为基准，制定专用拆装方案。

5）编制拆装方案要正确处理质量、安全和速度、经济等的关系。在保证质量和安全的前提下，合理安排人员组合和各工种的相互协调，尽可能减少工序间不平衡而出现忙闲不均。尽可能减少部件在工序间的运输路程和次数，减轻劳动强度。集中使用辅助起重、运输机械，减少作业台班。

（3）安装、拆除方案的审批

安装拆卸方案由安装拆卸单位技术负责人和工程监理单位总监理工程师审批。

特殊基础施工方案由工程施工总承包单位技术负责人和工程监理单位总监理工程师审批。

起重量达到 300kN 及以上的起重设备安装工程；高度 200m 及以上内爬式起重设备的拆除专项方案应按规定进行专家论证。

拆装方案制定后，应先组织有关技术人员和拆装专业队的熟练工人研究讨论，经再次修改后由企业技术负责人审定。

6. 塔式起重机的安装与拆卸

（1）塔机的基础

1）塔机基础的设计

① 塔机的基础应按照其产品说明书所规定的要求进行设计和施工。施工（总承包）单位应根据地质勘查报告确认施工现场的地基承载能力。

② 当施工现场无法满足塔式起重机产品说明书对基础的要求时，可自行设计基础，常用的基础型式包括：板式基础（图 3-15）、桩基承台式混凝土基础（图 3-16）和组合式基础（图 3-17）。

使用说明书通常提供一种典型的基础施工图，一般都有地耐力要求。如地耐力达不到要求，应根据说明书提供的参数进行设计校核。

2）塔机基础的验收

① 安装前应根据专项施工方案，对塔机基础的下列项目检查确认合格后方可实施：

a. 基础的位置、标高、尺寸；

b. 地基承载力勘察报告、基础的隐蔽工程验收记录、混凝土强度报告、预埋件或地脚螺栓产品合格证等基础验收相关资料；

c. 辅助设备的基础、地基承载力、预埋件等；

d. 基础的排水措施；

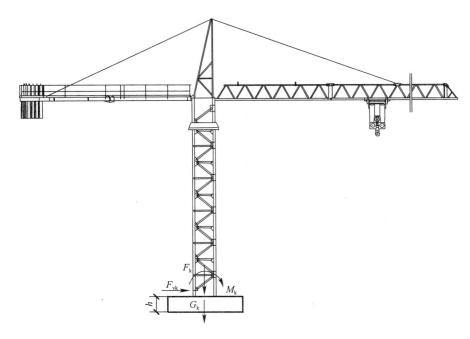

图 3-15　塔式起重机板式基础简图

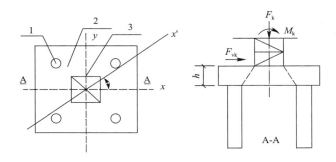

图 3-16　塔式起重机方形承台桩基础

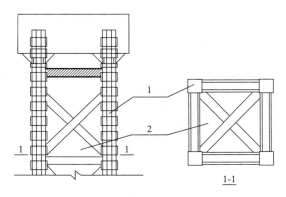

图 3-17　塔式起重机组合式基础的钢结构柱示意图

1—立柱；2—平行及斜向支撑

② 行走式塔机的轨道及基础应按产品说明书的要求进行设置，且应符合下列标准：

a. 轨道应通过垫块与轨枕可靠地连接，每间隔 6m 应设一个轨距拉杆。钢轨接头处应有轨枕支承，不应悬空，在使用过程中轨道不应移动；

b. 轨距允许误差不应大于公称值的 1/1000，其绝对值不应大于 6mm；

c. 钢轨接头间隙不应大于 4mm，与另一侧钢轨接头的错开距离不应小于 1.5m，接头处两轨顶高度差不应大于 2mm；

d. 塔机安装后，轨道顶面纵横方向上的倾斜度，对于上回转塔机不应大于 3/1000；对于下回转塔机不应大于 5/1000。在轨道全程中，轨道顶面任意两点的高度差应小于 100mm；

e. 轨道行程两端的轨顶高度不宜低于其余部位中最高点的轨顶高度。

③ 内爬式塔式起重机的基础、锚固、爬升支承结构等应根据产品说明书提供的荷载进行设计计算，并应对内爬式塔式起重机的建筑承载结构进行验算。

（2）安装（拆卸）告知

塔机安装前，安装单位将塔机安装工程专项施工方案，安装人员名单，安装时间等材料报施工总承包单位和监理单位审核后，告知工程所在地县级以上地方建设主管部门。

塔机拆卸前，应按上述程序办理拆卸告知手续。

（3）机具及场地准备

1）辅助起重设备应满足起升高度、起升幅度、最大起重量的要求并安全可靠，并具有产权备案证明、设备定期检验合格证明、操作人员上岗证。

2）吊装作业用的钢丝绳、卸扣等吊具、索具的安全系数不得小于 6。

3）应按方案要求配齐相应的设备、工具、安全防护用品和有效指挥联络器具。

4）检测仪器应在检定有效期内。

5）检查作业场地、运输道路等现场状况是否已具备拆装作业条件。

6）划定安装拆卸作业现场警戒区域，设置警戒线。非作业人员不得进入警戒区，任何人不得在悬吊物下停留。

（4）安装前的检查

1）对租赁的塔机，应核查出租单位提供的维修保养及有关的安全性能检验合格证明。

2）对照塔机零部件清单，核对零部件及安全装置是否齐全。发现零部件、安全装置有缺损的，应告知设备产权单位补齐、更换。严禁擅自用其他代用件及代用材料。

3）对结构件进行检查，发现结构件有可见裂纹、严重腐蚀深度达原厚度的 10%、整体或局部变形，连接销轴（孔）有严重磨损变形以及焊缝开焊、裂纹的，不得安装。

4）对塔机的起升、回转、变幅、顶升机构、电气系统等进行检查，液压油、齿轮油、润滑油是否加注到位，安全装置、配电箱、电线电缆是否完好，达不到安全使用要求的，不得安装。

5）对钢丝绳、钢丝绳夹、锲套、连接紧固件、滑轮等部件进行检查，对有缺陷或损坏的部件不能安装上机。

6）平衡重、压重的安装数量、位置与臂长组合及安装应符合使用说明书的要求，平衡重、压重吊点应完好。

7）检查电源闸箱及供电线路，保证电力正常供应。

（5）拆卸前的检查

拆装塔机前，施工总承包单位应当组织拆卸单位、监理单位对塔机的状况进行检查，符合条件后方可进行拆卸作业。

1）检查塔顶、过渡节、起重臂、平衡臂、顶升套架、顶升横梁、标准节及顶升支承块（爬爪）、附墙装置等主要受力构件是否有塑性变形、焊缝开焊、裂纹。

2）以大于标准节重量1.5倍的吊重在相应额定幅度内做起升、变幅、回转载荷试验，检查各机构工作是否正常，制动器是否灵敏可靠。

3）检查液压顶升系统工作是否正常，主要承力零件是否存在缺陷和损坏。

4）检查中发现上述问题，应告知产权单位，采取相应措施。否则，不得拆卸。

（6）安装拆卸交底

塔机安装作业前，安装单位技术人员应根据专项方案向作业人员进行安装安全技术交底。交底人、塔机安装负责人和作业人员应签字确认。专职安全员应监督整个交底过程。拆卸前，也应按规定进行技术交底。

安全技术交底应包括以下内容：

1）塔机的性能参数；

2）安装、附着或拆卸的程序、方法和难点；

3）各部件的连接形式、连接件尺寸及要求；

4）安装或拆卸部件的重量、重心和吊点位置；

5）使用的辅助设备、机具的性能及操作要求；

6）作业中安全操作要求和应急措施。

（7）安装、拆卸的安全控制要点

1）从事塔机安装、拆卸活动的单位应当依法取得建设主管部门颁发的起重设备安装工程专业承包资质和建筑施工企业安全生产许可证，并在其资质许可范围内承揽工程。

塔式起重机安装、拆卸单位应具备安全管理保证体系，有健全的安全管理制度。

起重设备安装工程专业承包企业资质分为一级、二级、三级。

一级资质可承担塔式起重机、各类施工升降机的安装与拆卸。

二级资质可承担 3150kN·m 以下塔式起重机、各类施工升降机的安装与拆卸。

三级资质可承担 800kN·m 以下塔式起重机、各类施工升降机的安装与拆卸。

顶升、加节、降节等工作均属于安装、拆卸范畴。

塔式起重机安装、拆卸作业应配备下列人员：

① 持有安全生产考核合格证书的项目负责人和安全负责人、机械管理人员；

② 具有建筑施工特种作业操作资格证书的建筑起重机械安装拆卸工、起重司机、起重信号工、司索工等特种作业操作人员。

2）塔机使用单位和安装单位应当签订安装、拆卸合同，合同中应当明确双方的安全生产责任；实行施工总承包的，施工总承包单位应当与安装单位签订建筑起重机械安装工程安全协议书。

3）塔机安装、拆卸应在白天进行。特殊情况下需在夜间作业时，现场应具备足够亮度的照明，并制定相应方案。

4）塔机尾部与建筑物及建筑物外围施工设施之间的距离不得小于 0.6m。

5）当多台塔机在同一施工现场交叉作业时，应编制专项方案，并应采取防碰撞的安全措施。任意两台塔机之间的最小架设距离应符合下列规定：

① 低位塔机的起重臂端部与另一台塔机的塔身之间的距离不得小于 2m；

② 高位塔机的最低位置的部件（吊钩升至最高点或平衡重的最低部位）与低位塔机中处于最高位置部件之间的垂直距离不得小于 2m。

6）塔机的安装选址应充分考虑周边障碍物对塔机操作和塔机运行对周边的影响，基础应避开地下设施，无法避开时，应对地下设施采取保护措施。

当塔机在飞机场和航线附近安装使用时，应向相关部门通报并获得许可。

当塔机在强磁场区域安装使用时，应采取保护措施以防止塔机运行切割磁力线产生电动势而对人员造成伤害，并应确认磁场不会对塔机控制系统造成影响。

7）配电箱应设置在距塔机 3m 范围内或轨道中部，且明显可见；电箱中应设置带熔断器及塔机电源总开关；电缆卷筒应灵活有效，不得拖缆。

8）指挥人员应熟悉拆装作业方案，遵守拆装工艺和操作规程，使用明确的指挥信号。所有参与拆装作业的人员，都应听从指挥，如发现指挥信号不清或有错误时，应停止作业，待联系清楚后再进行。

9）拆装人员在进入工作现场时，应穿戴安全保护用品，高处作业时应系好安全带，熟悉并认真执行拆装工艺和操作规程，当发现异常情况或疑难问题时，应及时向技术负责人反映，不得自行其是，应防止处理不当而造成事故。

10）在拆装上回转、小车变幅的起重臂时，应根据出厂说明书的拆装要求进行，并应保持塔机的平衡。

11）联接件及其防松防脱件应符合规定要求，严禁用其他代用品代用。联接件及

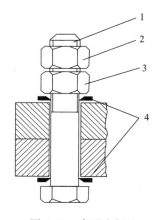

图 3-18　高强度螺栓
连接装配图

1—螺栓；2—防松螺母；

3—紧固螺母；4—垫圈

其防松防脱件应使用力矩扳手或专用工具紧固联接螺栓，使预紧力矩达到规定要求，高强螺栓连接应有双螺母防松措施且螺栓高出螺母顶平面的 3 倍螺距（如图 3-18 所示）；

12）塔式起重机的独立高度、悬臂高度应符合产品说明书的要求。

13）在拆装作业过程中，当遇天气剧变、突然停电、机械故障等意外情况，短时间不能继续作业时，必须使已拆装的部位达到稳定状态并固定牢靠，经检查确认无隐患后，方可停止作业。

14）安装轨道式塔机时，必须将大车行走缓冲止挡器和限位开关碰块安装牢固可靠，并应将各部位的栏杆、平台、扶杆、护圈等安全防护装置装齐。

15）在拆除因损坏或其他原因而不能用正常方法拆卸的塔机时，必须补充编制专项方案，经批准后按方案进行拆卸。

16）塔机安装过程中，必须分阶段进行技术检验。整机安装完毕后，应进行整机技术检验和调试，各机构动作应正确、平稳、无异响，制动可靠，各安全装置应灵敏有效；经分阶段及整机检验合格后，应填写检验记录，经技术负责人审查签证后，方可交付使用。

17）塔式起重机安装到设计规定的基本高度时及附着后最高锚固点以上，在无载荷情况下，塔身和基础平面的垂直度不应大于 4/1000。最高锚固点以下垂直度不应大于 2/1000。

18）安装完毕后，应及时清理施工现场的辅助用具和杂物。

（8）避雷接地控制要点

1）塔机应采用 TN-S 接零保护系统供电，供电线路的工作零线应与塔机的接地线严格分开。塔机的金属结构、轨道及所有电气设备的金属外壳、金属管线，安全照明的变压器低压侧一端等均应可靠接地，接地电阻不应大于 4Ω；重复接地电阻不应大于 10Ω。

2）接地装置

① 接地装置一般由接地线和接地体组成。

② 接地装置的接地线应采用 2 根及以上导体，在不同的点与接地体做电气连接。不得采用铝导体做接地线。

③ 塔机的接地一般可采用自然接地体，包括建筑物基础的钢筋网、自来水管道等。若采用人工接地体时，接地体宜采用角钢、钢管或光面圆钢等钢质材料，不得采用螺纹钢，导体截面应满足热稳定、均压和机械强度要求。

3）接地体的敷设

① 接地体顶面埋设深度应符合塔机说明书的规定，若塔机说明书没有明确的规定，其深度不应小于 0.6m。若采用角钢及钢管接地装置应垂直配置。除接地体外，接地体引出线的垂直部分和接地体焊接部位应做防腐处理；在做防腐处理前，表面必须除锈并去掉残留的焊渣。

② 采用两根及以上垂直接地体时，其间距不宜小于其长度的 2 倍，垂直接地体之间应做电气连接。

③ 做防雷接地的电气设备，所连接的 PE 线必须同时做重复接地，同一台机械电气设备的重复接地和机械的防雷接地可共用同一接地体，但接地电阻应符合重复接地电阻值的要求。

4）接地体（线）的连接

接地体的连接应采用焊接，焊接必须牢固无虚焊。

接地体的焊接应采用搭接焊，其搭接长度必须符合下列规定：

① 扁钢为其宽度的 2 倍（且至少 3 个棱边焊接）；

② 圆钢为其直径的 6 倍；

③ 圆钢与扁钢连接时，其长度为圆钢直径的 6 倍。

5）防雷

① 当塔机处在相邻建筑物、构筑物等设施的防雷接闪器保护范围以外时，应按规定做防雷保护。防雷装置的冲击接地电阻值不应大于 30Ω。

② 塔机可不另设避雷针。塔机的防雷引下线可利用塔机的金属结构体，但应保证电气连接。

（9）升降作业的安全控制要点

1）升降作业过程，必须有专人指挥，专人操作液压系统，专人拆装螺栓。非作业人员不得登上顶升套架的操作平台。操纵室内应只准一人操作，必须听从指挥信号；

2）升降应在白天进行，特殊情况需在夜间作业时，应有充分的照明；

3）风速在 9m/s 及以上时，不得进行升降作业。在作业中风速突然超过 9m/s 时，必须立即停止，并应紧固上、下塔身各连接螺栓；

4）顶升前应预先放松电缆，其长度宜大于顶升总高度，并应紧固好电缆卷筒。下降时应适时收紧电缆；

5）升降作业前，应对液压系统进行检查和试机，应在空载状态下将液压缸活塞杆伸缩 3～4 次，检查无误后，再将液压缸活塞杆通过顶升梁借助顶升套架的支撑，顶起载荷 100～150mm，停 10min，观察液压缸载荷是否下滑；

6）顶升前，应确保顶升横梁搁置正确，顶升撑脚（爬爪）就位后，应插上安全销，方可继续下一动作；

7）升降作业时，应调整好顶升套架滚轮与塔身标准节的间隙，并应按规定要求使起重臂和平衡臂处于平衡状态，将回转结构制动。当回转台与塔身标准节之间的最后一处连接螺栓（销轴）拆卸困难时，应将连接螺栓（销轴）对角方向的螺栓重新插入，再采取其他方法进行拆卸。不得用旋转起重臂的方法松动螺栓（销轴）；

8）顶升撑脚（爬爪）就位后，应及时插上安全销，才能继续升降作业；

9）塔机下支座与顶升套架应可靠连接；

10）顶升过程中，严禁进行起升、回转、变幅等操作；

11）升降完毕后，各连接螺栓应按规定扭力紧固，液压操纵杆回到中间位置，并切断液压升降机构电源。

12）顶升结束后，应将标准节与回转下支座可靠连接；

13）塔机加节后需进行附着的，应按照先装附着装置、后顶升加节的顺序进行，附着装置的位置和支撑点的强度应符合要求。

（10）安装塔机附着装置的安全控制要点

1）附着建筑物的锚固点的承载力应符合塔机技术要求。附着装置的设置和自由端高度等产品说明书的规定。

2）当附着水平距离、附着间距等不满足产品说明书要求时，应进行设计计算、绘制制作图和编写相关说明，并应由企业技术负责人审批或经原生产厂家确认。

3）附着装置的构件和预埋件应由原制造厂家或由具有相应能力的企业制作。

4）附着装置设计时，应对支承处的建筑主体结构进行验算。附着杆件与附着支座（锚固点）应采取销轴铰接。

5）安装附着框架和附着支座时，各道附着装置所在平面与水平面的夹角不得超过10°。

6）附着框架宜设置在塔身标准节连接处，并应箍紧塔身。

7）塔机在每次进行附着和/或顶升作业完毕后，应由安装单位对附着装置及塔机整体状况进行验收。

8）拆卸塔机时，应先降节、后拆除附着装置。附着以上最大自由高度超过说明书要求时，严禁在落塔之前先拆附着装置。

9）附着装置的安装、拆卸、检查和调整，均应有专人负责，工作时应系安全带和戴安全帽，并应遵守高处作业有关安全操作的规定。

10）行走式塔机作固定式塔机使用时，应提高轨道基础的承载力，切断行走机构的电源，并应设置阻挡行走轮移动的支座。

（11）内爬升式塔机作业的安全控制要点

1）内爬升时，应加强机上与机下之间的联系以及上部楼层与下部楼层之间的联系，遇有故障及异常情况，应立即停机检查，故障未排除，不得继续爬升。

2）内爬升过程中，严禁进行塔机的起升、回转、变幅等各项动作。

3）塔机爬升到指定楼层后，应立即拔出塔身底座的支承梁或支腿，通过内爬升框架固定在楼板上，并应顶紧导向装置或用楔块塞紧。

4）内爬升塔机塔身的固定间隔应符合说明书的要求。

5）应对设置内爬升框架的建筑结构进行承载力复核，并应根据计算结果采取相应的加固措施。

6）塔机完成内爬升作业后，应检查内爬升框架的固定、底座支承梁的紧固以及楼板临时支撑的稳固等，确认可靠后，方可进行吊装作业。

7. 塔式起重机的验收与备案

（1）塔机的安装自检、调试与验收

1）塔机的自检与调试，塔机安装完毕后，安装单位应当按照安全技术标准及安装使用说明书的有关要求对塔机进行检验、调试和试运转，并填写自检报告。

2）检测机构的检验，安装单位自检合格后，应当经有相应资质的第三方检测机构检验合格，并出具检验合格证明。

3）联合验收，在安装单位自检和检测机构检验合格后，塔机使用单位应当组织产权（出租）、安装、监理等有关单位进行联合验收。实行总承包的，由总承包单位负责组织验收。

（2）塔机的使用登记备案

使用单位应当自建筑起重机械安装验收合格之日起 30 日内，将建筑起重机械安装验收资料、建筑起重机械安全管理制度、特种作业人员名单等，向工程所在地县级以上建设主管部门办理建筑起重机械使用登记。登记标志置于或者附着于该设备的显著位置。安装质量的自检报告书和检测报告书应存入设备档案。

（3）塔机的检验方式与内容

1）塔机的检验条件，塔机安装检验应在风速不超过 8.3m/s，无雨雪、无雾的天气下进行。

2）塔机检验的项目

① 机构的检查与调试；

② 空载检查与调试；

③ 载荷性能试验。

3）塔机性能的检验方法

① 空载试验

空载试验是在塔机空载状态下，检查各机构运行情况，试验内容和要求如下：

a. 操作系统、控制系统、联锁装置动作准确、灵活；

b. 起升高度、回转、幅度及行走的限位器应动作可靠、准确；

c. 塔机在空载状态下，检查起升、回转、变幅、行走等各机构运行是否平稳，是否有爬行、震颤、冲击、过热、异常噪声等现象，以及各机构中无相对运动部位是否有漏油现象，有相对运动部位的渗漏情况。

② 额定载荷试验

额定载荷试验主要是检查各机构运转是否正常，测量起升、变幅、回转、行走的额定速度是否符合要求，测量司机室内的噪声是否超标，检验力矩限制器、起重量限制器是否灵敏可靠。

塔式起重机在正常工作时的试验内容和方法见表3-1。每一工况的试验不得少于3次，对于各项参数的测量，取其三次测量的平均值。

额定载荷试验内容和方法   表3-1

序号	工况	试验范围					试验目的
		起升	变幅		回转	行走	
			动臂变幅	小车变幅			
1	最大幅度相应的额定起重量	在起升全范围内以额定速度进行起升、下降，在每一起升、下降过程中进行不少于三次的正常制动	在最大幅度和最小幅度之间，以额定速度俯仰变幅	在最大幅度和最小幅度之间，小车以额定速度进行两个方向的变幅	吊重以额定速度进行左右回转。对不能全回转的起重机，应超过最大回转角	以额定速度往复行走。臂架垂直轨道，吊重离地500mm，单向行走距离不小于20m	测量各机构的运行速度；机构及司机室噪声；力矩限制器、起重量限制器、重量限制器精度
2	最大额定起重量相应的最大幅度		不试	吊重在最小幅度和相应于该吊重的最大幅度之间，以额定速度进行两个方向的变幅			
3	具有多挡变速的起升机构，每档速度允许的额定起重量	不试					测量每档工作速度

注：1. 对于设计规定不能带载变幅的动臂式起重机，可以不按本表规定进行带载变幅实验。

　　2. 对于可变速的其他机构，应进行实验并测量各挡工作速度。

（4）安全装置的试验

1）力矩限制器试验

力矩限制器的试验按照定幅变码和定码变幅的方式分别进行，各重复三次。每次均能满足要求。

① 定幅变码试验

a. 在最大工作幅度 R_0 处以正常工作速度起升额定起重量 Q_0，力矩限制器不应动作，能够正常起升。载荷落地，加载至110% Q_0 后以最慢速度起升，力矩限制器应动作，载荷不能起升，并输出报警信号；

b. 取 0.7 倍最大额定起重量（$0.7Q_m$），在相应载荷允许最大工作幅度 $R_{0.7}$ 处，重复 a 项试验；

② 定码变幅试验

a. 空载测定对应最大额定起重量（Q_m）的最大工作幅度 R_m、$0.8R_m$ 及 $1.1R_m$ 值，并在地面标记；

b. 在小幅度处起升最大额定起重量（Q_m）离地 1m 左右，慢速变幅至 $R_m \sim 1.1R_m$ 间时，力矩限制器应动作，切断向外变幅和起升回路电源，并输出报警信号；

退回，重新从小幅度开始，以正常速度向外变幅，在到达 $0.8R_m$ 时应能自动转为低速向外变幅，在到达 $R_m \sim 1.1R_m$ 间时，力矩限制器应动作，切断向外变幅和起升回路电源，并输出报警信号；

c. 空载测定对应 0.5 倍最大额定起重量（$0.5Q_m$）的最大工作幅度 $R_{0.5}$、$0.8R_{0.5}$ 及 $1.1R_{0.5}$ 值，并在地面标记；

d. 重复 b 项试验。

2）起重量限制器试验

试验按以下程序进行，各项重复三次，每次均能满足要求。

① 最大额定起重量试验

正常起升最大额定起重量 Q_m，起重量限制器应不动作，允许起升。

载荷落地，加载至 110% Q_m 后以最慢速度起升，起重量限制器应动作，切断所有挡位起升回路电源，载荷不能起升并输出报警信号。

② 速度限制试验

对于具有多档变速且各挡起重量不一样的起升机构，应分别对各挡位进行试验，方法同①。试验载荷按各挡位允许的最大起重量计算。

3）行程限位试验

起升高度、幅度、回转和运行限位装置的试验，应在塔机空载状态下按正常工作速度进行，各项试验重复进行三次，限位装置动作后，停机位置应符合相关规范的规定。

4）显示装置显示精度试验

试验按以下程序进行，各项重复三次。要求每次均能满足要求。

① 幅度显示精度试验

空载状态下，取最大工作幅度的 30%（$R_{0.3}$）、60%（$R_{0.6}$）、90%（$R_{0.9}$），小车在取点附近小范围内往返运行两次后停止，测定小车的实际幅度 $R_{0.3实}$、$R_{0.6实}$、$R_{0.9实}$，读取显示器相应显示幅度 $R_{0.3显}$、$R_{0.6显}$、$R_{0.9显}$。分别计算它们的算术平均值 $R_实$ 和 $R_显$，显示精度按式（3-1）计算：

$$\Delta R = \frac{\mid R_{实} - R_{显} \mid}{R_{实}} \times 100\% \leqslant 5\% \tag{3-1}$$

式中　ΔR——幅度显示精度；

　　　$R_{实}$——实际幅度 $R_{0.3实}$、$R_{0.6实}$、$R_{0.9实}$ 的算术平均值，m；

　　　$R_{显}$——显示幅度 $R_{0.3显}$、$R_{0.6显}$、$R_{0.9显}$ 的算术平均值，m。

② 起重量显示精度试验

分别起吊最大额定载荷的 30%（$Q_{0.3}$）、60%（$Q_{0.6}$）、90%（$Q_{0.9}$），读取相应的显示起重量 $Q'_{0.3}$、$Q'_{0.6}$、$Q'_{0.9}$，分别计算它们的算术平均值 Q 及 Q'，显示精度按式（3-2）计算：

$$\Delta Q = \frac{\mid Q - Q' \mid}{Q} \times 100\% \leqslant 5\% \tag{3-2}$$

式中　ΔQ——起重量显示精度；

　　　Q——三次实际起重量的算术平均值，kg；

　　　Q'——对应的三次显示起重量的算术平均值，kg。

③ 力矩显示精度试验

起吊载荷 Q_0，分别在最大工作幅度的 30%（$R_{0.3}$）、60%（$R_{0.6}$）、90%（$R_{0.9}$）附近小范围内往返运行两次后停止，测定小车的实际幅度 $R_{0.3实}$、$R_{0.6实}$、$R_{0.9实}$，读取显示器相应显示力矩 $M_{0.3显}$、$M_{0.6显}$、$M_{0.9显}$ 并计算其算术平均值 M'，显示精度按式（3-3）计算：

$$\Delta M = \frac{\mid M - M' \mid}{M} \times 100\% \leqslant 5\% \tag{3-3}$$

式中　ΔM——起重量显示精度；

　　　M'——三次显示起重力矩的算术平均值，kN·m；

　　　M——对应的三次实际起重力矩的算术平均值，kN·m；

M 按式（3-4）计算：

$$M = \frac{9.8 \times Q_0 \times (R_{0.3实} + R_{0.6实} + R_{0.9实})}{3000} \tag{3-4}$$

式中　Q_0——最大工作幅度处额定起重量，kg。

8. 塔式起重机使用的安全监控要点

（1）塔机司机应具备的条件

1）年满 18 周岁，具有初中以上文化程度；

2）身体健康，无听觉障碍、无色盲，矫正视力不低于 5.0，无妨碍从事本工种的疾病（如癫痫病、高血压、心脏病、眩晕症、恐高症、精神病和突发性昏厥症等）和生理缺陷。

3）经有关部门培训合格，取得建设行政主管部门颁发的"建筑施工特种作业人员安全操作资格证书"。

（2）塔机使用的安全控制要点

1）塔式起重机使用前，应对起重司机、起重信号工、司索工等作业人员进行安全技术交底。

2）每月或连续大雨后，应及时对轨道基础进行全面检查，检查内容包括：轨距偏差，钢轨顶面的倾斜度，轨道基础的弹性沉陷，钢轨的不直度及轨道的通过性能等。对混凝土基础，应检查其是否有不均匀的沉降。

3）配电箱应设置在轨道中部，电源电路中应装设错相及断相保护装置及紧急断电开关，电缆卷筒应灵活有效，不得拖缆。

4）塔机在无线电台、电视台或其他强电磁波发射天线附近施工时，与吊钩接触的作业人员，应戴绝缘手套和穿绝缘鞋，并应在吊钩上挂接临时放电装置。

5）当同一施工地点有两台以上塔机时，应保持两机间任何接近部位（包括吊重物）距离不得小于 2m。

6）行走式塔机作业前，应检查轨道基础平直无沉陷，鱼尾板联接螺栓及道钉无松动，并应清除轨道上的障碍物，松开夹轨器并向上固定好。

7）起动前重点检查项目应符合下列要求：

① 金属结构和工作机构的外观情况正常；

② 各安全装置和各指示仪表齐全完好；

③ 各齿轮箱、液压油箱的油位符合规定；

④ 主要部位连接螺栓无松动；

⑤ 钢丝绳磨损情况及各滑轮穿绕符合规定；

⑥ 供电电缆无破损。

8）送电前，各控制器手柄应在零位。当接通电源时，应采用试电笔检查金属结构部分，确认无漏电后，方可上机。

9）作业前，应进行空载运转，试验各工作机构是否运转正常，有无噪声及异响，各机构的制动器及安全防护装置是否有效，确认正常后方可作业。

10）起吊重物时，重物和吊具的总重量不得超过塔机相应幅度下规定的起重量。

11）应根据起吊重物和现场情况，选择适当的工作速度，操纵各控制器时应从停止点（零点）开始，依次逐级增加速度，严禁越挡操作。在变换运转方向时，应将控制器手柄扳到零位，待电动机停转后再转向另一方向，不得直接变换运转方向、突然变速或制动。

12）在吊钩提升、起重小车或行走大车运行到限位装置前，均应减速缓行到停止位置，并应与限位装置保持一定距离（吊钩不得小于 1m，行走轮不得小于 2m）。严禁采用限位装置作为停止运行的控制开关。

13）动臂式起重机的起升、回转、行走可同时进行，变幅应单独进行。每次变幅后应对变幅部位进行检查。允许带载变幅的，当载荷达到额定起重量的 90％及以上时，严禁变幅。

14）重物就位时，应采用慢就位机构或利用制动器使之缓慢下降。

15）提升重物作水平移动时，应高出其跨越的障碍物 0.5m 以上。

16）塔机作业时，起重臂和吊物下方严禁有人员停留；物件吊运时，严禁从人员上方通过。

17）严禁用塔式起重机载运人员。

18）对于无中央集电器的塔机，在作业时，不得顺一个方向连续回转 1.5 圈。

19）装有上、下两套操纵系统的塔机，不得上、下同时使用。

20）作业中，当停电或电压下降时，应立即将控制器扳到零位，并切断电源。如吊钩上挂有重物，应重复放松制动器，使重物缓慢地下降到安全地带。

21）采用涡流制动调速系统的塔机，不得长时间使用低速挡或慢就位速度作业。

22）作业中如遇大风，应立即停止作业，锁紧夹轨器，将回转机构的制动器完全松开，起重臂应能随风转动。对轻型俯仰变幅塔机，应将起重臂落下并与塔身结构锁紧在一起。

23）作业中，操作人员临时离开操纵室时，必须切断电源，锁紧夹轨器。

24）塔机载人专用电梯严禁超员，其断绳保护装置必须可靠。当塔机作业时，严禁开动电梯。电梯停用时，应降至塔身底部位置，不得长时间悬在空中。

25）塔机作业过程中，应经常检查锚固装置，发现松动或异常情况时，应立即停止作业，故障未排除，不得继续作业。

26）作业完毕后，塔机应停放在轨道中间位置，起重臂应转到顺风方向，并松开回转制动器，小车及平衡重应置于非工作状态，小车应置于起重臂根部，吊钩宜升到离起重臂顶端 2～3m 处。

27）停机时，应将每个控制器拨回零位，依次断开各开关，关闭操纵室门窗，下机后，应锁紧夹轨器，使塔机与轨道固定，断开电源总开关，打开高空指示灯。

28）检修人员上塔身、起重臂、平衡臂等高空部位检查或修理时，必须系好安全带。

29）清洁、保养、维修机械或电气装置前，必须先切断电源，等机械停稳后再进行操作。严禁带电或采用预约停送电时间的方式进行检修。

29）对停用塔机的电动机、电器柜、变阻器箱、制动器等，应严密遮盖。

30）根据《建筑机械使用安全技术规程》，动臂式和尚未附着塔式塔机及附着以上塔式起重机桁架上不得悬挂标语牌。

31）实行多班作业的设备，应执行交接班制度，认真填写交接班记录，接班司机经检查确认无误后，方可开机作业。

32）使用过程中塔式起重机发生故障时，应及时维修，维修期间应停止作业。

9. 塔式起重机的安全维护

为确保塔机的安全运行，应按规定对塔机进行日常和定期维护保养。

（1）塔机维护保养的分类

1）日常维护保养，每班前后进行，由塔机司机负责完成；

2）月检查保养，每月进行一次，由塔机司机和修理工负责完成；

3）定期检修，每年或每次拆卸后安装前进行一次，由修理工负责完成；

（2）塔机维护保养的内容

1）日常维护保养

每班开始工作前，应当进行检查和做好例行保养，并应做好记录。记录的主要内容应包括结构件外观、安全装置、传动机构、连接件、制动器、索具、夹具、吊钩、滑轮、钢丝绳、液位、油位、油压、电源、电压等。包括目测检查和功能测试，检查一般应包括以下内容：

① 机构运转情况，尤其是制动器的动作情况；

② 限制与指示装置的动作情况；

③ 可见的明显缺陷，包括钢丝绳和钢结构。

检查维护保养具体内容和相应要求见表 3-2，有严重情况的应当报告有关人员进行停用、维修或限制性使用等。

日常例行维护保养的内容　　　　　　　　　　　　　　表 3-2

序号	作业项目	要求及说明
1	检查基础、轨道	班前清除基础上的积雪或垃圾，及时疏通排水沟，清除基础轨道积水，保证排水通畅
2	检查接地装置	检查接地连线与钢轨或塔式起重机十字梁的连接，应接触良好，埋入地下的接地装置和导线连接处无拆断松动
3	检查电机、变速箱、制动器、连轴器、安全罩的连接紧固螺丝有无松动	各机构的地脚螺丝，连接紧固螺丝、轴瓦固定螺丝不得松动，否则应及时紧固，更换添补损坏丢失的螺丝。回转支承工作的 100h 和 500h 检查其预紧力矩，以后每 1000h 检查一次
4	检查各齿轮油箱、油质，不足时添加	检查行走、起重、回转、变幅齿轮箱及液压推杆器、液力联轴器的油量，不足要及时添加至规定液面，润滑油变质可提前更换，按润滑部位规定周期更换齿轮油，加注润滑脂
5	检查起重机构制动器及钢绳卡头和钢绳排列情况	清除制动器闸瓦油污。制动器各连接紧固件无松旷，制动闸瓦张开间隙适当，带负荷制动有效，否则应紧固调整，卷筒端头卡头紧固牢靠无损伤，滑轮转动灵活，不脱槽、啃绳，卷筒钢绳排列整齐不错乱压绳
6	检查紧固金属结构件的螺栓	检查门架、塔身、底座、大臂、后臂及各标准节的连接螺栓应紧固无松动，更换损坏螺栓、增补缺少的螺栓

续表

序号	作业项目	要求及说明
7	检查钢丝绳磨损情况	检查钢丝绳有无断丝变形，钢丝绳在一扣距内断丝超过 10%，直径减少 7%或达到报废标准时要及时更换
8	测试供电电压	观察仪表盘电压指示是否符合规定要求，如电压过低或过高（一般不超过额定电压的±5%），应停机检查，待电压正常后再工作
9	试运转、察听各传动机构有无异响	试运转，注意察听起升、行走、回转、变幅等机构，应无不正常的异响或过大的噪声与碰撞现象，应无异常的冲击和震动，否则应停机检查，排除故障
10	试运转，听各电器有无缺相	启动时，听各部位电器有无缺相声音，否则应停机排查
11	运行中试验各安全装置的可靠性	注意检查起重量限制器、力矩限制器、变幅限位器、行走限位器等安全装置应灵敏有效，否则应及时报修排除
12	班后清洁塔式起重机，切断电源，锁好电闸箱	清洁驾驶室及操作台灰尘，所有操作手柄应放在零位，拉下照明及室内外设备的闸刀开关，总开关箱要加锁，关好窗、锁好门，清洁电机、减速器及传动机构外部的灰尘，油污

2）月检查保养

塔式起重机的主要部件和安全装置等应进行经常性检查，每月不得少于一次，并应留有记录，发现有安全隐患时应及时进行整改。每月进行一次，检查应包括以下内容：

① 润滑，油位、漏油、渗油；

② 液压装置，油位、漏油；

③ 吊钩及防脱装置，可见的变形、裂纹、磨损；

④ 钢丝绳；

⑤ 结合及连接处，目测检查锈蚀情况；

⑥ 连接螺栓，用专用扳手检查标准节，联接螺栓松动时应特别注意接头处是否有裂纹；

⑦ 销轴定位情况，尤其是臂架连接销轴；

⑧ 避雷、接地电阻；

⑨ 力矩与起重量限制器等各种安全装置是否可靠有效；

⑩ 制动磨损，制动衬垫减薄、调整装置、噪声等；

⑪ 液压软管；

⑫ 电气安装；

⑬ 基础及附着装置。

月检查维护保养具体内容和相应要求见表3-3，有严重情况的应当报告有关人员进行停用、维修或限制性使用等，检查和维护保养情况应当及时记入设备档案。

月检查保养内容　　　　　　　　　　　　　　　　　　　　表 3-3

序号	项目	要求
1	日常维护保养	按日常检查保养项目，进行检查保养
2	避雷设施、接地电阻	接地线应连接可靠，用接地电阻测试仪测量电阻值不得超过 4Ω
3	电动机滑环及碳刷	清除电动机滑环架及铜头灰尘，检查碳刷应接触均匀，弹簧压力松紧适宜（一般为 0.2kg/cm^2），如炭刷磨损超过 1/2 时应更换碳刷
4	电器元件配电箱	检查各部位电器元件动作状态是否正常、线路接线是否紧固
5	电动机接零和电线电缆	各电动机接零紧固无松动，照明及各电器设备用电线电缆应无破损、老化现象，否则应更换
6	塔机基础	基础清洁无积水，基础结构无下陷变形等情况发生
7	紧固钢丝绳绳夹	起重、变幅、平衡臂、拉索、小车牵引等钢丝绳两端的绳夹无损伤及松动，固定牢靠
8	润滑滑轮与钢丝绳	润滑起重、变幅、回转、小车牵引等钢丝绳穿绕的动滑轮、定滑轮、张紧滑轮、导向滑轮；润滑、浸涂钢丝绳
9	附着装置	附着装置的结构和联结是否牢固可靠
10	销轴定位	检查销轴定位情况，尤其是臂架连接销轴
11	液压元件及管路	检查液压泵、操作阀、平衡阀及管路，如有渗漏应排除，压力表损坏应更换，清洗液压滤清器
12	安全装置	检查力矩限制器、重量限制器等各安全装置是否灵敏有效

3）定期检修

使用中的塔机每年至少进行一次定期检查，每次安装前、安装后按定期检查要求进行检查。每次安装前，应对结构件和零部件进行检查并维护保养，有缺陷和损毁的，严禁安装上机；安装后的检查对零部件功能测试应按载荷最不利位置进行，检查应包括以下内容：

① 检查月检的全部内容；

② 核实塔机的标志和标牌；

③ 核实使用手册没有丢失；

④ 核实保养记录；

⑤ 核实组件、设备及钢结构；

⑥ 根据设备表象判断老化状况：

a. 重要零件（如电动机、齿轮箱、制动器、卷筒）联结装置磨损或损坏；

b. 明显的异常噪声或振动；

c. 明显的异常温升；

d. 连接螺栓松动、裂纹或破损；

e. 制动衬垫磨损或损坏；

f. 可疑的锈蚀或污垢；

g. 电气安装处（电缆入口、电缆附属物）出现损坏；

h. 钢丝绳；

i. 吊钩；

⑦ 额定载荷状态下的功能测试及运转情况：

a. 机构，尤其是制动器；

b. 限制器与指示装置。

⑧ 金属结构

a. 焊缝，尤其注意可疑的表面油漆龟裂；

b. 锈蚀；

c. 残余变形；

d. 裂缝；

⑨ 基础与附着装置。

定期检修具体内容和相应要求见表 3-4，有严重情况的应当报告有关人员进行停用、维修或限制性使用等，检查和维护保养情况应当及时记入设备档案。

定期检修内容　　　　　　　　　　　　　　　　　　　　　　表 3-4

序号	项目	要求
1	月检查保养	按月检查保养项目，进行检查保养
2	核实塔机资料、部件	核实塔机的标志和牌号，检查核实塔机档案资料是否齐全、有效；部件、配件和备件是否齐全
3	制动器	塔机各制动闸瓦与制动带片的铆钉头埋入深度小于 0.5mm 时接触面积不应小于 70%～80%，制动轮失圆或表面痕深大于 0.5mm 应光圆，制动器磨损，必要时拆检更换制动瓦（片）
4	减速齿轮箱	揭盖清洗各机构减速齿轮箱，检查齿面，如有断齿、啃齿、裂纹及表面剥落等情况，应拆检修复；检查齿轮轴键和轴承径向间隙，如轮键松旷、径向间隙超过 0.2mm 应修复，调整或更换轴承，轮轴弯曲超过 0.2mm 应校正；检查棘轮棘爪装置，排除轴端渗漏、更换齿轮油并加注至规定油面。生产厂有特殊要求的，按厂家说明书要求进行
5	开式齿轮啮合间隙、传动轴弯曲和轴瓦磨损	检查开式齿轮，啮合侧向间隙一般不超过齿轮模数的 0.2～0.3、齿厚磨损不大于节圆理论齿厚的 20%，轮键不得松旷，各轮变径倒角处无疲劳裂纹，轴的弯曲不超过 0.2mm，滑动轴承径向间隙一般不超过 0.4mm，如有问题应修理更换
6	滑轮组	滑轮槽臂如有破碎裂纹或槽壁磨损超过原厚度的 20%，绳槽径向磨损超过钢丝绳直径的 25%，滑轮轴颈磨损超过原轴颈的 2% 时，应更换滑轮及滑轮轴
7	行走轮	行走轮与轨道接触面如有严重龟裂、起层、表面剥落和凸凹沟槽现象，应修换
8	整机金属结构	对钢结构开焊、开裂、变形的部件进行更换；更换损坏、锈蚀的联接紧固螺栓；修换钢丝绳固定端已损伤的套环、绳卡和固定销轴
9	电动机	电动机转子、定子绝缘电阻在不低于 0.5MΩ 时，可在运行中干燥；铜头表面烧伤有毛刺应修磨平整，铜头云母片低于铜头表面 0.8～1mm；电动机轴弯曲超过 0.2mm 应校正；滚动轴承径向间隙超过 0.15mm 时应更换
10	电器元件和线路	对已损坏、失效的电器开关、仪表、电阻器、接触器以及绝缘不符合要求的导线进行修换
11	零部件及安全设施	配齐已丢失损坏的油嘴、油杯；增补已丢失损坏的弹簧垫、联轴器缓冲垫、开口销、安全罩等零部件；塔机爬梯的护圈、平台、走道、踢脚板和栏杆如有损坏，应修理更换
12	防腐喷漆	对塔机的金属结构，各传动机构进行除锈、防腐、喷漆
13	整机性能试验	检修及组装后，按要求进行静、动载荷试验，并试验各安全装置的可靠性，填写试验报告

4）润滑保养

为保证塔机的正常工作，应经常检查塔机各部位的润滑情况，做好周期润滑工作，按时添加或更换润滑剂。塔机的润滑部位、润滑剂的选用以及润滑周期，可参照表 3-5。

塔式起重机润滑部位及周期

表 3-5

序号	润滑部位	润滑剂	润滑周期（h）	润滑方式
1	齿轮减速器、涡轮、蜗杆减速器、行星齿轮减速器	齿轮油 冬 HL-20 夏 HL-30	200 1000	添加 更换
2	起升、回转、变幅、行走等机构的开式齿轮及排绳机构蜗杆传动	石墨润滑剂 ZG-S	50	涂抹
3	钢丝绳		50	涂抹
4	各部连接螺栓、销轴		100	安装前抹
5	回转支承上、下座圈滚道，水平支撑滑轮，行走轮轴承，卷筒链条，中央集电器轴套，行走台车轴套	钙基润滑脂 冬 ZC-2 夏 ZC-4	50	涂抹
6	水母式底架活动支腿、卷筒支座、行走机构小齿轮支座、旋转机构竖轴支座		200	加注
7	卷筒支座		200	加注
8	齿轮传动、涡轮蜗杆传动及行星传动等的轴承		200	加注
9	吊钩扁担梁推力轴承，钢丝绳滑轮轴承，小车行走轮轴承		500	加注
10	液压缸球铰支座，拆装式塔身基础节斜撑支座 起升机构和小车牵引机构限位开关链传动		1000	加注涂抹
11	制动器铰点、限位开关及接触器的活动铰点、夹轨器	机械油 HJ-20	50	根据需要油壶滴入
12	液力联轴节	汽轮机油 HU-22	200 1000	添加 换油
13	液压推杆制动器及液压电磁制动器	冬变压器油 DB-10 夏机械油 HJ-20	200	添加
14	液压油箱	冬 20 号抗磨液压油 夏 40 号抗磨液压油	100	顶升或降落塔身前检查添加
			100～500	清洗换油

注：由于不同型式的塔式起重机对于润滑要求不尽相同，不同的使用环境对润滑的要求也不同，因此，塔式起重机的润滑剂和润滑周期应按塔式起重机使用说明书的要求，结合使用环境，进行润滑作业。塔机生产厂家有特殊要求的，按厂家说明书要求。

10. 塔式起重机的故障及排除

塔式起重机的起升机构、回转机构、变幅机构及液压顶升系统一旦出现故障，对塔机安全运行会造成严重影响，因此，必须予以高度重视。

（1）起升机构的故障判断与处理，如表3-6。

起升机构的故障判断与处理   表 3-6

故障现象	判断与分析	处理方法
起升电机不启动	高度限位器或力矩限制器或重量限制器产生误动作。	检查高度限位器或力矩限制器或重量限制器，重新调整、验证与修正
	其控制线路出现断路现象	检查与其有关的各控制线路，予以排除
	其工作电源线路出现断路现象	检查工作电源线路，予以排除
	电机烧毁	更换起升电机
起重吊钩吊不起重物	塔机工作电源电压不足	检查操作室工作电源电压使电压恢复至360V以上
	起吊负荷超载	减少起吊负荷
	起升机构制动器调整过紧	1. 重新调整制动器 2. 检查制动器充油量是否满足
起吊重物停止后重物下滑	起吊负荷超载	减少起吊负荷
	起升机构制动器调节过松	1. 检查制动器充油量是否合适 2. 重新调整制动器
起吊重物上升与下降时重物不平稳出现上下抖动现象	起升机构钢丝绳排列不整齐、出现乱绳现象	1. 检查塔顶起升钢丝绳导向滑轮转动与平移是否灵活，应加润滑脂改善润滑状态。 2. 检查起升卷筒与塔顶起升钢丝绳导向滑轮轴是否平行，调整起升机构在平衡臂上的相对位置

（2）回转机构的故障判断与处理，如表3-7。

回转机构的故障判断与处理   表 3-7

故障现象	判断与分析	处理方法
回转电机不启动	回转限位器产生误动作	检查回转限位器，重新调整、验证或修正
	其控制线路出现断路现象	检查与其有关的各控制线路，予以排除
	其工作电源线路出现断路现象	检查工作电源线路，予以排除
	电机烧毁	更换回转电机
回转电机启动后塔机不回转	回转机构制动器吸合失灵，无法松闸	修整回转制动器
	回转支承严重缺油或滚柱（滚珠）破碎	加注润滑脂、更换滚柱（滚珠）或回转支承
	液力偶合器无油	按其有关液力偶合器说明书要求加油
	液力偶合器损坏	更换液力偶合器

（3）变幅机构的故障判断与处理，如表3-8。

变幅机构的故障判断与处理   表 3-8

故障现象	判断与分析	处理方法
变幅电机不启动	变幅限位器、力矩限位器产生误动作	检查变幅限位器，力矩限位器，重新调整检验或修正
	其控制线路出现断路现象	检查与其有关的各控制线路，予以排除
	其工作电源线路出现断路现象	检查工作电源线路，予以排除
	电机烧毁	更换电机

（4）液压顶升系统的故障判断与处理，如表 3-9。

液压顶升系统的故障判断与处理　　　　　　　　　　　　　表 3-9

故障现象	判断与分析	处理方法
液压顶升系统无压力或油缸不动或压力不足	电机转动方向不对，与电机旋转标记相反	重新接线，改变电机旋转方向
	两根高压软管与接头连接有误	重新连接高压软管
	调压阀调压过低	检查并调整调压阀
	安全阀调整后未锁定	重新调整并锁定
	油泵出现故障	检查排除
	平衡阀出现故障	检查排除
顶升时出现爬升抖动现象	系统或油缸内充气	需对系统及油缸进行排气
	液压油清洁度不足、滤油器阻塞，油泵吸空，噪声增大	清洗油箱与过滤器
承载顶升后油缸下滑	油管密封件损坏	更换油管密封件
	系统中其他密封件损坏	检查并更换密封件
	单向阀或液压锁被杂物卡住	检查排除
	油管接头处漏油	检查排除

3.2.2　缆索起重机

1. 缆索起重机的概述

（1）概念

以柔性钢索（承载索）作为架空支承构件，供悬吊重物的起重小车在承载索上往返运行，具有垂直运输（起升）和水平运输（牵引）功能的起重机。

（2）分类

缆机的形式按承载索两端的支架划分，见表 3-10，根据地形条件，允许在表 3-10 的基本形势下作合适的派生或复合机型。

缆机的形式　　　　　　　　　　　　　表 3-10

序	名称		承载索两端支架运动情况
1	固定式		承载索两端支架固定不定，见图 3-19
2	移动式	平移式	承载索支架有运行机构，分别在两岸平行轨道上同步移动，见图 3-20
3		摇摆式	承载索支架带有摆动机构，分别在两岸同步摆动，见图 3-21
4		辐射式	承载索一端支架固定，另一端支架带有运行机构，在弧形轨道上移动，见图 3-22
5		弧动式	承载索支架带有运行机构，分别在两岸同圆心弧形轨道上同角速度移动，见图 3-23
6		索轨式	以架空钢索代替地面轨道，承载索支架运动情况与平移或辐射式相同，见图 3-24

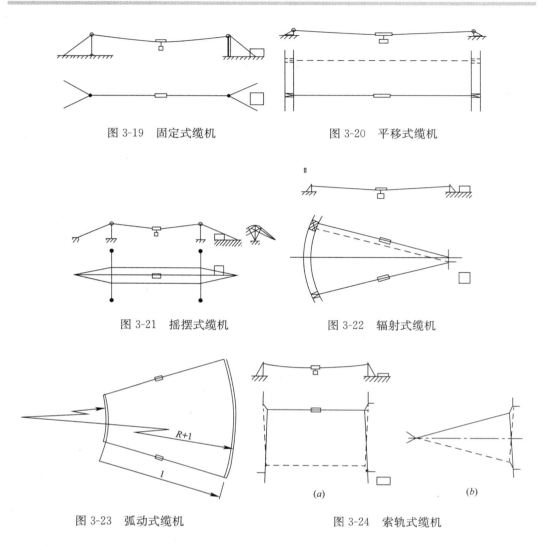

图 3-19　固定式缆机　　　　　　图 3-20　平移式缆机

图 3-21　摇摆式缆机　　　　　　图 3-22　辐射式缆机

图 3-23　弧动式缆机　　　　　　图 3-24　索轨式缆机

2. 缆索起重机的性能参数

（1）额定起重量：吊具以下物品的最大总质量。

（2）跨度：承载索两端水平铰接点连线的水平距离。

（3）承载索：支承起重小车用的钢索。

（4）承载索垂度：承载索任意一点到承载索两端水平铰接点连线的垂直距离。

（5）非正常工作区：承载索两端不允许起吊额定载荷的区域。

（6）支索器：支承在承载索上，用于承托起升绳、牵引绳和辅助绳的装置。

3. 缆索起重机的主要零部件

（1）承载索

用于混凝土浇筑用途的缆机承载索应采用符合 YB/T 5295—2010 的密封型钢丝绳；用于安装用途的缆机承载索可采用符合 GB/T 20118—2006 的多股钢丝绳。

承载索安全系数　　　　　　　　　　　　　表 3-11

承载索类型		安全系数 n
密封钢丝绳	$n=F_r/S_{max}$	$\geqslant 3$
普通钢丝绳	$n=F_{min}/S_{max}$	

注：n 安全系数；
　　F_r——钢丝绳的计算破断拉力；
　　F_{min}——钢丝绳的最小破断拉力；
　　S_{max}——正常工作状态的钢丝绳最大拉力。

① 承载索索头固结处强度不应小于承载索的强度。

② 承载索的检验、报废应符合 GB/T 9075—2008 的规定。进口的钢丝绳、承载索检验、报废可按照其生产国标准或生产厂家的规定执行。

（2）钢丝绳、卷筒

起升和牵引等工作钢丝绳的要求不应低于 GB 8918—2006 的规定。安全系数见表 3-12。

工作钢丝绳安全系数　　　　　　　　　　表 3-12

工作钢丝类型		安全系数 n	
		缆机跨度/n	
		$\leqslant 800$	>800
起升绳	$n=F_{min}/S_{max}$	$\geqslant 4.5$	$\geqslant 4.0$
牵引绳		$\geqslant 5.0$	

① 工作钢丝绳严禁采用插接、打结等方法接长使用。

② 多层卷绕的钢丝绳应采用钢芯绳。

③ 钢丝绳的保养、维护、安装、检验、报废应符合 GB/T 5972—2016 的规定。

④ 钢丝绳的悬挂、固结装置强度应能承担不小于 3 倍钢丝绳拉力的载荷。

⑤ 当吊钩处于最低位置时，钢丝绳在卷筒上的安全圈不应小于 3 圈（不包括固定圈）。

⑥ 卷筒两端均应有凸缘，当钢丝绳全部缠绕在卷筒上，凸缘应超出最外层钢丝绳，超出的高度为不小于钢丝绳直径的 2 倍。

（3）滑轮

① 滑轮可采用钢材或尼龙材料制成。A6 及以上工作级别或钢丝绳线速度大于 300m/min 时的缆机宜采用尼龙滑轮。

② 装配好的滑轮应转动灵活。

（4）吊钩

① 锻造吊钩的选择应符合 GB/T 10051.1 的规定。片式吊钩应符合 GB/T 10051.13 的规定。

② 锻造吊钩达到 GB/T 10051.3 的报废指标时，应更换。片式吊钩出现 GB/T 10051.14 中所示的裂纹、变形和磨损时，则应更换。

③ 吊钩应设置防止脱钩的装置。

④ 吊钩应具有防倾翻性能。

⑤ 用于混凝土浇筑的吊钩应配置悬挂混凝土罐的专用横梁。

⑥ 吊钩可设置配重以满足空钩在跨度范围内任意位置自由下降的要求，配重应安放牢固，并能方便地拆除。

⑦ 有夜间工作要求的缆机，吊钩应有明显的荧光标记或设置警示灯。

（5）制动器

① 工作制动器的安全系数应符合 GB/T 3811 的要求，安全制动器安全系数不应小于 1.25。

② 起升和牵引机构的制动器应是常闭式的。

（6）支索器

① 支索器应满足运行速度对其构造的要求。

② 支索器的托辊所用材料不应对起升绳和牵引绳产生非正常的磨损。易损的部件应方便维护和更换。

③ 移动式支索器的行走轮所用材料不应对承载索产生非正常的损坏，工作时支索器的分布应尽量均匀。

④ 固定式支索器夹持在承载索上应安全可靠，不易脱落。

4. 缆索起重机的安全装置

（1）起重量限制器

缆机应设置起重量限制器。当实际起重量超过 95％额定起重量时，起重量限制器应发出报警信号。当起重量在 100％～110％的额定起重量之间时，起重量限制器起作用，此时应自动切断起升动力电源，但应允许机构作下降动作。

（2）行程限位装置

起重小车行程限位装置。应设置起重小车横移的行程限位开关，当起重小车触发终端限位开关时，只能停车或向跨中运行，不能再向端部运行。起重小车牵引机构应设置行程检测装置。当起重小车处于非正常工作区域时，应以手动方式开启旁路开关方可继续往端部运行，同时对起重量和运行速度进行限制。

（3）起升高度限位器

应设置吊钩上、下极限位置的起升高度限位器。吊钩下极限位置应能根据用户要求调整。

（4）大车行程限位装置

对轨道运行的缆机应在每个运行方向设置行程限位开关、缓冲器和终端止挡。当行程限位开关动作时，缆机能及时制动并应在达到极限位置前停车。大车运行机构应设置行程检测装置。当缆机在与终端止挡或与同一轨道上其他缆机相距约 5m 时，应限制缆机运行速度。

（5）超速保护装置

起升机构应设置超速保护装置，当下降速度超过额定值 15％时，应自动停机。

（6）钢丝绳防脱装置

各导向滑轮和起升卷筒均应设有钢丝绳防脱装置。滑轮、卷筒最外缘与防脱装置表面的间隙不应超过钢丝绳直径的 20％。

（7）风速仪

应配备风速仪，风速仪可设于缆机上部的迎风处，当风速超过工作允许风速时，应能发出停止作业的警报。

（8）夹轨器

对轨道运行的缆机应安装夹轨器，夹轨器应与大车运行机构联锁。

（9）清轨板

对轨道运行的缆机，在其台车架上应安装排障清轨板，清轨板与轨道之间的间隙为 5～10mm。

5. 缆索起重机的保护

（1）电气保护

1）急停装置：缆机各操作部分（包括主机房、电控室、司机室联动台、现地操作盒等）均应设置急停按钮，操作急停按钮应能断开缆机控制电源和动力电源。急停按钮应为红色，并不应自动复位，急停按钮应设置在操作人员便于操作的位置。大车行走机构处需另设置只控制大车行走的急停按钮。

2）线路保护：所有外部线路均应具有短路或接地引起的过电流保护功能，在线路发生短路或接地时，瞬时保护装置应能分断线路。

3）失压与欠压保护：缆机应设有失压与欠压保护，当供电电源中断或电气系统欠压时，应自动停止缆机运行。

4）缺相与相序保护：缆机应设有缺相与相序保护，当供电电源缺相或相序错误时，应自动停止缆机运行。

5）零位保护：缆机各传动机构应设有零位保护，当开始运转或运行中因故障停机而恢复供电时，机构不应自动动作，应先将控制器手柄置于零位后，各传动机构方能重新启动。

6）调速装置保护功能：调速装置应有完善的保护功能，并提供故障检测与报警，对外部信号（如供电电压、编码器速度、电机温度、励磁电流、外部保护联锁等）应能进行检测与保护。

（2）其他保护

1）起升、牵引电动机宜安装温度传感器，当温度超过电动机规定值时，应将信号送至控制系统后进行报警。

2）主变压器宜设置温度检测与报警，并有仪表显示。

3）可利用位置编码器设置机构的减速和停机用的软限位。

3.2.3　门式起重机

1. 门式起重机的分类

（1）其装机按主梁分为：单主梁门式起重机和双主梁门式起重机。

（2）起重机按悬臂分为：双悬臂门式起重机、单悬臂门式起重机、无悬臂门式起重机。

（3）起重机按取物装置分为：吊钩门式起重机、抓斗门式起重机、电磁门式起重机、二用门式起重机、三用门式起重机。

（4）起重机按操纵方式分为：司机室操纵、地面有线操纵、无线遥控操纵、多点操纵。

（5）吊钩门式起重机按小车数量分为：单小车吊钩门式起重机、双小车吊钩门式起重机、多小车吊钩门式起重机。

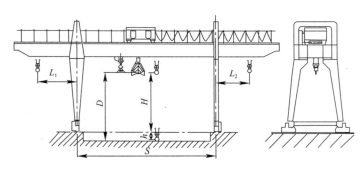

图 3-25　门式起重机示意图

2. 门式起重机的基本要求

（1）起重机各机构及其布置、机构部件的构造和功能，应符合 GB/T 24809.5—2009 的规定。起重机的设计、制造还应符合 GB/T 3811—2008、GB 6067.1—2010 和本标准的有关规定。

（2）起重机电气设备应符合 GB 5226.1—2008、YB/T 5059—2013 和本标准的规定。电气传动系统、电气控制系统所涉及的元器件选用、布置以及导线敷设、辅助设施也均应符合 GB/T 3811—2008 第 7 章的规定。

3. 门式起重机的使用性能

（1）起重机的起重能力应达到额定起重量。

1）对于固定式吊具的起重机，其额定起重量是指吊挂在起重机固定吊具上重物的最大质量；对于可分式吊具的起重机，其额定起重量是指可分吊具的质量与吊挂在起重机可分吊具上重物的最大质量之和。

2）对于双小车或多小车不联合作业的起重机，其额定起重量是指单小车所能吊起的最大起重量。

3）对于双小车或多小车联合作业的起重机，当抬吊重量不大于单个小车最大起重量时，其额定起重量是指单小车所能吊起的最大起重量；当抬吊重量大于单个小车最大起重量时，其额定起重量是指联合作业时所能抬吊的最大起重量。

（2）对吊钩起重机，起吊物品在下降制动时的制动距离（机构控制器处在下降速度的最低档稳定运行，拉回零位后，从制动器断电至重物停止时的下滑距离）不应大于 1min 内稳定起升距离的 1/65。

（3）对吊钩起重机，当起升机构的工作级别高于 M4，且额定起升速度等于或高于 5m/min 时要求制动平稳，应采用电气制动方法，保证在（0.2～1.0）Gn. 范围内下降时，制动前的电动机转速降至同步转速的 1/3 以下，该速度应能稳定运行。

（4）抓斗所抓取的物料特性，应符合抓斗设计和合同约定的规定，抓斗的抓满率不应小于 90%。

（5）起重电磁机的吸重能力不应小于其额定值，但也不应使所属机构过载。

（6）起重机的静态刚性（额定起重量和小车自重在主梁跨中或有效悬臂长度位置产生的垂直静挠度 f 或 f_1 与起重机跨度 S 或有效悬臂长度 L_1 的比）应考虑定位精度的需要。

（7）起重机的动态刚性一般不作规定，当用户从起重机使用条件考虑对此有要求时，由供需双方商定。

（8）起重机做静载试验时，应能承受 1.25 倍额定起重量的试验载荷，其主梁和悬臂不应产生永久变形，静载试验后的主梁和悬臂，当空载小车处于支腿支点位置（无悬臂时在极限位置）时，上拱最高点应在跨度中部 $S/10$ 范围内，其值不应小于 0.7S/1000；悬臂端的上翘度不应小于 0.7L/350。试验后进行目测检查，各受力金属构件应无裂纹、无变形、无油漆剥落或对起重机的性能与安全有影响的损坏，各连接处也应无松动或损坏。

（9）起重机做动载试验时，应能承受 1.1 倍额定起重量的试验载荷，试验过程中各部件应能完成其功能试验，制动器等安全装置动作灵敏可靠。试验后进行目测检查，各机构或结构的构件不应有损坏，连接处也不应出现损坏或松动。

（10）起重机静载试验，动载试验的载荷超载倍数有特殊要求时，可由供需双方在订货合同中约定。

（11）起重机和小车运行速度的允许偏差为设计值的 ±10%（慢速时允许误差为名义值的 ±25%），起升速度的允许偏差为设计值的 ±10%，下降速度的允许偏差为设计值的$-5\%\sim+25\%$。

（12）起重机的起升范围不应小于名义值的97%。

（13）吊具左有被限位置的允许偏差为$=100mm$。

4．门式起重机的主要零部件

（1）电动机

优先选用符合下列标准的电动机：JB/T 5870—2013、JB/T 7076—2013、JB/T 7077—2014、JB/T 7078—2014、JB/T 7842—2008、JB/T 8955—2017、JB/T 10104—2011、JB/T 10105—2017。视需要也可选用符合GB/T 21972.1—2008的变频电动机或符合GB/T 21971—2008的多速电动机。

（2）钢丝绳

用于多层卷绕时，应采用符合GB 8918—2006中的钢芯钢丝绳；对于钢丝绳韧性要求较高的起重机应优先采用符合GB 8918—2006中的纤维芯钢丝绳；其他情况宜用不低于GB/T 20118—2017要求的钢丝绳。

（3）水平反滚轮轴

水平反滚轮式小车的反滚轮轴和反滚轮平衡梁轴应按JB/T 5000.8—2007第Ⅴ组锻件检验。

（4）制动器

应优先选用符合下列标准的制动器：JB/T 6406—2006、JB/T 7910—1999、JB/T 7020—2006、JB/T 7685—2006。

（5）联轴器

不推荐采用有可能使制动轮盘产生浮动的联轴器。

（6）减速路和齿轮传动

1）应优先选用符合如下标准的减速器：JB/T 8905.1—1999、JB/T 8905.2—1999、JB/T 8905.3—1999、JB/T 8905.4—1999、JB/T 9003—2004、JB/T 10816—2007、JB/T 10817—2007。

2）选用其他减速器时，硬齿面齿轮副的精度不应低于GB/T 10095.1—2008和GB/T 10095.2—2008（所有部分）中的6级，中硬齿面不应低于8-8-7级。

3）如用开式齿轮转动，则齿轮的副精度不低于GB/T 10095.1—2008和GB/T 10095.2—2008（所有部分）中规定的9级。

3.2.4　门座起重机

1．门座起重机的概述

（1）概念

门座起重机是可转动的起重装置（简称转动部分）装在门形座架上的一种臂架型

起重机。门形座架的 4 条腿构成 4 个"门洞"，可供铁路车辆和其他车辆通过。

（2）分类

1）按门座结构型式

按门座结构型式分为撑杆式门座、交叉式门座、圆筒形门座和桁架式门座起重机。

2）按臂架系统结构型式

按臂架系统结构型式分为单臂架系统和组合臂架系统门座起重机。

3）按臂架变幅性能方式

按臂架变幅性能方式分为普通臂架变幅和平衡臂架变幅门座起重机。

4）按回转系统的方式

按回转支承的方式分为柱式和转盘式门座起重机。

2. 门座起重机的性能参数

（1）安全距离：起重机无论在停止或运动状态下，其任何部位、吊具、辅具、钢丝绳、缆风绳及重物与周围建筑物、固定设备或物体之间的最小允许距离。

（2）工作状态：起重机处于司机控制之下进行作业的状态（吊载运转、空载运转或间歇停机）。

（3）非工作状态：已安装架设完毕的起重机，不吊载，所有机构停止运动，切断动力电源，并采取防风保护措施的状态。

（4）起升高度：起重机运行（或固定）状态时，对应于一定的塔身高度、起重臂组合、起升滑轮倍率，吊钩处于相应幅度的上极限位置处，吊钩中心至起重机轨面的最大垂直距离。

（5）下降深度：起重机运行（或固定）状态时，对应于一定的塔身高度、臂架组合、起升滑轮倍率，吊钩处于相应幅度的下极限位置处，吊钩中心至起重机轨面的最大垂直距离。

（6）起升速度：起吊各稳定运行速度档对应的最大额定起重量时，吊钩在上升过程中稳定运动状态下的上升速度。

（7）慢降速度：起升滑轮组吊有允许的最大额定起重量，吊钩稳定下降时的最低速度。

（8）全程变幅时间：起吊最大幅度时的额定起重量，臂架仰角从最小角度到最大角度所需要的时间。

（9）回转速度：稳定运动状态下，起重机在最大幅度，带额定载荷时转动部分的回转角速度。

（10）运行速度：稳定运动状态下，起重机带额定载荷时在水平轨道上的运行速度。

（11）起重臂铰点高度：起重机运行或固定独立状态时，起重臂铰点对起重机轨道面的最大垂直距离。

（12）最大起重力矩：起吊最大额定起重量时，所起吊物品的重力（N）与其在设计确定的各种组合臂长中所能达到的最大工作幅度（m）的乘积。

（13）起重臂倾角：在起升平面内，起重臂纵向中心线与水平线的夹角。

3. 门座起重机的组成

（1）钢丝绳及接头：钢丝绳及接头应符合 GB/T 6067.1—2010 的规定。钢丝绳型号应符合 GB 8918—2006 的规定并禁止接长使用。钢丝绳的安全系数应符合 GB/T 3811—2008 与 GB/T 6067.1—2010 的规定。钢丝绳用压板固定在卷筒上时，每端应不少于 3 块压板，固定在卷筒侧壁上时若用一块板固定，则压板与钢丝绳接触长度不应少于 6 倍钢丝绳直径。采用楔块固定时，钢丝绳应贴紧楔块的圆弧段并将其楔紧，绳头长度适当，不应过长。采用铝合金套压制接头时，应符合 GB/T 6946—2008 的规定；采用钢丝绳夹接头时，应符合 GB/T 5976—2006 的规定；采用楔形接头时，应符合 GB/T 5973—2006 的规定；采用绳卡接头和编结接头时，应符合 GB/T 6067.1—2010 的规定。对于起升、变幅钢丝绳固定连接接头，不宜采用绳卡和编结接头。旋转接头不应有裂纹，接头装配后应转动灵活，无滞留现象。

（2）吊钩：锻造吊钩应符合 GB/T 10051.1—2010 与 GB/T 6067.5—2014 的规定。吊钩硬度应逐件检验。吊钩表面应光洁，不应有飞边、毛刺、尖角、重皮、锐角、剥裂等缺陷。吊钩存在裂纹、凹陷、孔穴等缺陷时禁止使用，并不得焊补后使用。吊钩柄中心线与钩腔中心应重合，其偏移量应符合 GB/T 10051.2—2010 的规定。吊钩应设置符合吊钩性能等级的防止钢终绳脱钩的装置。板钩树部中心线与板钩各片钢板的轧制方向应与吊钩整体受力方向一致，并标明轧制方向。

（3）滑轮与卷筒：滑轮、卷筒的卷绕直径与钢丝绳直径的比值 h 为选择系数，选择系数应符合 GB/T 3811—2008 的相关规定。钢丝绳绕进或绕出滑轮槽时的最大偏斜角（即钢丝绳中心线和与滑轮轴垂直的平面之间 SL 542—2011 夹角）不应大于 5°。

（4）车轮：车轮踏面直径的尺寸公差不成低于 GB/T 1801—2009 中规定的 h9. 车轮踏面和基准端面（端面上加工深度为 1.5mm 的沟槽作标志）对孔轴线的径向及端面圆跳动不应低于 GB/T 1184—1996 中规定的 9 级，车轮热处理后，其脚面和轮缘内侧面硬度成为 30~380HB，淬硬层深 20mm 处，硬度不应小于 260HB，并均匀过渡至未淬硬层。车轮上不成有裂纹，其踏面和轮缘内侧面不应有影响使用性能的缺陷，且不应焊补。

（5）制动轮、制动盘：制动轮，制动盘上不得有裂纹，制动面上不得有影响使用性能的缺陷，且不得焊补，直接安装在轴上的制动轮，其径向圆跳动和端面圆跳动分别不低于 GB/T 1184—1996 中规定的 9 级和 10 级。

（6）减速器：减速器渐开线齿轮副的精度对软贯面不应低于 GB/T 10095（所有部

分）中规定的 8-8-7 级，对中硬 SL.542—2011 齿面不应低于 GB/T 10095（所有部分）中规定的 8-7-7 级，对硬齿面不应低于 GB/T 10095（所有部分）中规定的 6 级，起升、变幅和回转机构宜采用理齿而成硬齿面齿轮减速器；运行机构宜采用中硬齿面或硬齿而齿轮减速器。减速器齿轮副的齿面接触斑点不应低于表 3-13 规定的数值。

减速器齿轮副的齿面接触现点　　　　　　　　表 3-13

名称	齿面接触斑点（％）	
	按齿高	按齿长
硬齿面	50	80
中硬齿面	50	70
软齿面	40	50

4. 门座起重机的安全装置

起重机安全保护装置应符合 GB/T 6067.1—2010 和 GB/T 3811—2008 的规定。

（1）起升高度限位器：起升机构均应装设起升高度限位器。当取物装置上升到设计规定的上极限位置时，应能自动切断起升动力源。在此极限位置的上方，还应留有足够的空余高度，以适应上升制动行程的要求。在特殊情况下，还可装设防止越程冲顶的第二级起升高度限位器。需要时，还应设下降深度限位器；当取物装置下降到设计规定的下极限位置时，应能自动切断下降动力源。

（2）幅度限位器：对动力驱动的动臂变幅的起重机（液压变幅除外），应在臂架俯仰行程的极限位置处设臂架低位置和高位置的幅度限位器。

（3）幅度指示器：幅度指示器应保证起重机能正确指示吊具所在的幅度。经调整和标定，幅度指示器的综合误差不应大于额定值的 5％。

（4）运行行程限位器：对轨道式起重机，在运行的每个方向上应至少各装设一套运行行程限位器。

（5）防止臂架向后倾翻的装置：具有臂架俯仰变幅机构的起重机，应装设防止臂架后倾装置（如一个带缓冲的机械式的止挡器），以保证当变幅机构的行程开关失灵时，能阻止臂架向后倾翻。

（6）起重量限制器和起重力矩限制器：起重机应装设起重量限制器。经调整和标定，起重量限制器的综合误差应不大于其额定值的 5％。当实际起重量超过实际幅度所对应额定值的 95％时，应能发出提示性报警信号；当实际起重量超过实际幅度所对应额定值的 100％～110％时，应能自动切断起升动力源，并发出禁止性报警信号，但应允许物品作下降运动。起重机应装设起重力矩限制器，经调整和标定，力矩限制器的综合误差应不大于额定值的 5％，当实际起重量超过实际幅度所对应的起重量的额定值的 95％时，起重力矩限制器宜发出报警信号；当实际起重量大于实际幅度所对应的额定值但小于 110％的额定值时，起重力矩限制器起作用，此时应自动切断不安全方向

（上升、幅度增大、臂架外伸或这些动作的组合）的动力源，但应允许机构作安全方向的运动。

5. 门座起重机的安装、拆卸、改造与维修

（1）起重机安装、拆卸、改造与维修的施工单位应取得国家有关部门颁发的相应类别和等级的起重机安装、拆卸、改造与维修资质许可证并在有效期内。

（2）从事起重机安装、拆卸、改造与维修工作的作业人员，应工种种类齐全并持有有效作业资质证件上岗。

（3）吊装机具应安全可靠。严禁使用有安全隐患、未经检验检测合格或不在有效期内的机具。

（4）高强度螺栓扭矩扳手等专用机具在使用前必须经过准确的标定。

（5）起重机安装前应按规定告知，并接受特检部门检查。

（6）在起重机安装、拆卸、改造与维修之前，施工单位应根据有关图纸及技术文件的要求，结合场地及吊装机具等条件，编写作业指导书（包括安全保证措施），并应得到主管部门的正式批准。

（7）起重机在安装、拆卸、改造与维修之前，应对金属结构、机构及零部件等现状进行检查，如发现缺陷和安全隐患，应经调整、修复或消除隐患后才可进行作业。

（8）起重机的安装、拆卸、改造与维修应严格按作业指导书分步骤有序进行，并应有完整的作业记录。

3.2.5 常用流动式起重机械

在起重作业中常用的移动式起重机械主要有以下几类：履带式起重机、汽车式起重机、轮胎式起重机。

1. 履带式起重机

（1）构造

履带式起重机起重量为 15～300t，常用 15～50t。因其行走部分为履带而得名。主要组成部分为：发动机（一般为柴油发动机）、传动装置（包括主离合器、减速器、换向机）、回转机构、行走机构（包括履带、行走支架等）、起升机构（也称起承机，包括卷扬机构、滑轮组、吊钩）、操作系统（其传递形式采用液压、空气、电气等方式）、工作装置（起重臂）、其他工作装置（起重、挖土、打桩）以及电器设备（包括照明、喇叭、马达、蓄电池等）。

（2）特性

履带式起重机操作灵活，使用方便，车身能 360°回转，并且可以载荷行驶，越野性能好。但是机动性差；长距离转移时要用拖车或用火车运输，对道路破坏性较大，起重臂拆接烦琐，工人劳动强度高。

履带式起重机适用一般工业厂房吊装。

（3）履带式起重机的安全使用要求

1）起重机械应在平坦坚实的地面上作业、行走和停放。作业时，坡度不得大于3°，起重机械应与沟渠、基坑保持安全距离。

2）起重机启动前应重点检查以下项目，并符合相应要求：

① 各安全防护装置及各指示仪表齐全完好；

② 钢丝绳及连接部位应符合规定；

③ 燃油、润滑油、液压油、冷却水等应添加充足；

④ 各连接件不得松动。

⑤ 在回转空间范围内不得有障碍物。

3）起重机械启动前应将主离合器分离，各操纵杆放在空挡位置。并应按《建筑机械使用安全技术规程》JGJ 33—2012 规定启动内燃机。

4）内燃机启动后，应检查各仪表指示值，应在运转正常后接合主离合器，空载运转时，应按顺序检查各工作机构及制动器，应在确认正常后作业。

5）作业时，起重臂的最大仰角不得超过使用说明书的规定。当无资料可查时，不得超过 78°。

6）起重机械变幅应缓慢平稳，在起重臂未停稳前不得变换挡位。

7）起重机械工作时，在行走、起升、回转及变幅四种动作中，应只允许不超过两种动作的复合操作。当负荷超过该工况额定负荷的 90% 及以上时，应慢速升降重物，严禁超过两种动作的复合操作和下降起重臂。

8）在重物起升过程中，操作人员应把脚放在制动踏板上，控制起升高度，防止吊钩冒顶。当重物悬停空中时，即使制动踏板被固定，仍应脚踩在制动踏板上。

9）采用双机抬吊作业时，应选用起重性能相似的起重机进行。抬吊时应统一指挥，动作应配合协调，载荷应分配合理，起吊重量不得超过两台起重机在该工况下允许起重量总和的 75%，单机的起吊载荷不得超过允许载荷的 80%。在吊装过程中，两台起重机的吊钩滑轮组应保持垂直状态。

10）起重机械行走时，转弯不应过急；当转弯半径过小时，应分次转弯。

11）起重机械不宜长距离负载行驶。起重机械负载时应缓慢行驶，起重量不得超过相应工况额定起重量的 70%，起重臂应位于行驶方向正前方，载荷离地面高度不得大于 500mm，并应拴好拉绳。

12）起重机械上、下坡道时应无载行走，上坡时应将起重臂仰角适当放小，下坡时应将起重臂仰角适当放大。下坡严禁空挡滑行。在坡道上严禁带载回转。

13）作业结束后，起重臂应转至顺风方向，并应降至 40°～60° 之间，吊钩应提升到接近顶端的位置，关停内燃机，并应将各操纵杆放在空挡位置，各制动器应加保险固定，操作室和机棚应关门加锁。

14）起重机械转移工地，应采用火车或平板拖车运输，所用跳板的坡度不得大于15°；起重机械装上车后，应将回转、行走、变幅等机构制动，应采用木楔楔紧履带两端，并应绑扎牢固；吊钩不得悬空摆动。

15）起重机械自行转移时，应卸去配重，拆短起重臂，主动轮应在后面，机身、起重臂、吊钩等必须处于制动位置，并应加保险固定。

16）起重机械通过桥梁、水坝、排水沟等构筑物时，应先查明允许载荷后再通过，必要时应采取加固措施。通过铁路、地下水管、电缆等设施时，应铺设垫板保护，机械在上面行走时不得转弯。

2. 汽车式起重机

汽车式起重机由于使用广泛，而发展很快。常用的汽车式起重机为 8~50t。

（1）主要构造

汽车式起重机是在专用汽车底盘的基础上，再增加起重机构以及支腿、电气系统、液压系统等机构组成。行驶与起重作业的操作室分开。

（2）特点

汽车式起重机最大的特点是机动性好，转移方便，支腿及起重臂都采用液压式，可大大减轻工人的劳动强度。但是超载性能差，越野性能也不如履带式，对道路的要求比履带式起重机更严格。

（3）汽车式起重机的安全使用要求

1）汽车起重机司机必须经过专业培训，并经有关部门考核合格后，取得起重机械作业特种作业证，方可操作起重机。严禁酒后或身体有不适应症时进行操作。严禁无证人员动用汽车起重机。

2）汽车起重机司机应按汽车起重机厂家的规定，及时对起重机进行维护和保养，定期检验，保证车辆始终处于完好状态。

3）必须按起重特性表所规定起重量及作业半径进行操作，严禁超负荷作业。起吊物件时不能超过厂家规定的风速。

4）汽车起重机停放的地面应平整坚实，应与沟渠、基坑保持安全距离。

5）行驶前，必须收回臂杆，吊钩及支腿。行驶时保持中速，避免紧急制动。通过铁路道口和不平道路时，必须减速慢行。下坡时严禁空挡滑行，倒车时必须有人监护。汽车起重机冬季行走时，路面应做好防滑措施。

6）作业前应将汽车起重机支腿全部伸出，对于松软或承压能力不够的地面，撑脚下必须垫枕木。调整支腿使机体达到水平要求。

7）调整支腿作业必须在无荷载时进行，将已经伸出的臂杆缩回并转至正前方或正后方，作业中严禁扳动支腿操纵阀。

8）汽车起重机工作前，必须检查起重机各部件是否齐全完好并符合安全规定，起重机起动后应空载运转，检查各操作装置、制动器、液压装置和安全装置等各部件工作是否正常和灵敏可靠。严禁机件带病运行。作业前应注意在起重机回转范围内有无障碍物。

9）当场地比较松软时，必须进行试吊（吊重离地高不大于 30cm），检查起重机各支腿有无松动或下陷，在确认正常的情况下方可继续起吊。

10）在起吊较重物件时，应先将重物吊离地面 10cm 左右，检查起重机的稳定性和制动器等是否灵活和有效，在确认正常的情况下方可继续起吊。

11）起重机在进行满负荷或接近满负荷起吊时，禁止同时进行两种或两种以上的操作动作。起重臂的左右旋转角度都不能超过 45°并严禁斜吊、拉吊和快速起落。严禁带重负荷伸长臂杆。

12）在夜间使用起重机时，在作业场所要有足够的照明设备和畅通的吊运通道，并且应与附近的设备、建筑物保持一定的安全距离，使其在运行时不致发生碰撞。

13）起重机操作正常需缓慢匀速进行，只有特殊情况下，方可进行紧急操作。

14）两台起重机同时起吊一件重物时，必须有专人统一指挥；两车的升降速度要保持相等，其物件的重量不得超过两车所允许的起重量总和的 75%；绑扎吊索时要注意负荷的分配，每车分担的负荷不能超过所允许的最大起重量的 80%。

15）起重机在工作时，被吊物应尽量避免在驾驶室上方通过。作业区域、起重臂下，吊钩和被吊物下面严禁任何人站立、工作或通行。负荷在空中，司机不准离开驾驶室。

16）起重机在带电线路附近工作时，应与带电线路保持一定的安全距离。在最大回转半径范围内，其允许与输电线路的最近距离如表 3-14。在雾天工作时安全距离还应适当放大。

允许与输电线路的最近距离（单位：m）　　　　　　　　　表 3-14

输电线路电压	≤1kV	1~20kV	35~110kV	154kV	220kV
允许与输电线路的最近距离	1.5	2	4	5	6

17）起重机工作时，吊钩与滑轮之间保持一定的距离，防止卷扬过限把钢丝绳拉断或起重臂后翻。起重机卷筒上的钢丝绳在工作时不可全部放尽，卷扬筒上的钢丝绳至少保留三圈以上。

18）起重机在工作时，不准进行检修和调整机件。严禁无关人员进入驾驶室

19）司机与起重工必须密切配合，听从指挥人员的信号指挥。操作前，必须先鸣喇叭，如发现指挥手势不清或错误时，司机有权拒绝执行。工作中，司机对任何人发出的紧急停车信号必须立即停车，待消除不安全因素后方可继续工作。

20）严禁作业人员搭乘吊物上下升降，工作中禁止用手触摸钢丝绳和滑轮。

21）无论在停工或休息时，不得将吊物悬挂在空中。

22）作业中出现支腿沉陷、起重机倾斜等情况，必须立即放下吊物，经调整、消除不安全因素后方可继续作业。

23）作业后，伸缩式起重机的臂杆应全部缩回、放妥，并挂好吊钩。各机构的制动器必须制动牢固，操作室和机棚应关门上锁。

24）严格遵守起重作业"十不吊"安全规定。指挥信号不明不吊；超负荷或物体重量不明不吊；斜拉重物不吊；光线不足、看不清重物不吊；重物下站人不吊；重物埋在地下不吊；重物紧固不牢，绳打结、绳不齐不吊；棱刃物体没有衬垫措施不吊；重物越人头不吊；安全装置失灵不吊。

25）作业难度较大的吊装作业，必须由有关人员先做好施工方案，在作业过程中派专人观察起重机安全。

3．轮胎式起重机

（1）主要构造

轮胎式起重机的动力装置是采用柴油发动机带动直流发电机，再由直流发电机发出直流电传输到各个工作装置的电动机。行驶和起重操作在一室，行走装置为轮胎。起重臂为格构式，近年来逐步改为箱形伸缩式起重臂和液压支腿。

（2）特性

轮胎式起重机的机动性仅次于汽车式起重机。由于行驶与起重操作同在一室，结构简化，使用方便。因采用直流电为动力，可以做到无级变速，动作平稳，无冲击感，对道路没有破坏性。

轮胎式起重机广泛应用于车站、码头装卸货物及一般工业厂房结构吊装。

（3）轮胎式起重机安全技术要求

1）起重机械工作的场地应保持平坦坚实，符合起重时的受力要求；起重机应与沟渠、基坑保持安全距离。

2）起重机械启动前应重点检查下列项目，并应符合相应要求：

① 各安全保护装置和指示仪表应齐全完好；

② 钢丝绳及连接部位应符合规定；

③ 燃油、润滑油、液压油及冷却水应添加充足；

④ 各连接件不得松动；

⑤ 轮胎气压应符合规定。

⑥ 起重臂应可靠搁置在支架上。

3）起重机械启动前，应将各操纵杆放在空挡位置，手制动器应锁死，并应按《建筑机械使用安全技术规程》JGJ 33—2012 第 3.2 节有关规定启动内燃机。应在怠速运转 3～5min 后进行中高速运转，并应在检查各仪表指示值，确认运转正常后接合液压泵，液压达到规定值，油温超过 30℃时，方可作业。

4）作业前，应全部伸出支腿，调整机体使回转支撑面的倾斜度在无载荷时不大于1/1000（水准居中）。支腿的定位销必须插上。底盘为弹性悬挂的起重机，插支腿前应先收紧稳定器。

5）作业中不得扳动支腿操纵阀。调整支腿时应在无载荷时进行，并先将起重臂转至正前方或正后方之后，再调整支腿。

6）起重作业前，应根据所吊重物的重量和起升高度，并应按起重性能曲线，调整起重臂长度和仰角；应估计吊索长度和重物本身的高度，留出适当起吊空间。

7）起重臂顺序伸缩时，应按使用说明书进行，在伸臂的同时应下降吊钩。当制动器发出警报时，应立即停止伸臂。

8）起吊重物达到额定起重量的 50％ 及以上时，应使用低速挡。

9）作业中发现起重机倾斜、支腿不稳等异常现象时，应在保证作业人员安全的情况下，将重物降至安全的位置。

10）当重物在空中须停留较长时间时，应将起升卷筒制动锁住，操作人员不得离开操作室。

11）起吊重物达到额定起重量的 90％ 以上时，严禁向下变幅，同时严禁进行两种及以上的操作动作。

12）起重机械带载回转时，操作应平稳，应避免急剧回转或急停，换向应在停稳后进行。

13）起重机械带载行走时，道路应平坦坚实，载荷应符合使用说明书的规定，重物离地面不得超过 500mm，并应拴好拉绳，缓慢行驶。

14）作业后，应先将起重臂全部缩回放在支架上，再收回支腿；吊钩应使用钢丝绳挂牢；车架尾部两撑杆分别撑在尾部下方的支座内，并应采用螺母固定；阻止机身旋转的销式制动器应插入销孔，并应将取力器操纵手柄放在脱开位置，最后应锁住起重操作室门。

15）起重机械行驶前，应检查确认各支腿的收存牢固，轮胎气压应符合规定。行驶时，发动机水温应在 80℃～90℃ 范围内，当水温未达到 80℃ 时，不得高速行驶。

16）起重机械应保持中速行驶，不得紧急制动，过铁道口或起伏路面时应减速，下坡时严禁空挡滑行，倒车时应有人监护指挥。

17）行驶时，底盘走台上不得有人员站立或蹲坐，不得堆放物件。

3.3　升降机械

3.3.1　施工升降机

1. 施工升降机的概述

临时安装的、带有有导向的平台、吊笼或其他运载装置并可在建设施工工地各层站停靠服务的升降机械，主要应用于高层和超高层建筑施工的垂直运输，如图 3-26 所示。

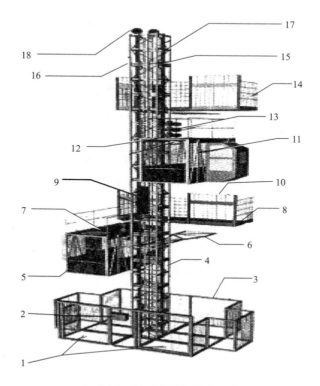

图 3-26　施工升降机构造示意

1—地面防护围栏门；2—开关箱；3—地面防护围栏；4—导轨架标准节；5—吊笼门；6—附墙架；
7—紧急逃离门；8—层站；9—对重；10—层门；11—吊笼；12—防坠安全器；13—传动系统；
14—层站栏杆；15—对重导轨；16—导轨；17—齿条；18—天轮

（1）分类及工作原理

按传动型式分为：齿轮齿条式、钢丝绳式和液压式三种。

1）齿轮齿条式人货两用施工升降机

齿轮齿条式人货两用施工升降机的传动方式是齿轮齿条式。工作原理是电机驱动蜗轮蜗杆减速器带动小齿轮转动，传动小齿轮和导轨架上的齿条啮合，通过小齿轮的转动带动吊笼升降。每个吊笼上均装有渐进式防坠安全器，是目前广泛应用的一种类型。

按驱动方式分双驱动或三驱动、变频调速驱动。

① 双驱动或三驱动电机作动力的施工升降机，其起升速度一般在 36m/min。采用双驱动的施工升降机通常带有对重。其导轨架由标准节通过高强度螺栓联接组装而成

的直立结构型式。在水利水电施工中广泛使用。

② 变频调速施工升降机

电源通过变频调速器，改变进入电动机的电源频率，以达到电动机变速。最大提升高度可达 450m 以上，最大起升速度达 96m/min。由于良好的调速性能、较大的提升高度，故在高层、超高层建筑中得到广泛的应用。

2）钢丝绳式施工升降机

钢丝绳式施工升降机是，采用钢丝绳作为载荷悬挂系统的升降机。由曳引机或卷扬机通过提升钢丝绳及导轨架顶上的导向滑轮，牵引吊笼沿导轨架作上下运动的一种施工升降机。

该机型每个吊笼设有防坠、限速双重功能的防坠安全装置，当吊笼超速下行，或其悬挂装置断裂时，该装置能将吊笼制停并保持静止状态。

3）液压油施工升降机

用液压油缸直接或间接承运载荷的升降机。

（2）施工升降机的技术参数

单吊笼施工升降机标注一个数值。双吊笼施工升降机标注两个数值，用符号"/"分开，每个数值均为一个吊笼的额定载重量代号。

1）额定载重量：设计确定的工作状态下吊笼运载的最大载荷。

2）额定提升速度：设计确定的吊笼速度。

3）吊笼净重尺寸：吊笼内空间大小（长×宽×高）。

4）最大提升高度：吊笼运行至最高上限位位置时，吊笼底板与基础底架平面间的垂直距离。

5）额定安装载重量：安装工况下吊笼允许的最大载荷。

6）标准节尺寸：组成导轨架的可以互换的构件的尺寸大小（长×宽×高）。

7）对重重量：有对重的施工升降机的对重重量。

2. 施工升降机的构造要求

施工升降机主要由金属结构、驱动机构及传动系统、安全保护装置和电气控制系统等部分组成。本节主要以齿轮齿条式为例介绍施工升降机的构造要求。

（1）金属结构

金属结构由吊笼、底架、防护围栏、导轨架、附墙架、对（配）重、天轮架、安装吊杆等组成。

1）吊笼

有底板、围壁、门和顶的运载装置。吊笼上有驱动动机构、防坠安全器及电气箱等，有的附有驾驶室，设置了门保险开关与门连锁，只有当吊笼前后两道门均关好后，吊笼才能运行。吊笼应符合下列规定：

① 吊笼门框净高不应小于 2m，净宽不应小于 0.6m，吊笼箱体应完好，无破损；

② 吊笼门应装机械锁钩，运行时不应自动打开，应设有电气安全开关；当门未完全关闭时，该开关应能有效切断控制回路电源，使吊笼停止或无法起动；

③ 当吊笼顶板作为安装、拆卸、维修的平台或设有天窗时，顶板应抗滑，且周围应设护栏。根据 JGJ 305—2013 规定，该护栏的上扶手高度不应小于 1.1m，中间高度应设置横杆，挡脚板高度不应小于 100mm，护栏与顶板边缘的距离不应大于 100mm；

④ 吊笼顶部应有紧急出口，并应配有专用扶梯，出口门应装向外开启的活板门，并应设有电气安全联锁开关，并应灵敏、有效；

⑤ 吊笼内应有产品铭牌、安全操作规程，操作开关及其他危险处应有醒目的安全警示标志。

2）底架

用来支承和安装升降机其他所有组成部分的升降机最下部的构架。

3）地面防护围栏

地面上包围吊笼的防护围栏，防护围栏应符合下列规定：

① 施工升降机应设置高度不低于 1.8m 的地面防护围栏，并不得缺损，并应符合使用说明书的要求；

② 围栏门的开启高度不应小于 1.8m，并应符合使用说明书的要求。围栏门应装有机械锁紧和电气安全开关；当吊笼位于底部规定位置时，围栏门方能开启，且应在该门开启后吊笼不能启动。

③ 所有吊笼和运动的对重都应在地面防护围栏的包围内。

④ 维护时为能从地面防护围栏门出入，围栏门应能从里面打开。

4）导轨架

支撑和引导吊笼、对重（有对重时）的结构架用于支撑和引导吊笼、对重等装置运行的金属构架。导轨架是由若干个具有互换性的标准节，经螺栓连接而成的多支点的空间桁架。标准节的截面形状有正方形、矩形和三角形，标准节的长度与齿条的模数有关，一般每节高度为 1.5m。

5）附墙架

连接导轨架和建筑物或其他固定结构，为导轨架提供侧向支撑的构件。

6）对（配）重

对吊笼起平衡作用的重物。

7）天轮

导轨架顶部的滑轮组成，用来支承和导向配重的钢丝绳。

8）安装吊杆

施工升降机上用来装拆标准节等部件的提升装置。

（2）驱动机构及传动系统

施工升降机的驱动机构一般有三种种形式。一种为电机驱动齿轮齿条式，一种为卷扬机或曳引机钢丝绳式，一种是电动液压式。传动系统安全技术要求：

1）传动系统旋转的零部件应有防护罩等安全防护设施；

2）对齿轮齿条式施工升降机，其传动齿轮、防坠安全器的齿轮与齿条啮合时，接触长度沿齿高不得小于 40%，沿齿长不得小于 50%。

3）导轮、背轮、安全挡块应符合下列规定：

① 导轮连接及润滑应良好，无明显侧倾偏摆；

② 背轮安装应牢靠，并应贴紧齿条背面，润滑应良好，无明显侧倾偏摆；

③ 安全挡块应可靠有效。

4）对重、缓冲装置应符合下列规定：

① 对重应根据有关规定的要求涂成警告色；

② 对重导向装置应正确可靠，对重轨道应平直，接缝应平整，错位阶差不应大于 0.5mm；

③ 应在吊笼和对重运行通道的最下方安装缓冲器。

5）制动装置

制动器应符合下列规定：

① 制动器应符合使用说明书的要求；

② 传动系统应采用常闭式制动器，制动器动作应灵敏，工作应可靠；

③ 每个制动器应可手动释放，且需由恒力作用来维持释放状态。

6）钢丝绳、滑轮等其他相关传动部件应按其相关标准，保证结构完好。

（3）安全保护装置

1）吊笼防坠安全装置

施工升降机应设有防止吊笼坠落的安全装置。

安全装置应为下列类型中的一种：超速安全装置，在吊笼超速时动作；破断阀。

① 安全装置在任何时候都应起作用，包括安装、拆卸和动作后重新设置之前。除齿条外，其他常规的传动件不应用于超速安全装置。

② 安全装置应能使装有 1.3 倍额定载重量的吊笼停止并保持停止状态。

在吊笼内载荷不超过额定载重量时，对于额定速度不大于 2.4m/s 的升降机，安全装置停止吊笼时的制动距离应符合表 3-15 的规定，且减速度峰值大于 2.5g 的时间应不大于 0.04s；对于额定速度大于 2.4m/s 的升降机，安全装置停止吊笼时的平均减速度应在 0.2g~1.0g 之间，且减速度峰值大于 2.5g 的时间应不大于 0.04s。如果在动作后重新设置之前安全装置再动作，则可超过前述的规定值。

安全装置停止吊笼时的制动距离　　　　　　　　　表 3-15

升降机额定速度 v（m/s）	安全装置制动距离（m）
$v \leqslant 0.65$	0.10～1.40
$0.65 < v \leqslant 1.00$	0.20～1.60
$1.00 < v \leqslant 1.33$	0.30～1.80
$1.33 < v \leqslant 2.40$	0.40～2.00

③ 一旦超速安全装置动作，正常控制下的吊笼运动应符合规定的电气安全装置自动停止。

④ 安全装置的释放方法应要求专业人员介入，以使升降机恢复正常作业。

⑤ 应能在与吊笼有充分安全距离的位置，利用遥控装置对安全装置就行试验。

⑥ 对于不是由液压油缸直接支承的任何吊笼，安全装置应安装在吊笼上并由吊笼超速来直接触发。

⑦ 应有措施（如封铅）防止对限速器动作速度作未经授权的调整。

⑧ 限速器用滑轮不应安装在悬挂吊笼的钢丝绳滑轮支承轴上。

⑨ 超速安全装置不应借助于电气、气动装置来动作。

⑩ 除超载外，在所有载荷情况下，安全装置动作后，吊笼底板相对于正常位置的倾斜应不大于 5%，且能恢复原状而无永久变形。

⑪ 安全装置的动作速度应不大于升降机额定速度 0.4m/s。

⑫ 应有措施防止安全装置因外部物质的积聚或大气状况的影响而失效。

⑬ 由液压油缸或非柔性原件直接支撑的且未设超速安全装置的吊笼，应设有破断阀。在吊笼速度超过额定下行速度 0.4m/s 时，破断阀应能停止吊笼。破断阀应直接安装在油缸端口上。

⑭ 用于限速器的钢丝绳及其末端连接等，其尺寸和设计应符合规定要求。

限速器用钢丝绳，在升降机安装期间，应直接悬挂在导轨架上。

限速器动作时，限速器钢丝绳的张力应至少为下列的较大值：300N，或安全装置起作用所需力的两倍。

⑮ 夹紧一个以上导轨的安全装置应在所有导轨上同时起作用。

⑯ 由弹簧来施加制动力的安全装置，其任一弹簧的失效都不应导致安全装置产生危险故障。

2）超载检测装置

① 施工升降机应配备超载检测装置。在吊笼内载荷超过额定载重量 10% 以上时，超载检测装置在吊笼内应给出清晰的信号，并阻止其正常启动。

不应设有使用者可取消警告信号的装置。

超载检测应至少在吊笼静止时进行。

② 超载指示器、检测器的设计和安装，应在不拆卸和不影响指示器和检测器性能

的情况下，满足升降机超载试验的需要。

③ 超载检测装置控制系统的安全相关部件应符合规定要求。

④ 如果动力中断，超载检测装置的所有数据和指示刻度应能保留。

⑤ 应对超载检测装置加以保护，以防止其因冲击、振动、使用（包括安装、拆卸、维护/检查）和制造商规定的环境影响而损坏。

3）缓冲器

安装在底架上用以吸收下降吊笼和对重的动能，起缓冲作用的装置。

4）限位开关

施工升降机应设置自动复位的上下限位开关，以防止吊笼上、下运行超过需停位置时，因司机误操作和电气故障等原因继续上升或下降引发事故而设置。

5）极限开关

施工升降机应设置极限开关。当限位开关失效时，极限开关应切断总电源，使吊笼停止。当极限开关为非自动复位型时，其动作后，手动复位方能使吊笼重新启动；

限位开关的安装位置应符合下列规定：

① 上限位开关的安装位置：当额定提升速度小于 0.8m/s 时，触板触发该开关后，上部安全距离不应小于 1.8m，当额定提升速度大于或等于 0.8m/s 时，触板触发该开关后，上部安全距离应满足式（3-5）的要求：

$$L = 1.8 + 0.1v^2 \tag{3-5}$$

式中　L——上部安全距离的数值（m）；

　　　v——提升速度的数值（m/s）。

② 下限位开关的安装位置：吊笼在额定荷载下降时，触板触发下限位开关使吊笼制停，此时触板离触发下极限开关还应有一定的行程；

③ 上限位与上极限开关之间的越程距离：齿轮齿条式施工升降机不应小于 0.15m，钢丝绳式施工升降机不应小于 0.5m。下极限开关在正常工作状态下，吊笼碰到缓冲器之前，触板应首先触发下极限开关；

④ 极限开关不应与限位开关共用一个触发元件。

6）安全钩

是为防止吊笼倾翻的挡块，保证吊笼不发生倾翻坠落的装置。齿轮齿条式施工升降机吊笼上沿导轨设置的安全钩不应少于 2 对，安全钩应能防止吊笼脱离导轨架或防坠安全器输出端齿轮脱离齿条。

7）吊笼门、底笼门连锁装置

施工升降机的吊笼门、底笼门均装有机械锁止装置和电气安全开关，只有在吊笼门和底笼门完全关闭时，吊笼才能启动，保证吊笼运行时，吊笼门完全关闭且其底下无人员进入。

8）急停开关

当吊笼在运行过程中发生各种原因的紧急情况时，司机应能及时按下急停开关，使吊笼立即停止，防止事故的发生。急停开关必须是非自行复位的电气安全装置。

9）有对重的施工升降机，当对重质量大于吊笼质量时，应有双向防坠安全器或对重防坠安全装置。

10）用于对重的钢丝绳应装有非自动复位型的防松绳装置。

11）当建筑物超过 2 层时，施工升降机地面通道上方应搭设防护棚。当建筑物高度超过 24m 时，应设置双层防护棚。

（4）电气控制系统

施工升降机的每个吊笼都有一套电气控制系统。施工升降机的电气控制系统包括：电源箱、电控箱、操作台和安全保护系统等组成。电气系统应符合下列规定：

① 供电系统应符合现行行业标准《施工现场临时用电安全技术规范》JGJ 46—2005 的规定；

② 施工升降机应设有专用开关箱；

③ 当吊笼顶用作安装、拆卸、维修的平台时，应设有检修或拆装时的顶部控制装置，控制装置应安装非自行复位的急停开关，任何时候均可切断电路停止吊笼运行；

④ 在操作位置上应标明控制元件的用途和动作方向；

⑤ 当施工升降机安装高度大于 120m，并超过建筑物高度时，应安装红色障碍灯，障碍灯电源不得因施工升降机停机而停电；

⑥ 施工升降机的控制、照明、信号回路的对地绝缘电阻应大于 $0.5M\Omega$，动力电路的对地绝缘电阻应大于 $1M\Omega$；

⑦ 设备控制柜应设有相序和断相保护器及过载保护器；

⑧ 操作控制台应安装非自行复位的急停开关；

⑨ 电气设备应有防止外界干扰的防护措施；

⑩ 施工升降机工作中应有防止电缆和电线机械损伤的防护措施。

（5）层门及楼层平台

施工升降机与各楼层均应搭设运料和人员进出的卸料平台，在平台口与升降机结合部应设置楼层卸料平台门。

1）层门的安装要求：

① 施工升降机的每一个卸料平台处均应设置层门，层门不应凸出到吊笼的升降通道上。

② 层门不得向吊笼通道开启，封闭式层门上应设有视窗。

③ 水平或垂直滑动的层门应有导向装置，其运动应通过机械式限位装置限位。

④ 人货两用施工升降机层门的开关过程可由吊笼内乘员操作，楼层内人员无法开启。

⑤ 楼层平台搭设应牢固可靠，不应与施工升降机钢结构相连接。

⑥ 层门应与吊笼的电气或机械联锁，当吊笼底板离某一卸料平台的垂直距离在±0.15m 以内时，该平台的层门方可打开。

⑦ 层门锁止装置应安装牢固，紧固件应有防松装置，所有锁止元件的接合长度不应少于 7mm。

⑧ 层门的结构和所有零部件都应完整完好，安装牢固可靠、活动部件灵活。层门的强度应符合相关标准。

⑨ 各楼层应设置楼层标识，夜间施工应有照明。

⑩ 不应利用由吊笼运动所操控的机械性装置来打开或关闭层门。

⑪ 应有保护手指不被门压伤的措施。

2）全高度层门，如图 3-27。

a. 全高度层门打开后的净高度不应小于 2.0m。特殊情况下，当进入建筑物的入口高度小于 2.0m 时，可降低层门框架高度，但净高度不应小于 1.8m；

b. 层门的净宽度与吊笼进出口宽度之差不得大于 120mm，层门的底部与卸料平台的距离不应大于 50mm。

c. 装载或卸载时，吊笼门与卸料平台边缘的水平距离不应大于 50mm。

d. 正常作业时，关闭的吊笼门与关闭的层门间的水平距离应不大于 150mm。否则，应有措施使其符合要求或者配备层站入口侧面防护装置。侧面防护装置与吊笼或层门之间的任何开口的间距应不大于 150mm。

3）高度降低的层门，如图 3-28。

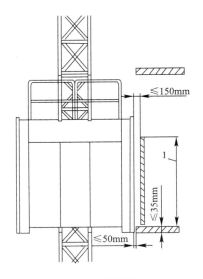

图 3-27　全高度层门示例

1—层门，高度≥2m

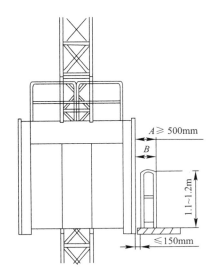

图 3-28　安全距离不小于 500mm

的低高度层门示例

153

a. 高度降低的层门的高度为 1.1～1.2m。层门上部的内边缘与正常作业时的升降机任一运动件之间的安全距离应不小于 0.85m；如果额定提升速度不大于 0.7m/s 时，则此安全距离可为 0.5m。层门上部的外边缘与正常作业时的升降机运动件的安全距离应不小于 0.75m；如果额定提升速度不大于 0.7m/s 时，则此安全距离可为 0.4m。

b. 当吊笼边缘与层站边缘或吊笼与层门之间的水平距离大于 150mm 且无其他结构有效防护时，应配备层站入口侧面防护装置。侧面防护装置的高度应在 1.1～1.2m 之间，中间高度设横杆，护脚板至少高于地面 150mm。

c. 侧面防护装置与吊笼或层门之间的任何开口的间距应不少于 150mm。高度降低的层门两侧应设置高度为 1.1～1.2m 的护栏，护栏的中间应设横杆，护脚板高度不少于 150mm。

3. 施工升降机的安装与拆卸

施工升降机安装拆卸前，专业承包单位应当按照要求编写专项方案，用于指导安装拆卸作业。

(1) 安装、拆卸专项施工方案的编制

1) 编制依据

① 施工升降机使用说明书；

② 安装拆卸现场的实际情况，包括场地、道路、环境等；

③ 国家、行业、地方有关施工升降机的法规、标准、规范等。

2) 方案的内容

① 工程概况；

② 编制依据；

③ 作业人员组织和职责；

④ 施工升降机安装位置平面、立画图和安装作业范围平面图；

⑤ 施工升降机技术参数、主要零部件外形尺寸和重量；

⑥ 辅助起重设备的种类、型号、性能及位置安排；

⑦ 吊索具的配置、安装与拆卸工具及仪器；

⑧ 安装、拆卸步骤与方法；

⑨ 安全技术措施；

⑩ 安全应急预案。

3) 应依据现场情况编制施工升降机基础施工方案，对基础设置在地下室顶板、楼面或其他下部悬空结构上的，应对其支撑结构进行承载力计算，当支撑结构不能满足承载力要求时，应采取可靠的加固措施。

4) 方案的审批

安装拆卸方案由安装拆卸单位技术负责人和工程监理单位总监理工程师审批。

特殊基础施工方案由工程施工总承包单位技术负责人和工程监理单位总监理工程师审批。

（2）安装告知

安装单位将起重机械安装、拆卸工程专项施工方案，安装、拆卸人员名单，安装、拆卸时间等材料报施工总承包单位和监理单位审核后，告知工程所在地县级以上建设主管部门。

（3）安装前的检查

1）基础应满足下列要求

① 基础混凝土强度报告及其隐蔽工程资料等基础验收资料齐全，对基础进行复核，应满足使用说明书或专项施工方案的要求；

② 基础及周围应有排水设施，不得积水。

2）机具及场地准备

① 用于施工升降机安装拆卸作业的辅助起重设备应满足起升高度、起升幅度、最大起重量的要求并安全可靠。并具有产权备案证明、设备定期检验合格证明、操作人员上岗证。

② 吊装作业用的钢丝绳、卸扣等吊具、索具的安全系数不得小于 6。

③ 应按照专项方案要求配齐相应的设备、工具、安全防护用品和有效指挥联络器具。

④ 检测仪器应在检定有效期内。

⑤ 检查作业现场有关情况，如作业场地、运输道路等是否已具备拆装作业条件。

⑥ 在安装拆卸作业现场应划定警戒区域，设置警戒线。非作业人员不得进入警戒区，任何人不得在悬吊物下停留。

3）检查附墙架附着点

附墙架附着点处的建筑结构强度应满足附着方案的要求，预埋件应可靠地预埋在建筑物结构上。

4）核查结构件及零部件

安装前应检查施工升降机的导轨架、吊笼、围栏、天轮、附着架等结构件是否完好、螺栓、轴销、开口销等零部件是否齐全、完好，紧固件。对有可见裂纹的，严重锈蚀的，严重磨损的，整体或局部变形的构件应进行修复或更换，直至符合产品标准的有关规定后方可进行安装。

5）检查安全装置是否齐全、完好。

（4）安装、拆卸操作交底

技术人员应根据安装拆卸方案向全体安装人员进行安全操作交底，重点明确每个作业人员所承担的拆装任务和职责，以及与其他人员配合的要求，特别强调有关安全措施及应急处理措施，并签字认可。交底应包括以下内容：

　　1）施工升降机的性能参数；

　　2）安装、附着及拆卸的程序和方法；

　　3）各部件的联接形式、联接件尺寸及联接要求；

　　4）安装拆卸部件的重量、重心和吊点位置；

　　5）使用的辅助设备、机具、吊索具的性能及操作要求；

　　6）作业中安全操作措施；

　　7）其他需要交底的内容。

　　（5）施工升降机安装拆卸的安全要求

　　1）施工升降机安装单位和使用单位应当签订安装、拆卸合同，明确双方的安全生产责任；实行施工总承包的，施工总承包单位应当与安装单位签订起重机械安装安全协议书。

　　2）专职安全生产管理人员应现场监督整个安装拆卸程序。从事施工升降机安装与拆卸的操作人员、起重指挥、电工等应持有效证件。

　　3）作业空间的外沿与外电线路的距离应符合规定的最小安全距离。达不到要求的应进行防护。

　　4）操作人员必须按高处作业要求，戴好安全帽，系好安全带，并将安全带系好在立柱节上。

　　5）严禁安装作业人员酒后作业。

　　6）遇有雨、大雪、大雾等影响安全作业的恶劣气候，及最大安装高度处的风速大于 13m/s，应停止安装、拆卸作业。当有特殊要求时，按用户和制造厂的协议执行。

　　7）遇有工作电压波动大于±5％时，应停止安装、拆卸作业。

　　8）施工升降机安装、拆卸作业必须在指定的专门指挥人员的指挥下作业，其他人不得发出指挥信号。当视线阻隔和距离过远等致使指挥信号传递困难时，应采用对讲机或多级指挥等有效的措施进行指挥。

　　9）施工升降机传动系统、导轨架、附墙架、对重系统、齿条、安全钩及吊杆底座的安装螺栓的强度等级不应低于 8.8 级。

　　10）安装作业时严禁以投掷的方法传递工具和器材。

　　11）吊笼顶上所有的安装零件和工具，必须放置平稳，禁止露出安全栏外。

　　12）当吊笼顶用作安装、拆卸、维修的平台时，应符合下列要求：

　　① 安装、拆卸时不要倾靠在吊笼顶安全护栏上，防止施工升降机启动时出现危险；

　　② 加节顶升时，必须在吊笼顶部操纵，不允许在吊笼内操作。

　　13）加节顶升到规定高度后，必须安装附墙架后方可继续加节；在拆卸导轨架过程中，不允许提前拆卸附墙架。

14）安装吊杆提升钢丝绳的安全系数不应小于 8，直径不应小于 5mm。利用吊杆进行拆装作业时，严禁超载；吊杆上有悬挂物时，不准开动吊笼。

15）滑轮应有防止钢丝绳脱槽的措施。

16）安装作业时必须将按钮盒或操作盒移至吊笼顶部操作。当导轨架或附墙架上有人员作业时，严禁开动施工升降机。

17）安全器坠落试验时，吊笼内不允许载人。

18）安装导轨架时，应采用经纬仪在两个方向进行测量校准。其垂直度允许偏差应符合表 3-16 的规定。

施工升降机导轨架垂直度　　　　　　　　表 3-16

架设高度 H（m）	$H\leqslant70$	$70<H\leqslant100$	$100<H\leqslant150$	$150<H\leqslant200$	$H>200$
垂直度偏差（mm）	$\leqslant H/1000$	$\leqslant70$	$\leqslant90$	$\leqslant110$	$\leqslant130$

19）导轨架自由高度、导轨架的附墙距离、导轨架的两附墙连接点间距离和最低附墙点高度不得超过使用说明书的规定。

20）安装结束后，吊笼上所有零件或工具必须全部清理，清扫传动、啮合部分的杂物、垃圾。

4. 施工升降机的整机调试与验收

（1）施工升降机安装完毕后或停用 6 个月以上，复工前的检查与调试，应在风速不超过 13m/s，无雨雪、无雾的天气下进行。首先应分别对各机构进行检查与调试，然后进行空载检查与调试，一切正常后再进行载荷性能试验。

（2）施工升降机的调试

施工升降机的调试是安装工作的重要组成部分和不可缺少的程序，也是安全使用的保证措施。调试包括调整和试验两方面内容。调整须在反复试验中进行，试验后一般也要进行多次调整，直至符合要求。施工升降机的调试主要有以下几项：

1）制动器的调试

吊笼在额定载荷运行制动时如有下滑现象，就应调整制动器。调整间隙应根据产品不同型号及说明书要求进行。调整后必须进行额定载荷下的制动试验。

2）导轨架垂直度的调整

吊笼空载降至最低点，从垂直于吊笼长度方向与平行于吊笼长度方向分别使用经纬仪测量导轨架的安装垂直度，重复三次取平均值。如垂直度偏差超过规定值，可调整附墙架的调节杆，使导轨架的垂直度符合标准要求。

3）导向滚轮与导轨架的间隙调试

用塞尺检查滚轮与导轨架的间隙，不符合要求的，应予以调整。松开滚轮的固定螺栓，用专用扳手转动偏心轴，调整后滚轮与导轨架立柱管的间隙为 0.5mm，调整完毕务必将螺栓紧固好。

4）齿轮与齿条啮合间隙调试

用压铅法测量齿轮与齿条的啮合间隙，不符合要求的，应予以调整。松开传动板及安全板上的靠背轮螺母，用专用扳手转动偏心套调整齿轮与齿条的啮合间隙、背轮与齿轮背面的间隙。调整后齿轮与齿条的侧向间隙应为 0.2～0.5mm，靠背轮与齿条背面的间隙为 0.5mm，调整后将螺母拧紧。

5）上限位挡块、下限位挡块及减速限位挡块调试调整

① 上限位挡块

在笼顶操作，将吊笼向上提升，当上限位触发时，其上部安全距离符合上限位挡块安装位置要求的距离。

② 减速限位挡块

在吊笼内操作，将吊笼下降到吊笼底与外笼门槛平齐时（满载），减速限位挡块应与减速限位接触并有效。如位置出现偏差，应重新安装减速限位挡块，用螺栓固定减速限位挡块。

③ 下限位挡块

使吊笼继续下降，下限位应与下限位挡块有效接触，使吊笼制停。如位置出现偏差，应调下限位挡块位置，并用螺栓固定。

④ 上、下极限限位挡块

a. 上极限开关的安装位置应保证上极限开关与上限位开关之间的越程距离：齿轮齿条施工升降机不应小于为 0.15m，钢丝绳式施工升降机不应小于 0.5m。

b. 极限开关的安装位置应保证吊笼在碰到缓冲器之前下极限开关先动作。

限位调整时，对于双吊笼施工升降机，一吊笼进行调整作业，另一吊笼必须停止运行。

6）断绳保护装置调试

对渐进式（楔块抱闸式）的安全装置，可进行坠落试验。试验时将吊笼降至地面，先检查安全装置的间隙和摩擦面清洁情况，符合要求后按额定载重量在吊笼内均匀放置；将吊笼升至 3m 左右，利用停靠装置将吊笼挂在架体上，放松提升钢丝绳 1.5m 左右，松开停靠装置，模拟吊笼坠落，吊笼在 1m 距离内可靠停住。超过 1m 时，应在吊笼降地面后调整楔块间隙，重复上述过程，直至符合要求。

7）超载限制器调试

将吊笼降至离地面 200mm 处，逐步加载，当载荷达到额定载荷 90% 时应能报警；继续加载，在超过额定载荷时，即自动切断电源，吊笼不能启动。如不符合上述要求，对拉力环式超载保护装置应通过调节螺栓螺母改变弹簧钢片的预压缩量来进行调整。

8）电气装置调试

升降按钮、急停开关应可靠有效，漏电保护器应灵敏，接地防雷装置可靠。

9）变频调速施工升降机的快速运行调试

变频调速施工升降机，必须在生产厂方指导下，调整变频器的参数，直到施工升降机运行速度达到规定值。

在完成上述所有内容及调试项目后，即可使施工升降机进行快速运行和整机性能试验。

（3）安装单位的自检

施工升降机安装完毕后，安装单位应当按照安全技术标准及安装使用说明书的有关要求对施工升降机进行检验、调试和试运转。并填写自检报告。

（4）检验机构检验

安装单位自检合格后，应当经有相应资质的检验机构进行检验。检验机构和检验人员对检验检测结果、鉴定结论依法承担法律责任。

（5）联合验收

经自检、检验机构检验合格后，使用单位应当组织出租、安装、监理等有关单位进行验收，实行施工总承包的，由施工总承包单位组织验收。

（6）使用登记备案

使用单位应当自安装验收合格之日起 30 日内，将起重机械安装验收资料、起重机械安全管理制度、特种作业人员名单等，向工程所在地县级以上地方人民政府建设主管部门办理起重机械使用登记。登记标志置于或者附着于该设备的显著位置。安装质量的自检报告书和检测报告书及使用登记备案资料应存入设备档案。

（7）施工升降机的性能试验方法

施工升降机应进行性能试验，本节简单介绍试验的条件、方法和步骤，具体应以厂家提供的使用说明书和规范标准要求为准。

施工升降机在性能试验应具备以下条件：环境温度为 $-20 \sim +40℃$；现场风速不应大于 13m/s；电源电压值偏差不大于 $\pm 5\%$；荷载的质量允许偏差不大于 $\pm 1\%$。

1）安装试验

安装试验也就是安装工况不少于 2 个标准节的接高试验。实验时首先将吊笼离地 1m，向吊笼平稳、均布地加载荷至额定安装载重量的 125%，然后切断动力电源，进行静态试验 10min，吊笼不应下滑，也不应出现其他异常现象。如若滑动距离超过标准，则说明制动器的制动力矩不够，应压紧其电机尾部的制动弹簧。有对重的施工升降机，应当在不安装对重的安装工况下进行试验。

2）空载试验

全行程进行不少于 3 个工作循环的空载试验，每一工作循环的升、降过程中应进行不少于 2 次的制动，其中在半行程应至少进行一次吊笼上升和下降的制动试验，观察有无制动瞬时滑移现象。若滑动距离超过标准，则说明制动器的制动力矩不够，应压紧其电机尾部的制动弹簧。

3）额定载荷试验

在吊笼内装额定载重量，载荷重心位置按吊笼宽度方向均向远离导轨架方向偏六分之一宽度，长度方向均向附墙架方向偏六分之一长度的内偏以及反向偏移六分之一长度的外偏，按所选电动机的工作制，各做全行程连续运行 30min 的试验，每一工作循环的升、降过程应进行不少于一次制动。

额定载重量试验后，应测量减速器和液压系统油的温升。吊笼应运行平稳、起动、制动正常，无异常响声，吊笼停止时，不应出现下滑现象，在中途再启动上升时，不允许出现瞬时下滑现象。额定载荷试验后记录减速器油液的温升，蜗轮蜗杆减速器油液温升不得超过 60K，其他减速器油液温升不得超过 45K。

双吊笼施工升降机应按左、右吊笼分别进行额定载重量试验。

4）坠落试验

首次使用的施工升降机，或转移工地后重新安装的施工升降机，必须在投入使用前进行额定载荷坠落试验。施工升降机投入正常运行后，还需每隔三个月定期进行一次坠落试验。以确保施工升降机的使用安全。坠落试验一般程序如下：

① 在吊笼中加载额定载重量。

② 切断地面电源箱的总电源。

③ 将坠落试验按钮盒的电缆插头插入吊笼电气控制箱底部的坠落试验专用插座中。

④ 把试验按钮盒的电缆固定在吊笼上电气控制箱附近，将按钮盒设置在地面。坠落试验时，应确保电缆不会被挤压或卡住。

⑤ 撤离吊笼内所有人员，关上全部吊笼门和围栏门。

⑥ 合上地面电源箱中的主电源开关。

⑦ 按下试验按钮盒标有上升符号的按钮（符号↑），驱动吊笼上升至离地面约 3～10m 高度。

⑧ 按下试验按钮盒标有下降符号的按钮（符号↓），并保持按住这按钮。这时，电机制动器松闸，吊笼下坠。当吊笼下坠速度达到临界速度，防坠安全器将动作，把吊笼刹住。

当防坠安全器未能按规定要求动作而刹住吊笼，必须将吊笼上电气控制箱上的坠落试验插头拔下，操纵吊笼下降至地面后，查明防坠安全器不动作的原因，排除故障后，才能再次进行试验。必要时需送生产厂校验。

⑨ 防坠安全器按要求动作后，驱动吊笼上升至高一层的停靠站。

⑩ 拆除试验电缆。此时，吊笼应无法起动。因当防坠安全器动作时，其内部的电控开关已动作，以防止吊笼在试验电缆被拆除而防坠安全器尚未按规定要求复位的情

况下被启动。

5）防坠安全器动作后的复位

坠落试验后或防坠安全器每每发生一次动作，均需对防坠安全器进行复位工作。在正常操作中发生动作后，须查明发生动作的原因，并采取相应的措施。在检查确认完好后或查清原因，排除故障后，才可对安全器进行复位，防坠安全器未复位前，严禁继续向下操作施工升降机。安全器在复位前应检查电动机、制动器、蜗轮减速器、联轴器、吊笼滚轮、对重滚轮、驱动小齿轮、安全器齿轮、齿条、背轮和安全器的安全开关等零部件是否完好，联接是否牢固，安装位置是否符合规定。

目前常用的渐进式防坠安全器从外观构造上区分有两种，一种是后端只有后盖，另一种在后盖上有一个小罩盖。两种安全器的复位方法有所不同。

① 安全器复位操作，如图 3-29 所示。

a. 断开主电源；

b. 旋出螺钉 1，拆下后盖 2，旋出螺钉 3；

c. 用专用工具 4 和扳手 5，旋出铜螺母 6 直至弹簧销 7 的端部和安全器外壳后端面平齐为止，这时安全器的安全开关已复位；

d. 安装螺钉 3；

e. 接通主电源，驱动吊笼向上运行 300mm 以上，使离心块复位；

f. 用锤子通过铜棒，敲击安全器后螺杆；

g. 装上后盖 2，旋紧螺钉 1；

h. 若复位后，外锥体摩擦片未脱开，可用锤子通过铜棒，敲击安全器后螺杆，迫使其脱离达到复位作用。

② 带罩盖安全器的复位操作，如图 3-30 所示：

a. 断开主电源；

b. 旋出螺钉 1，拆下后盖 2，旋出螺钉 3；

c. 用专用工具 4 和扳手 5，旋出铜螺母 6 直至弹簧销 7 的端部和安全器外壳后端面平齐为止。这时安全器的安全开关已复位；

d. 安装螺钉 3；

e. 接通主电源，驱动吊笼向上运行 300mm 以上，使离心块复位；

f. 装上后盖 2，旋紧螺钉 1，旋下罩盖 9，用手旋紧螺栓 8；

g. 用扳手 5 把螺栓 8 再旋紧 30°左右，然后立即反向退至上一步的初始位置；

h. 装上罩盖 9。

5. 施工升降机的安全监控要点

施工升降机在施工现场使用频繁，其安全问题尤为重要，使用过程中必须遵循以下使用要点：

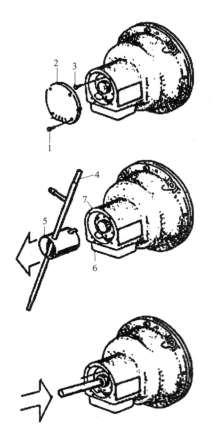
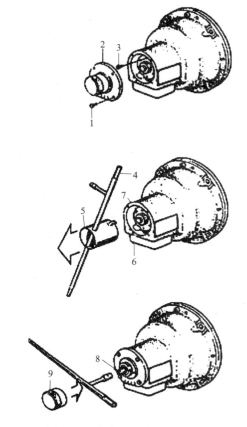

图 3-29 安全器Ⅰ复位操作过程
1—螺钉；2—后盖；3—螺钉；4—专用工具；
5—扳手；6—铜螺母；7—弹簧销

图 3-30 安全器Ⅱ复位操作过程
1—螺钉；2—后盖；3—螺钉；4—专用工具；
5—扳手；6—铜螺母；7—弹簧销；8—螺栓；9—罩盖

（1）施工升降机基础应符合使用说明书要求，当使用说明书无要求时，应经专项设计计算，地基上表面平整度允许偏差为10mm，场地应排水通畅。

（2）施工升降机应设置专用开关箱，馈电容量应满足升降机直接启动的要求，生产厂家配置的电气箱内应装设短路、过载、错相、断相及零位保护装置。

（3）施工升降机周围应设置稳固的防护围栏。楼层平台通道应平整牢固，出入口应设防护门。全行程不得有危害安全运行的障碍物。

（4）施工升降机安装在建筑物内部井道中时，各楼层门应封闭并应有电气连锁装置。装设在阴暗处或夜班作业的施工升降机，在全行程上应有足够的照明，并应装设明亮的楼层编号标志灯。

（5）施工升降机安全防护装置必须齐全，工作可靠有效。

（6）施工升降机的防坠安全器应在标定期限内使用，标定期限不应超过一年，使用中不得任意拆检调整防坠安全器。

（7）施工升降机使用前，应进行坠落试验。施工升降机在使用中每隔 3 个月，应进行一次额定载重量的坠落试验，试验程序应按使用说明书规定进行，吊笼坠落试验制动距离应符合现行行业标准《建筑施工升降机安装、使用、拆卸安全技术规程》JGJ 215—2010 的规定。防坠安全器试验后及正常操作中，每发生一次防坠动作，应由专业人员进行复位。

（8）作业前应重点检查下列项目，并应符合相应要求：

1）结构不得有变形，连接螺栓不得松动；

2）齿条与齿轮、导向轮与导轨应接合正常；

3）钢丝绳应固定良好，不得有异常磨损；

4）运行范围内不得有障碍；

5）安全保护装置应灵敏可靠；

6）吊笼在某一作业高度停留时，不应出现下滑现象；在空中再次起动上升时，不应出现瞬时下滑的现象；

7）当立管壁厚最大减少量超出出厂厚度的 25%，此标准节应予以报废或按立管壁厚规格降格使用；

8）吊笼在额定载重量、额定速度状态下，按所选电动机的工作制工作 1h，蜗轮蜗杆减速器油液温升不应超过 60℃，其他减速器和液压系统的油液温升不应超过 45℃；

9）施工升降机的传动系统、液压系统不出现滴油现象（15min 内有油珠滴落为滴油）。

（9）启动前，应检查并确认供电系统、接地装置安全有效，控制开关应在零位。电源接通后，应检查并确认电压正常，应试验并确认各限位装置、吊笼、围护门等处的电气联锁装置良好可靠，电气仪表应灵敏有效。作业前应进行试运行，测定各机构制动器的效能。

（10）施工升降机应按使用说明书要求，进行维护保养，并应定期检验制动器的可靠性，制动力矩应达到使用说明书要求；

（11）吊笼内乘人或载物时，应使载荷均匀分布，不得偏重，不得超载运行。

（12）操作人员应按指挥信号操作。作业前应鸣笛示警。在施工升降机未切断总电源开关前，操作人员不得离开操作岗位。

（13）施工升降机运行中发现有异常情况时，应立即停机并采取有效措施将吊笼就近停靠楼层，排除故障后再继续运行。在运行中发现电气失控时，应立即按下急停按钮，在未排除故障前，不得打开急停按钮。

（14）根据《建筑机械使用安全技术规程》JGJ 33—2012，在风速达到 20m/s 及以上大风、大雨、大雾天气以及导轨架、电缆等结冰时，施工升降机应停止运行，并将吊笼降到底层，切断电源。暴风雨等恶劣天气后，应对施工升降机各有关安全装置等进行一次检查，确认正常后运行。

（15）施工升降机运行到最上层或最下层时，不得用行程限位开关作为停止运行的控制开关。

（16）当施工升降机在运行中由于断电或其他原因而中途停止时，可进行手动下降，将电动机尾端制动电磁铁手动释放拉手缓缓向外拉出，使吊笼缓慢地向下滑行。吊笼下滑时，不得超过额定运行速度，手动下降应由专业维修人员进行操纵。

（17）作业后，应将吊笼降到底层，各控制开关拨到零位，切断电源，锁好开关箱，闭锁吊笼门和围护门。

6. 施工升降机的安全维护

为确保施工升降机的安全运行，应按规定对施工升降机进行日常和定期维护保养。

（1）日常保养的范围

1）班前保养范围

① 查上下限位开关及限位碰块，确保可靠有效。

② 进行下列实验，每次实验吊笼均不能启动。

a. 打开护栏门。

b. 打开吊笼单开门、双开门。

c. 打开吊笼翻板门。

d. 触动松绳保护开关。

e. 触动防冒顶限位开关。

f. 按下急停按钮。

g. 关闭电锁。

③ 检查吊笼及对重体通道应无障碍。

2）班后保养范围

① 除在作业中发现的故障。

② 除机身及各传动机构的灰尘油污。

③ 好操作室的卫生，记录好运转记录及保养记录。

④ 断电源，锁好门窗。

（2）月检查保养

根据施工升降机实际作业时间和设备的状况确定，每月不得少于一次，并应留有记录，发现有安全隐患时应及时进行整改。每月进行一次，检查应包括以下内容：

① 查驱动板连接螺栓，应无松动。

② 查各油滑部位，应油滑良好，减速器油液不足时，应予以补充。

③ 查导轨架、附墙系统和齿条紧固螺栓应牢固。

④ 查对重体导轮应转动灵活。

⑤ 查减速器有无异常发热及噪声。

⑥ 查电器元件接头应牢固可靠。

⑦ 查电缆臂及电缆保护架应无螺栓松动或位置移动。

⑧ 电缆线应无破损或老化。

（3）定期检修保养

每年或每次拆卸后安装前进行一次定期检查，由专业人员进行保养，具体内容有：

① 检查滚轮和导轮的轴承，根据情况进行调整或更换。

② 检查滚轮磨损情况，并通过调整滚轮使滚轮与立柱管间间隙为 0.5mm。

③ 测量升降机结构、电机和电气设备金属外壳接地电阻不超过 4Ω，控制、照明、信号回路的对地绝缘电阻不应小于 $0.5M\Omega$，动力电路的对地绝缘电阻不应小于 $1M\Omega$。

④ 检查对重钢丝绳有无断股变形等情况，绳端连接是否牢固。

⑤ 检查天轮，应转动灵活，无异常声音，连接部位牢固，天轮磨损严重时，应予以更换。

⑥ 对整机各油滑部位全面检查并补油。

⑦ 检查重要部位焊缝，如标准节、主传动系统、吊笼等。

7. 施工升降机的故障及排除

施工升降机控制、运行系统一旦出现故障，对施工升降机安全运行会造成严重影响，因此，必须予以高度重视。

（1）升降机运行故障及排除方法，如表 3-17。

施工升降机运行故障及排除方法　　　　　　　　表 3-17

故障情况		原因分析	修理方法
按上行或下行按钮后	电源电压无指示	1. 电源开关拉开 2. 主电路保险熔断 3. 吊笼下降过多，使极限开关断开 4. 电缆或线路有故障，或压线端子松脱	1. 合上 2. 重换保险，连续发生查故障点 3. 松开开关把，使其接通，恢复正常工作位置 4. 万用表或试铃检查线路，检查导线端子是否牢固
	电源电压有指示	1. "笼内-笼顶"选择开关位置不对 2. 控制回路保险丝熔断 3. 吊笼门未关好 4. 过热继电器误动作或过载动作 5. 电动机损坏 6. 限速器动作 7. 行程开关失灵 8. 控制回路有故障或压线端子松动	1. 扳到对应位置 2. 重换保险，连续发生要查故障 3. 关好吊笼门 4. 按复位按钮，过载时找出过载原因 5. 送去修理 6. 按限位器使用说明书修理 7. 修理或更换行程开关 8. 检查线路及压线端子是否牢固
升降机可运行单满载时电机超负荷		1. 电源电压下降 2. 电机电磁制动器调整不当或摩擦片损坏 3. 吊笼及平衡铁的导轮未调好，劲太大，润滑不良	1. 检查电压并设法提高 2. 调整磁隙或换新摩擦片，如进行制动时不能松车，将电机送去修理 3. 检查导轮与管子的接触情况，调整适度，正确润滑

续表

故障情况	原因分析	修理方法
升降机启动困难	电网电压太低或外线路电线太长而引起压降过多	检查电压并提高
吊笼下滑或制动行程过大	1. 超载 2. 电动机电磁制动器的磁隙调整不当 3. 电动机电磁制动器损坏 4. 电动机电磁制动摩擦片磨损或沾油 5. 电动机电磁制动器制动弹簧弹力不足 6. 若架设时下行停止行程过大可能是断电器J和时间继电器JS控制回路有故障或接触不良	1. 减轻负荷 2. 按升降机说明书正确调整 3. 送去修理 4. 换新摩擦片和清除油质 5. 检查弹簧伸出高度情况，适当垫上垫片增大伸出高度，增大弹力 6. 检查J和JS控制回路及其触点接通与断开情况JS应调整在0.2~0.3s
各限位开关碰撞时不起作用	1. 碰铁位置不对，转角不够 2. 控制线路有故障或接触不良	1. 调好碰铁位置 2. 检查接头及线路清除故障因素
吊笼在最低位置停车作用到极限开关或缓冲器上	1. 限位开关损坏 2. 下限位碰铁高度不够 3. 吊笼有下滑或刹车行程大的故障 4. 下限位开关转角不到 5. 下限位开关损坏	1. 换新开关或修理 2. 加高碰铁高度 3. 按下滑或刹车行程过大故障修理 4. 松开行程开关固定螺钉，调好转角 5. 换新开关

（2）升降机主要机械部件故障和排除方法，如表 3-18。

施工升降机主要机械部件故障和排除方法   表 3-18

部件	故障	产生的可能原因	排除方法
滑轮	滑轮槽磨损不均匀	1. 受力不均 2. 滑轮材料质量不均匀 3. 轴承安装过紧 4. 无润滑油	1. 调整受力情况 2. 在不均匀磨损超过 3mm 时停止使用 3. 调整轴承 4. 加润滑油
齿轮齿条	工作时有噪声磨损不一致	1. 制造不精确、安装不正确、中心距不对 2. 有砂石杂物 3. 无润滑油	1. 修理、调整、生产安装或更换新齿轮 2. 清洗 3. 加润滑油
减速器	1. 噪声大和减速器发热 2. 减速器在架上振动	1. 润滑油缺乏或过多啮合不良 2. 联轴节安装不正确不同轴心，零件有磨损	1. 修理调整，加润滑油 2. 校对中心，更换弹性圈和销轴
滚动轴承	1. 过度发热 2. 工作时噪音大	1. 润滑油过多、润滑油种类不符合要求，轴承件有损坏 2. 轴承中有污物，轴承件有损坏，安装不正确	1. 减少润滑油，清洗轴承更换新油、更换轴承 2. 清洗轴承更换新润滑油更换新轴承、调整轴承

3.3.2　物料提升机

1. 物料提升机的概述

物料提升机是水利水电施工现场常用的一种输送物料的垂直运输设备，由于其构造简单、制作容易、安装方便、价格较低，深受施工企业的欢迎。水利水电施工现场常用的主要为龙门架式和井架式两种。

（1）概念

物料提升机是指额定起重量在 1600kg 以下，以卷扬机或曳引机为牵引动力，由底架、导轨架及天梁组成架体，吊笼沿导轨升降运动，垂直输送物料的起重设备。

（2）分类

1）按结构形式，物料提升机可分为龙门架式和井架式。

① 龙门架式物料提升机：以卷扬机为动力，由两根立柱与天梁构成门架式架体、吊笼在两立柱间沿轨道作垂直运动的提升机。

② 井架式物料提升机：以卷扬机为动力，由型钢组成井字形架体、吊笼在井孔内或架体外侧沿轨道作垂直运动的提升机。

2）按架设高度，可分为高架物料提升机和低架物料提升机。

① 架设高度在 30m（不含 30m）以下的为低架物料提升机。

② 架设高度在 30m（含 30m）至 150m 的为高架物料提升机。

2. 物料提升机的结构

物料提升机由架体、提升与传动机构、吊笼、稳定机构、安全保护装置和电气控制系统组成。本节介绍物料提升机的架体、提升与传动机构和安全保护装置。

物料提升机结构的设计和计算应符合《钢结构设计规范》GBJ 50017—2017 和《龙门架及井架物料提升机安全技术规范》JGJ 88—2010 等标准的有关要求。物料提升机结构的设计和计算应提供完整的计算书，结构计算应含整体抗倾翻稳定性、基础、立柱、天梁、钢丝绳、制动器、电机、安装抱杆、附墙架等的计算。

（1）架体

架体的主要构件有底架、立柱、导轨和天梁。其主要结构件应无明显变形、严重锈蚀，焊缝应无明显可见裂纹；当标准节采用螺栓连接时，螺栓直径不应小于 M12，强度等级不宜低于 8.8 级。各连接螺栓应齐全、紧固，并应有防松措施，螺栓露出螺母端部的长度不应少于 3 倍螺距。

1）底架

架体的底部设有底架，用于立柱与基础的连接。在底架上装有多个缓冲弹簧，在吊笼坠落时起缓冲作用。

2）地面防护围栏

底架四周有不小于 1.8m 的防护围栏，围栏立面可采用网板结构，强度要符合要求。围栏门应装有电气连锁开关，吊笼应在围栏门关闭后方可启动。

3）立柱

由型钢或钢管焊接成标准件组成，用于支承天梁的结构件，可为单立柱、双立柱或多立柱。立柱可由标准节组成，也可以由杆件组成，其断面可组成三角形、方形。当吊笼在立柱之间，立柱与天梁组成龙门形状时，称为龙门架式；当吊笼在立柱的一侧或两侧时，立柱与天梁组成井字形状时，称为井架式。

4）导轨

导轨是为吊笼提供导向的部件，可用工字钢或钢管。物料提升机的导轨架不宜兼作导轨。

5）天梁

安装在架体顶部的横梁，是主要的受力构件，承受吊笼自重及所吊物料重量，天梁应使用型钢，其截面高度应经计算确定，但不得小于 2 根 14 号槽钢。

（2）提升与传动机构

1）卷扬机

卷扬机是物料提升机主要的提升机构。不得选用摩擦式卷扬机。所用卷扬机应符合《建筑卷扬机》GB/T 1955—2008 的规定，并且应能够满足额定起重量、提升高度、提升速度等参数的要求。在选用卷扬机时宜选用可逆式卷扬机。

卷扬机卷筒应符合下列要求：当吊笼处于最低位置时，卷筒上的钢丝绳不少于 3 圈；卷筒边缘外周至最外层钢丝绳的距离应不小于钢丝绳直径的 2 倍，且应有防止钢丝绳滑脱的保险装置；卷筒节径与钢丝绳直径的比值应不小于 30。

2）滑轮与钢丝绳

装在天梁上的滑轮称为天轮、装在架体底部的滑轮称为地轮，钢丝绳通过天轮、地轮及吊笼上的滑轮穿绕后，一端固定在天梁的销轴上，另一端与卷扬机卷筒锚固。滑轮按钢丝绳的直径选用。

3）滚动导靴

滚动导靴是安装在吊笼上沿导轨运行的装置，可防止吊笼运行中偏移或摆动，保证吊笼垂直上下运行。

4）吊笼

吊笼是装载物料沿提升机导轨作上下运行的构件。吊笼的两侧应全高封闭，且在底部宜选用不小于 1.5mm 厚的冷轧钢板设置高度不低于 180mm 的挡脚板。

（3）安全装置

物料提升机的安全保护装置主要包括：起重量限制器、防坠安全器、安全停层装置、上限位开关、下限位开关。

1）起重量限制装置

当提升机吊笼内载荷达到额定起重量的 90% 时，起重量限制器应发出报警信号；当吊笼内载荷达到额定载重量的 110% 时，起重量限制器应切断上升主电路电源。

2）防坠安全器

当提升钢丝绳断绳或传动装置失效时，防坠安全器应制停带有额定起重量的吊笼制，且不应对结构件造成损坏。吊笼最大制动滑落距离应不大于 1m，自升平台应采用渐进式防坠安全器。

3）安全停层装置

安全停层装置应为刚性机构，吊笼停层时，安全停层装置应能可靠承担吊笼自重、额定载荷及运料人员等全部工作荷载。吊笼停层后底板与停层平台的垂直偏差不应大于 50mm。其装置有制动和手动两种，当吊笼停层时，由弹簧控制或人工搬动，使支承杆伸到架体的承托架上，其荷载全部由承托架负担，钢丝绳不受力。当吊笼装载 125% 额定载重量，运行至各楼层位置装卸载荷时，停靠装置应能将吊笼可靠定位。

4）上限位开关

上限位开关应安装在吊笼允许提升的最高工作位置，当吊笼上升达到限定高度时，限位器即行动作切断电源，吊笼应停止运动。吊笼的越程（指从吊笼的最高位置与天梁最低处的距离）应不小于 3m。

5）下限位开关

当吊笼下降至下限位时，限位器应自动切断电源，使吊笼停止下降。下限位开关应能在吊笼碰到缓冲装置之前动作。

6）紧急断电开关

紧急断电开关应为非自动复位型，任何情况下均可切断主电路停止吊笼运行。紧急断电开关应设在便于司机操作的位置。

7）缓冲器

缓冲器应装设在架体的底坑里，当吊笼以额定荷载和规定的速度作用到缓冲器上时，应能承受相应的冲击力。缓冲器的形式可采用弹簧或弹性实体。

8）通信信号装置

当司机对吊笼升降运行、停层平台观察视线不清时，必须加装通信装置。通信装置应同时具备语音和影像显示功能。

9）吊笼安全门

吊笼的上料口处应装设安全门，安全门应采用机电连锁装置，安全门打开时，提升机不能工作。安全门应定型化、工具化。

10）安全保护装置的设置

① 低架物料提升机应当设置安全停靠装置、断绳保护装置、上限位开关、下限位开关、吊笼安全门和信号装置。

② 高架物料提升机除应具有起重量限制、防坠保护、停层及限位功能外，尚应具备：

a. 吊笼应有自动停层功能，停层后吊笼底板与停层平台的垂直高度偏差不应超过30mm；

b. 防坠安全器应为渐进式；

c. 应具有自升降安拆功能；

d. 应具有语音及影像信号。

（4）防护设施

1）进料口防护棚应设在提升机地面进料口上方，其长度不应小于3m，宽度应大于吊笼宽度。顶部强度应符合要求，可采用厚度不小于50mm的木板搭设。

2）卷扬机操作棚应采用定型化、装配式，且应具有防雨功能。操作棚应有足够的操作空间，顶部强度应符合要求。

3）停层平台及平台门

① 停层平台外边缘与吊笼外缘的水平距离不宜大于100mm，与外脚手架外侧立杆（当无外脚手架时与建筑结构外墙）的水平距离不宜小于1m。

② 停层平台两侧的防护栏杆、挡脚板应符合要求。

③ 平台门应采用工具式、定型化，强度符合要求。

④ 平台门的高度不宜小于1.8m，宽度与吊笼门宽度差不应大于200mm，并应安装在台口外边缘处，与台口外边缘的水平距离不应大于200mm。

⑤ 平台门下边缘以上180mm内应采用厚度不小于1.5mm钢板封闭，与台口上表面的垂直距离不宜大于20mm。

⑥ 平台门应向停层平台内侧开启，并应处于常闭状态。

3. 物料提升机的安装与拆卸

物料提升机安装拆卸前，专业承包单位应当按照要求编写专项方案，用于指导安装拆卸作业。

（1）安装拆卸专项施工方案

1）编制安装拆卸方案的依据

① 物料提升机使用说明书；

② 国家、行业、地方有关物料提升机的法规、标准、规范等；

③ 安装拆卸现场的实际情况，包括场地、道路、环境等。

2）安装拆卸方案的内容

① 工程概况；

② 编制依据；

③ 安装位置平面图、立面图和主要安装拆卸难点；

④ 基础和附着装置的设置及详图；

⑤ 专业安装、拆除技术人员的分工及职责；

⑥ 安装辅助设备、吊索具和专用工具的配备型号、性能及布置位置；

⑦ 安装、拆除的工艺程序，安全技术措施；

⑧ 主要安全装置的调试及试验程序；

⑨ 重大危险源和安全技术措施；

⑩ 应急预案。

3）方案的审批

物料提升机的安装拆卸方案应当由安装单位技术部门组织本单位施工技术、安全、质量等部门的专业技术人员进行审核。经审核合格的，由安装单位技术负责人签字，并报总承包单位技术负责人签字。

（2）安装作业前的检查

1）要依据提升机的类型及土质情况确定基础的做法。基础应符合以下规定：

① 高架提升机的基础应进行设计，基础应能可靠地承受作用在其上的全部荷载，基础的埋深与做法应符合设计和提升机出厂使用规定。

② 低架提升机的基础当无专门设计要求时应符合下列要求：

a. 土层压实后的承载力应不小于 80kPa；

b. 浇筑 C20 混凝土，厚度不少于 300mm；

c. 基础表面应平整，水平度偏差不大于 10mm。

③ 基础应有排水设施。距基础边缘 5m 范围内开挖沟槽或有较大振动的施工时，必须有保证架体稳定的措施。

④ 复核基础的尺寸、地脚螺栓的长度、结构、规格是否正确，混凝土的养护是否达到规定期，水平度是否达到要求。

2）架体、吊笼、天梁、摇臂把杆、附墙架等结构件是否成套和完好。

3）提升机构是否完整良好，其拟安装位置是否符合要求。

4）电气设备、安全装置是否齐全可靠。

5）检查提升卷扬机是否完好，地锚拉力是否达到要求，刹车开、闭是否可靠，电压是否在 380V±5% 之内，电机转向是否正确。

6）检查钢丝绳是否完好，与卷扬机的固定是否可靠，特别要检查全部架体达到规定高度时，在全部钢丝绳输出后，钢丝绳长度是否能在卷筒上保持至少 3 圈。

7）各标准节是否完好，导轨、导轨螺栓是否齐全、完好，各种螺栓是否齐全、有效，特别是用于紧固标准节的高强度螺栓数量是否充足，各种滑轮是否齐备完好。

8）吊笼是否完整，焊缝是否有裂纹，底盘是否牢固，顶棚是否安全。

9）断绳保护装置、重量限制器等安全防护装置应灵敏、可靠无误。

（3）安装拆卸安全操作交底

1）安装单位技术人员应根据安装拆卸方案向全体安装人员安全操作交底，重点明确每个人员任务和职责以及与其他人员配合的要求，特别强调有关安全措施及应急措施。交底应包括以下内容：

① 物料提升机的性能参数；

② 安装、附着及拆卸的程序和方法；

③ 辅助设备、机具、吊索具的性能及操作要求；

④ 作业中安全操作措施及应急措施；

⑤ 其他需要交底的内容。

2）由技术人员向全体作业人员进行技术交底，每一个作业人员应进行书面签字认可。

（4）安装与拆卸

1）井架式物料提升机的安装、拆卸顺序

安装一般按以下顺序进行：将底架按要求就位→将第一节标准节安装于标准节底架上→提升抱杆→安装卷扬机→利用卷扬机和抱杆安装标准节→安装导轨架→安装吊笼→穿绕起升钢丝绳→安装安全装置→地面防护围栏。

物料提升机的拆卸按安装架设的反程序进行。

2）卷扬机的安装，应符合下列规定：

① 安装位置宜远离危险作业区，且视线良好；操作棚应符合规定；

② 卷扬机卷筒的轴线应与导轨架底部导向轮的中线垂直，垂直度偏差不宜大于2°，其垂直距离不宜小于20倍卷筒宽度；当不能满足条件时，应设排绳器；

③ 卷扬机宜采用地脚螺栓与基础固定牢固；当采用地锚固定时，卷扬机前端应设置固定止挡。

④ 卷扬机的传动部分及外露的运动件应设防护罩。

⑤ 卷扬机应在司机操作方便的地方安装能迅速切断总控制电源的紧急断电开关，并不得使用倒顺开关。

⑥ 钢丝绳卷绕在卷筒上的安全圈数不得少于3圈。钢丝绳末端应固定可靠。不得用手拉钢丝绳的方法卷绕钢丝绳。

⑦ 钢丝绳不得与机架、地面摩擦，通过道路时，应设过路保护装置。

⑧ 卷筒上的钢丝绳应排列整齐，当重叠或斜绕时，应停机重新排列，不得在转动中用手拉脚踩钢丝绳。

⑨ 严禁使用倒顺开关作为物料提升机卷扬机的控制开关。

3）附墙架

为保证提升机架体的稳定性而连接在物料提升机架体立柱与建筑结构之间的钢结构。附墙架的设置应符合以下要求：

① 附墙架的材质应与导轨架材质一致；

② 附墙架与物料提升机架体之间及建筑结构采用刚性连接，附墙架与架体不得与脚手架连接；

③ 附墙架的设置应符合设计要求，其间隔不宜大于 6m，且在建筑物的顶层宜设置 1 组，附墙后立柱顶部的自由高度不宜大于 6m。

④ 附墙架的结构形式如下：

a. 型钢制作的附墙架与建筑结构的连接可预埋专用铁件，用螺栓连接，见图 3-31，节点大样见图 3-32。

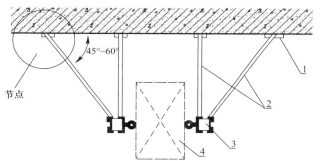

图 3-31　型钢附墙架与埋件连接

1—预埋铁件；2—附墙架；
3—龙门架立柱；4—吊笼

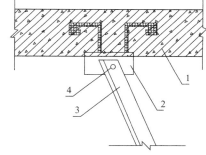

图 3-32　节点详图

1—混凝土构件；2—预埋铁件；
3—附墙架杆件；4—连接螺栓

b. 用钢管制作的附墙架与建筑结构连接，可预埋与附墙架规格相同的短管，用扣件连接。预埋单管悬臂长度不得大于 200mm，埋深长度不得小于 300mm，见图 3-33。

4）缆风绳

当提升机架体高度大于 30m 且无法用附墙架时，应采用在其四个方向设置缆风绳拉结稳固架体。

缆风绳所用材料为钢丝绳。缆风绳的设置应当满足以下条件：

① 缆风绳应经计算确定，直径不得小于

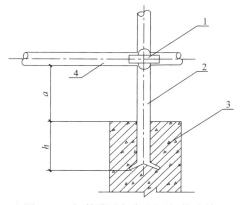

图 3-33　钢管附墙架与预埋钢管连接

1—连接扣件；2—预埋短管；
3—钢筋混凝土；4—附墙架杆件

173

8mm；按规范要求当钢丝绳用作缆风绳时，其安全系数为 3.5（计算注意考虑风载）；

② 高架物料提升机在任何情况下均不得采用缆风绳；

③ 提升机高度在 20m（含 20m）以下时，缆风绳不少于 1 组（4～8 根）；提升机高度在 20～30m 时不少于 2 组；

④ 缆风绳应在架体四角有横向缀件的同一水平面上对称设置；

⑤ 缆风绳的一端应连接在架体上，对连接处的架体焊缝及附件必须进行设计计算；

⑥ 缆风绳的另一端应固定在地锚上，不得随意拉结在树上、墙上、门窗框上或脚手架上等；

⑦ 缆风绳与地面的夹角不应大于 60°，应以 45°～60°为宜；

⑧ 当缆风绳需改变位置时，必须先做好预定位置的地锚并加临时缆风绳，确保提升机架体的稳定方可移动原缆风绳的位置；待与地锚拴牢后，再拆除临时缆风绳。

5）地锚

地锚的受力情况，埋设的位置如何都直接影响着缆风绳的作用，常常因地锚角度不够或受力达不到要求发生变形，而造成架体歪斜甚至倒塌。在选择缆风绳的锚固点时，要视其土质情况，决定地锚的形式和做法。应根据导轨架的安装高度及土质情况，经设计计算。

30m 以下物料提升机可采用桩式地锚。当采用钢管（48mm×3.5mm）或角钢（75mm×6mm）时，不应少于 2 根；应并排设置，间距不应小于 0.5m，打入深度不应小于 1.7m；顶部应设有防止缆风绳滑脱的装置。

（5）安装拆卸的安全监控要点

1）从事物料提升机安装、拆卸活动的单位应当依法取得建设主管部门颁发的起重设备安装工程专业承包资质和施工企业安全生产许可证，并在其资质许可范围内承揽起重机械安装工程。安装前将起重机械安装、拆卸工程专项施工方案，安装、拆卸人员名单，安装、拆卸时间等材料报施工总承包单位和监理单位审核后，告知工程所在地县级以上地方建设主管部门。

2）从事物料提升机安装与拆卸的操作人员、起重指挥等人员应有施工特种作业人员操作资格证。

3）物料提升机安装单位和使用单位应当签订安装、拆卸合同，明确双方的安全生产责任；实行施工总承包的，施工总承包单位应当与安装单位签订起重机械安装工程安全协议书。

4）物料提升机任意部位与建筑物或其他施工设备间的安全距离不应小于 0.6m，与外电线路的安全距离应符合现行标准《施工现场临时用电安全技术规范》JGJ 46—2005 的规定。

5）安装拆卸根据方案向作业人员进行安全作业交底，每个人应熟悉和了解各自的操作工艺和使用的工、器具，装拆过程中应各就各位，各负其责，对主要岗位应在技术交底中明确具体人员的工作范围和职责。

6）装拆作业总负责人应全面负责和指挥装拆作业。在作业过程中应在现场协调、监督。地面与空中装拆人员的作业情况，并严格执行装拆方案。

7）安装拆卸作业应设置警戒区域，并设专人监护，无关人员不得入内。专职安全生产管理人员应现场监督整个安装拆卸程序。

8）遇有大雨、大雪、大雾、风速不应大于 9m/s 等影响安全作业的恶劣气候时，应停止安装、拆卸作业。

9）遇有工作电压波动大于 ±5% 时，应停止安装、拆卸作业。

10）提升机架体的实际安装高度不得超过设计所允许的最大高度。

11）服从工程总承包单位的管理。

12）严格按照安装工艺顺序进行作业。

13）安装作业宜在白天进行，如需夜间作业，应有足够的照明。

4. 物料提升机的整机调试与验收

（1）安装单位的自检

物料提升机安装完毕，应当按照安全技术标准及安装使用说明书的有关要求对物料提升机钢结构件、提升机构、附墙架或缆风绳、安全装置和电气系统等进行自检，并填写自检报告。

（2）检验机构检验

安装单位自检合格后，应当经有相应资质的检验机构检验合格。检验机构和检验人员对检验检测结果、鉴定结论依法承担法律责任。

（3）联合验收

物料提升机经安装单位自检和检验机构检验合格后，使用单位应当组织产权（出租）、安装、监理等有关单位进行综合验收；实行总承包的，由总承包单位组织产权（出租）、安装、使用、监理等有关单位进行验收。验收内容主要包括技术资料、标识与环境以及自检情况等，参加验收的单位并签字确认。

（4）调试方法

物料提升机的调试是安装工作的重要组成部分和不可缺少的程序，也是安全使用的保证措施。调试应包括调整和试验两方面内容。调整须在反复试验中进行，试验后一般也要进行多次调整，直至符合要求。物料提升机的调试主要有以下几项：

1）卷扬机制动器的调试

卷扬机一般都采用电磁铁闸瓦（块式）制动器，影响制动效果的因素主要是主弹簧的张力及制动块与制动轮的间隙。提升机安装后，应进行制动试验，吊笼在额定载荷运行制动时如有下滑现象，就应调整制动器。因调整主弹簧的张力同时也影响推杆行程及制动块间隙，因此可对两个调整螺钉同时进行调整；调整间隙应根据产品不同型号及说明书要求进行，无资料时，间隙一般可控制在 0.8～1.5mm 之间。

2）架体垂直度的调整

架体垂直度的调整应在架体安装过程中按不同高度分别进行，每安装两个标准节时应设置临时支撑或缆风绳，此时即进行架体的垂直度校正；安装相应高度附墙架或缆风绳时再进行微量调整，安装达预定高度后进行垂直度复测。

垂直度测量时，先将吊笼下降至地面，使用线锤或经纬仪从吊笼垂直于长度方向（X 向）与平行于吊笼长度方向（Y 向）分别测量架体的垂直度，重复 3 次取平均值，并做记录，安装垂直度偏差应保持在 3/1000 以内，且不得大 200mm。

3）导靴与导轨间隙的调整

在吊笼就位穿绕钢丝绳后，开动卷扬机，使吊笼离地 0.5m 以下，按设备使用说明书要求调整导靴与导轨间隙。说明书没有明确要求的，可控制在 5～10mm 以内。

4）缆风绳垂度的调整

为保证缆风绳的足够张拉程度，以利架体的稳固，应在缆风绳安装时及时调紧。缆风绳的垂度（钢丝绳在自重下，与张紧后理想直线间的偏移距离）不应大于缆风绳长度的 1%。

由于现场条件的限制，很难精确测量，可在花篮螺栓调紧时用手感掌握，也可采用以下近似测量方法，参见图 3-34。

由于缆风绳的安装高度"H"较高，精确测量比较困难，可用标准节高度计算。任选钢丝绳的一个测点 A（2～3m 高即可），用重锤找出地面的垂足 N 点，测量出 h 大小和 M、N 二点的高差；分别量出锚桩点至 M 和 N 点的距离"B"及"b"。

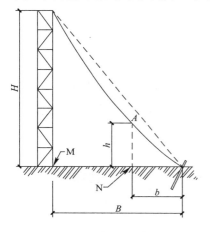

图 3-34　近似测量缆风绳
垂度示意图

根据三角形相似原理有以下几何关系式：$\dfrac{H}{h}=\dfrac{B}{b}$；考虑高差因素和垂度要求，"h"值应符合式（3-6），如下：

$$h \geqslant (1-0.01) \times \left(\frac{H \times b}{B} \pm \Delta \right) \tag{3-6}$$

（N 点比 M 点高，取"—"号运算）。

5）上、下限位的调试

上限位的位置应满足 3m 的越程距离；高架提升机的下限位，应在吊笼碰到缓冲器前就动作，否则应调整行程开关或撞铁的位置。安装和调整后要进行运行试验，直至符合要求。

6）断绳保护装置调试

对渐进式（楔块抱闸式）的安全装置，可进行坠落试验。试验时将吊笼降至地面，先检查安全装置的间隙和摩擦面清洁情况，符合要求后按额定载重量在吊笼内均匀放置；将吊笼升至 3m 左右，利用停靠装置将吊笼挂在架体上，放松提升钢丝绳 1.5m 左右，松开停靠装置，模拟吊笼坠落，吊笼应在 1m 距离内可靠停住。超过 1m 时，应在吊笼降低后调整楔块间隙，重复上述过程，直至符合要求。

7）起重量限制器调试

将吊笼降至离地面 200mm 处，逐步加载，当载荷达到额定载荷 90％时应能报警；继续加载，在超过额定载荷时，即自动切断电源，吊笼不能启动。如不符合上述要求，应通过调节螺栓螺母改变弹簧的预压缩量来进行调整。

8）电气装置调试

升降按钮、急停开关应可靠有效，漏电保护器应灵敏，接地防雷装置可靠。

（5）物料提升机的空载、额定荷载试验方法

1）空载试验

① 在空载情况下以提升机各工作速度进行上升、下降、变速、制动等动作，在全行程范围内，反复试验，不得少于 3 次；

② 在进行上述试验的同时，应对各安全装置进行灵敏度试验；

③ 双吊笼提升机，应对各单吊笼升降和双吊笼同时升降，分别进行试验；

④ 空载试验过程中，应检查各机构动作是否平稳、准确，不允许有震颤、冲击等现象。

2）额定载荷试验

吊笼内施加额定荷载，使其重心位于从吊笼的几何中心，沿长度和宽度两个方向，各偏移全长的 1/6 的交点处。除按空载试验动作运行外，并应作吊笼的坠落试验。试验时，将吊笼上升 3～4m 停住，进行模拟断绳试验。额定荷载试验：即按说明书中规定的最大载荷进行动作运行。

5. 物料提升机的安全监控要点

（1）物料提升机应有专职机构和专职人员管理。司机应经专门培训，持有效证件上岗，人员要相对稳定。

（2）物料提升机在大雨、大雪、大雾、风速 13m/s 及以上大风等恶劣天气时，必须停止运行。

（3）每班开机前，应进行作业前检查，确认无误后方可作业。应检查确认下列内容：

1）制动器可靠有效；

2）限位器灵敏完好；

3）停层装置动作可靠；

4）钢丝绳磨损在允许范围内；

5）吊笼及对重导向装置无异常；

6）滑轮、卷筒防钢丝绳脱槽装置可靠有效；

7）吊笼运行通道内无障碍物。

（4）严禁载人。物料提升机主要是运送物料的，在停层装置动作并可靠的情况下，装卸料人员才能进入到吊篮作业。

（5）禁止攀登架体和从架体下面穿越。

（6）司机在通信联络信号不明时不得开机，作业中不论任何人发出紧急停车信号，司机应立即执行。

（7）缆风绳不得随意拆除。凡需临时拆除的，应先行加固，待恢复缆风绳后，方可使用；如缆风绳改变位置，要重新埋设地锚，待新缆风拴好后，原来的缆风方可拆除。

（8）不得装载超出吊笼空间的超长物料，不得超载运行。

（9）作业前，应检查安全装置、防护设施、电气线路、接零或接地装置、制动装置和钢丝绳等并确认全部合格后再使用。

（10）物料应在吊笼内均匀分布，不应过度偏载。

（11）在任何情况下，不得使用限位开关代替控制开关运行。

（12）当发生防坠安全器制停吊笼的情况时，应查明制停原因，排除故障，并应检查吊笼、导轨架及钢丝绳，应确认无误并重新调整防坠安全器后运行。

（13）物料提升机夜间施工应有足够照明，照明用电应符合现行行业标准。

（14）作业中，操作人员不得离开操作岗位，吊笼下面不得有人员停留或通过。休息时，应将吊笼降至地面。

（15）作业中如发现异响、制动失灵、制动带或轴承等温度剧烈上升等异常情况时，应立即停机检查，排除故障后再使用。

（16）作业中停电时，应将控制手柄或按钮置于零位，并应切断电源，将吊笼降至地面。

（17）作业完毕，司机离开时，应将吊笼降至地面，并应切断电源，锁好开关箱。

（18）作业完毕，司机应将本班完成的工作，物料提升机的检查和维护保养情况及时记入交接班记录。

6. 物料提升机的安全维护

为确保物料提升机的安全运行，应按规定对物料提升机进行日常和定期维护保养。

（1）建立物料提升机的维修保养制度。

（2）使用过程中要定期检修保养。

（3）除定期检查外，提升机必须做好日常检查工作。日常检查应由司机在每班前进行，主要内容有：

1）附墙架与建筑物连接有无松动；

2）空载提升吊笼做一次上下运行，查看运行是否正常，同时验证各限位器是否灵敏可靠及安全门是否灵敏完好；

3）在额定荷载下，将吊笼提升至离地面 1～2m 高处停机、检查制动器的可靠性和架体的稳定性；

4）卷扬机各传动部件的连接和紧固情况是否良好。

（4）保养设备必须在停机后进行。禁止在设备运行中擦洗、注油等工作。如需重新在卷筒上缠绳时，必须两人操作，一人开机一人扶绳，相互配合。

（5）司机在操作中要经常注意传动机构的磨损，发现磨绳、滑轮磨偏等问题，要及时向有关人员报告并及时解决。

（6）架体及轨道发生变形必须及时维修。

7. 物料提升机的故障及排除

物料提升机控制、运行系统一旦出现故障，对物料提升机安全运行会造成严重影响，因此，必须予以高度重视。

（1）减速器常见故障原因及排除方法，如表 3-19。

减速器常见故障原因及排除方法　　　　　　表 3-19

故障现象	故障原因	排除方法
齿轮有异响和振动过大	1. 齿轮装配啮合间隙超限或点蚀剥落严重 2. 轴向窜量过大 3. 各轴水平度及平行度偏差太大 4. 轴瓦间隙过大 5. 键松动 6. 齿轮磨损过大	1. 调整齿轮啮合间隙，限定负荷，更换润滑油 2. 调整窜量 3. 重新调整各轴的水平度及平行度 4. 调整轴瓦间隙或更换 5. 紧固键或更换键 6. 进行修理或更换齿轮
齿轮磨损过快	1. 装配不好，齿轮啮合不好 2. 润滑不良或油有杂质 3. 加工精度不符合要求 4. 负荷过大或材质不佳 5. 疲劳	1. 调整装配 2. 加强润滑 3. 适当检修处理 4. 调整负荷或更换齿轮 5. 修理或更换
齿轮打牙断齿	1. 齿间掉入金属异物 2. 突然重载荷冲击或反复重复载荷冲击 3. 材质不佳或疲劳	1. 检查取出，更换齿轮 2. 采取相应措施，杜绝超负荷运转 3. 更换齿轮
传动轴弯曲或折断	1. 材质不佳或疲劳 2. 断齿进入另一齿轮齿间空隙，齿顶顶撞 3. 齿间掉入金属硬物，轴受弯曲应力过大 4. 加工质量不符合要求，使轴产生大的应力集中	1. 改进材质 2. 发现断齿及时停车，及早处理断齿 3. 杜绝异物掉入 4. 改进加工方法，保证加工质量

续表

故障现象	故障原因	排除方法
齿轮裂纹	制造原因和使用原因引起的应力集中	将裂纹处打磨光滑使其周围圆滑过渡防止裂纹扩散
断齿	过载、应力集中、交变载荷	更换
齿面损伤（点蚀、剥落）	齿轮的材料、加工、承受的交变负载	将点蚀坑边沿打磨圆滑、更换极压齿轮油
齿面磨损	齿面上没有油膜、硬质颗粒啮合区、齿轮加工误差造成啮合不正常	采用极压齿轮油、保证润滑油清洁监视磨损发展情况
齿面胶合	缺乏润滑油、负载过重、局部过热	将损伤处打磨光滑、采用极压齿轮油润滑冷却
箱体变形	地脚螺栓松动、基础变形	增减调整垫片、紧固地脚螺栓

（2）制动装置常见故障原因及排除方法，如表 3-20。

制动装置常见故障原因及排除方法 表 3-20

故障现象	故障原因	排除方法
制动器不开（松）闸	液压站油压不够	检查液压站
制动器不制动	液压站损坏或制动器卡住	检查液压站、检查制动器
制动时间长、制动力小	闸瓦间隙大、闸瓦上有油、碟形弹簧弹力不够	检查修理
松闸和制动缓慢	液压系统有空气、闸瓦间隙大、密封圈损坏	检查修理
制动器和制动手把跳动或偏摆，制动或松闸不灵活	1. 闸座销轴与各铰接轴松动或销轴缺油 2. 传动杠杆有卡塞地方 3. 制动油缸卡缸 4. 制动器安装不正 5. 压力油脏，油路阻滞	1. 更换销轴，定期注润滑油脂 2. 检查处理卡塞之处 3. 检查并调正制动缸 4. 重新调整找正 5. 清洁油路，换油
闸瓦过热及烧伤制动盘	1. 用闸过多过猛 2. 闸瓦螺栓松动或闸瓦磨损过度，螺栓触及制动盘 3. 闸瓦接触面积小于 60%	1. 改进操作方法 2. 更换闸瓦，紧固螺栓 3. 调整闸瓦的接触面积
制动油缸顶缸	工作行程不当	调整工作行程
制动油缸漏油	密封圈磨损或破裂	更换密封圈
制动油缸卡缸	1. 活塞皮碗老化变硬 2. 活塞皮碗在油缸中太紧 3. 压力油脏，过滤器失效 4. 活塞底部的压环螺钉松动或脱落 5. 制动油缸磨损不均	1. 更换 2. 调整 3. 换油，清洗 4. 定期检查，增加防松装置 5. 修理油缸或更换
盘形闸闸瓦断裂，制动盘磨损	1. 闸瓦材质不好 2. 闸瓦接触面不平，有杂物	1. 更换质量好的闸瓦 2. 清扫，调整
正常运行时油压突然下降	1. 电液调压装置的控制杆和喷嘴的接触面磨损 2. 动线圈的引线接触不好或自整角机无输出 3. 溢流阀的密封不好，漏油 4. 管路漏油	1. 用油石磨平喷嘴，调整弹簧 2. 检查线路 3. 修理溢流阀或更换 4. 检查管路

180

续表

故障现象	故障原因	排除方法
开动叶片油泵后不产生油压，溢流阀没有油流	1. 叶片油泵内进入空气 2. 叶片油泵卡塞 3. 滤油器堵塞 4. 滑阀失灵，高压油路和回油路接通 5. 节流孔堵死或滑阀卡住	1. 排出油泵中的空气 2. 检修叶片油泵 3. 清洗或更换 4. 检修滑阀 5. 清洗检查溢流阀
液压站残压过大	1. 电流调压装置的控制杆端面离喷嘴太近 2. 溢流阀的节流孔过大	1. 将十字弹簧上端的螺母拧紧一些 2. 更换节流孔元件
油压高频振动	1. 油泵、溢流阀、弹簧发生共振 2. 油压系统中进入空气	1. 更换液压元件 2. 利用排气孔排出空气
制动力矩不足	1. 弹簧弹力不够 2. 闸瓦与制动盘接触面积小，粗糙度不好，使摩擦系数降低。	1. 更换弹簧 2. 提高粗糙度，增加接触面积

（3）联轴器常见故障原因及排除方法，如表 3-21。

联轴器常见故障原因及排除方法　　　　　　　　　　　　表 3-21

故障现象	故障原因	排除方法
联轴器发出异响，连接螺栓切断	1. 缺润滑油脂，漏油 2. 齿轮间隙超限 3. 切向键松动 4. 同心度及水平度偏差超限 5. 齿轮磨损超限 6. 外壳窜动切断螺栓	1. 加润滑油脂，换密封圈 2. 调整间隙 3. 紧固切向键 4. 调整找正 5. 更换 6. 处理外壳，更换螺栓

3.3.3　高处作业吊篮

高处作业吊篮适用建筑外墙装饰、幕墙安装、涂料粉刷、外墙清洗、外墙维修等，也可用于罐体、桥梁、冷却塔、烟囱、铁塔等构筑物的外壁的维修、清洗。

1. 高处作业吊篮概述

（1）概念

高处作业吊篮指通过悬挂机构架设于建筑物或构筑物上，起升机构通过钢丝绳驱动悬挂平台沿立面上下运行的一种非常设悬挂接近设备（简称 TSAE）。

（2）分类和型号

1）分类

① 按整体结构设置分为常设式和非常设式两种。

② 按驱动方式分为手动、气动和电动三种。

③ 按特性分为爬升式和卷扬式两种。

④ 按悬挂平台结构分为单层、双层、多层。其中在水利水电施工中应用最广泛为单层非常设爬升式电动高处作业吊篮。

2）型号和主参数

① 高处作业吊篮型号由类、组、型代号、特性代号和主参数代号及更新型代号组成。

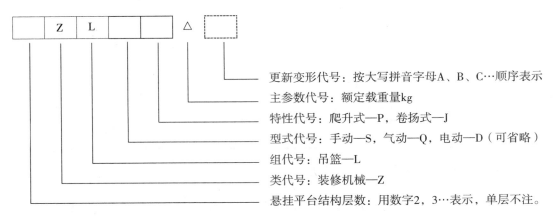

更新变形代号：按大写拼音字母A、B、C…顺序表示

主参数代号：额定载重量kg

特性代号：爬升式—P，卷扬式—J

型式代号：手动—S，气动—Q，电动—D（可省略）

组代号：吊篮—L

类代号：装修机械—Z

悬挂平台结构层数：用数字2，3…表示，单层不注。

② 高处作业吊篮的主参数用额定载重量表示，主参数系列见表 3-22。

主参数系列单位（kg）   表 3-22

主参数	主参数系数
额定载重量	120、150、200、250、300、400、500、630、800、1000、1250、1500、2000、3000

③ 标记示例

额定载重量 630kg 电动、单层、爬升式高处作业吊篮，标记：

高处作业吊篮 ZLP630 GB 19155。

（3）高处作业吊篮的特点

1）高处作业吊篮悬挂平台由柔性的钢丝绳吊挂，与墙体或地面没有固定的连接。

2）高处作业吊篮适用于施工人员就位和暂时堆放必要的工具材料，它不同于施工升降机或施工用卷扬机，施工组织时不能把高处作业吊篮作为运送施工材料的垂直运输设备。

3）高处作业吊篮配有上下升降机构，驱动悬挂平台上下运动达到所需的工作高度。其架设比较方便，省时省力，且作业高度较大，可降低施工成本，提高效率。

4）高处作业吊篮是由钢丝绳悬挂牵引，因此采取措施后也能用于倾斜的立面或者是曲面，如大坝或冷却塔等构筑物。

2. 高处作业吊篮的构造

高处作业吊篮主要由悬挂机构（吊杆）、悬挂平台（工作平台）、提升机、安全锁、电气控制系统等组成。

（1）悬挂机构

悬挂机构指架设于建筑物或构筑物上，通过钢丝绳悬吊悬挂平台的机构。

悬挂机构架设于建筑物或构筑物顶部，通过钢丝绳来承受悬挂平台自重及额定载重量的构架。

杠杆式悬挂机构形状如同一杠杆，前端安装钢丝绳，后端安装有足够的配重。每台吊篮使用两套悬挂机构，由后部配重来平衡悬吊部分的工作载荷，见图 3-35 所示。

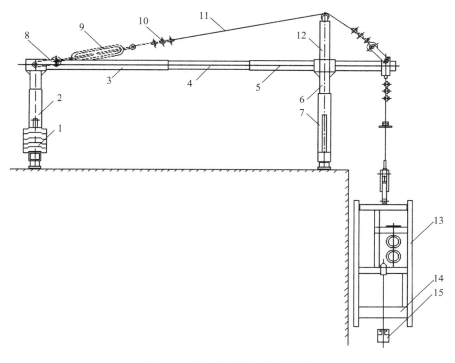

图 3-35　杠杆式悬挂机构示意图

1—配重块；2—后支架；3—后梁（后吊杆）；4—中梁（中吊杆）；5—前梁（前吊杆）；

6—调节杆；7—前支架；8—连接板；9—索具螺旋扣；10—钢丝绳夹；11—钢丝绳；

12—止支架；13—提升机安装架；14—挡板；15—重锤

系统的抗倾覆系数等于配重抗倾覆力矩比倾覆力矩，标准《高处作业吊篮》GB 19155—2017 规定，正常工作状态下其比值不得小于 2，用公式表示即为：

$$K = \frac{G \times b}{F \times a} \geqslant 2 \tag{3-7}$$

式中　K——抗倾覆系数；

　　　F——悬挂平台、提升机构、电气系统、钢丝绳、额定载质量等质量的总和，kg；

　　　G——配置的配重质量，kg；

　　　a——承重钢丝绳中心到支点间的距离，m；

　　　b——配重中心到支点间的距离，m。

悬挂机构有一些情况下，可能不是某种单纯形式，根据施工环境可能是某种或多种形式的组合，在应用时一定要仔细阅读并理解制造方的技术要求，以确保使用安全。建筑物或构筑物支承处应能承受悬挂机构传递的吊篮的全部重量。

（2）悬挂平台

悬挂平台指四周装有护栏，用于搭载作业人员、工具和材料进行高处作业的悬挂装置。悬挂平台根据施工作业要求的不同，有多种形式。

1）吊点设在两端。由吊架、侧架及底板等结构件组合而成，是最常见的一种形式（图 3-36 所示）。

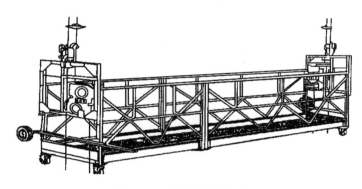

图 3-36　两端吊点悬挂平台

2）吊点在内侧。吊点由两端向内移，使悬挂平台两端可悬挑一段距离。适用于较长的悬挂平台或屋面上场地受限制的场合。

3）带收绳卷筒的悬挂平台。在普通悬挂平台上增加收卷钢丝绳的卷筒。它可以避免钢丝绳对建筑墙面的碰刮。

4）特殊平台

① 单吊点平台。悬挂平台或吊椅由单台提升机驱动，体积小，能进入狭小的空间进行作业。

② 圆形、方形平台。主要用于建筑物内部如电梯井及楼房天井等特殊场合。

③ 多层平台。由多个单层平台组合而成，可以进行多工序流水作业，并且可提高悬吊排的稳定性。

（3）提升机

提升机是使悬挂平台上下运行的装置。提升机是高处作业吊篮的核心部件，它由电动机、主制动器、辅助制动器、减速器、绳轮和压绳机构（或卷筒）组成。

提升机通常可分为卷扬式提升机和爬升式提升机。

卷扬式提升机一般是将其置于吊篮平台下方或底部，与篮体结构固接，使用时收卷或释放钢丝绳，带动悬挂平台升降。

爬升式提升机与卷扬式提升机最大的区别在于平台升降时，提升机不收卷或释放钢丝绳，它是靠绳轮与钢丝绳间产生的摩擦力，作为带动吊篮平台升降的动力。

爬升式提升机可按钢丝绳的缠绕方式不同分为"α"式绕法和"S"式绕法两种形式，如图 3-37 所示。

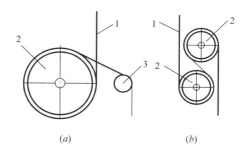

图 3-37　爬升式提升机钢丝绳绕法
(a) α 型；(b) s 型
1—钢丝绳；2—绳轮；3—导绳轮

"α"式绕法与"S"式绕法的区别：①钢丝绳在提升机内运行的轨迹不同；②钢丝绳在机内的受力不同，"α"式绕法只向一侧弯曲，"S"式绕法向两侧弯曲，承受交变载荷。

（4）安全锁

安全锁是当悬挂平台下滑速度达到锁绳速度或悬挂平台倾斜角度达到锁绳角度时，能自动锁住安全钢丝绳，使悬挂平台停止下滑或倾斜的装置。

1）作用

安全锁是高处作业吊篮中最重要的安全保护装置。当提升机构钢丝绳突然切断或发生故障产生超速下滑时，它能迅速动作，在瞬时将悬挂平台锁定在安全钢丝绳上。

2）分类及原理

安全锁由锁绳机构和触发机构组成，按工作原理可分为离心触发式及摆臂防倾式两种，工作原理图分别见图 3-38 和图 3-39。

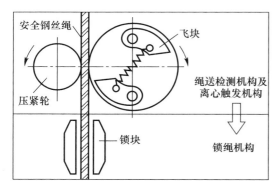

图 3-38　离心触发式安全锁工作原理图

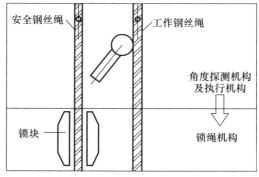

图 3-39　防倾式安全锁工作原理图

① 离心触发式安全锁

离心触发式安全锁的基本特征为具有离心触发机构。安全钢丝绳由入绳口穿入压紧轮与飞块转盘间，吊篮下降时钢丝绳以摩擦力带动两轮同步逆向转动，在飞块转盘上设有飞块，当吊篮下降速度超过一定值时，飞块产生的离心力克服弹簧的约束力向外甩开到一定程度，触动拨杆带动锁绳机构动作，将锁块锁紧在安全钢丝绳上，从而使吊篮整体停止下降，锁绳机构可以有多种型式，如楔块式、凸轮式等，一般均设计为自锁形式。

② 防倾式安全锁

防倾式安全锁的基本特征为当吊篮发生倾斜或工作钢丝绳断裂、松弛时，锁绳装置发生角度位置变化。从而带动执行元件使锁绳机构动作，将锁块锁紧在安全钢丝绳上。

（5）钢丝绳

高处作业吊篮的钢丝绳分为工作钢丝绳和安全钢丝绳二种。

工作（悬挂）钢丝绳指承担悬挂载荷的钢丝绳。安全（后备）钢丝绳指通常不承担悬挂载荷，装有防坠落装置的钢丝绳。

爬升式高处作业吊篮的钢丝绳和其他起重机械所用钢丝绳相比，其受力方式有很大不同，由于它是靠绳轮之间的摩擦力提升，钢丝绳受到强烈的挤压、弯曲，对钢丝绳的质量要求很高且应无油。采用高强度、镀锌、柔度好的钢丝绳，其性能应符合《重要用途钢丝绳》GB/T 8918—2006 的规定。钢丝绳安全系数不应小于 9。

工作钢丝绳最小安全直径不应小于 6mm。安全钢丝绳宜选用与工作钢丝绳相同的型号、规格，在正常运行时，安全钢丝绳应处于悬垂状态。

钢丝绳绳端的固定应符合《塔式起重机安全规程》GB 5144—2006 的规定，钢丝绳的检查和报废应符合《起重机钢丝绳保养、维护、检验和报废》GB/T 5972—2016 的规定。

（6）安全绳

安全绳指独立悬挂在建筑物顶部，通过自锁钩、安全带与作业人员连在一起，防止作业人员坠落的绳索。

安全绳材料应使用锦纶安全绳，并应符合《安全带》GB 6095—2009 的要求。

（7）安全限位装置

1）上限位与下限位

限位装置指限制运动部件或装置超过预设极限位置的装置。

限位开关的作用是将吊篮的工作状态限定在安全范围之内。吊篮上限位的作用是防止平台向上提升时发生过度收卷，即冲顶现象。一旦发生冲顶现象，提升机的卷扬力通过钢丝绳全部转化为在平台结构或提升机与悬挂机构之间的内力，轻者造成机器或结构损伤，重者会完全破坏机器、钢丝绳或悬挂机构，造成坠落事故。

吊篮下限位的作用是当吊篮下降过程中下部有障碍物或已降至地面附近时，自动切断下降控制回路，此时悬挂平台只能向上运行。

2）载荷保护装置

载荷保护装置的作用是防止吊篮超载或偏载运行。当吊篮载荷超过其标定值或载荷分布严重偏载时，可切断向上的控制回路。

（8）控制系统

电气控制系统由电气控制箱、电磁制动电机、上下限位开关和手握开关及荷载保护装置等组成。

电气控制系统的供电电缆采用三相五线制，接零、接地分开，接地线采用黄绿相间线。

控制系统应在悬挂平台上设置紧急状态下切断主控电源控制回路的急停按钮，该电路独立于各控制电路。急停按钮为红色，并有明显的"急停"标记，不能自动复位。

3. 高处作业吊篮的安装与拆卸

物料提升机安装拆卸前，专业承包单位应当按照要求编写专项方案，用于指导安装拆卸作业。

（1）安装前的准备工作

高处作业吊篮应当编制专项施工方案，划定安装安全区域，排除安装障碍，审查安装人员资格，确认产品，施工单位与安装单位应签订安全协议，按规定进行技术交底。

1）方案编制

高处作业吊篮安装前，安装单位应根据工程结构、施工环境、产品说明书等编制专项施工方案，并经施工单位技术负责人审批、项目总监理工程师审核后实施。

专项施工方案应包括编制依据、工程概况、机位布置、吊篮悬挂机构支撑部位结构的承载能力核算、安装拆除程序及安全措施等内容。

2）安装单位和人员的要求

吊篮安装单位应当具备安装吊篮的专业技术能力。

3）人员资格

从事高处作业吊篮施工的作业人员应当取得建设行政主管部门核发的高处作业吊篮安装拆卸工操作资格证书。

4）产品确认

进入施工现场的高处作业吊篮产品应具有产品合格证书，安全锁应在标定有效期内。

5）技术交底

高处作业吊篮安装、拆卸之前，应向安装作业人员进行技术交底，使安装作业人员了解工程概况、安全技术措施及应注意的安全事项。交底人、安装作业人员应签字确认。

安装技术交底主要包括以下内容：

① 吊篮的性能参数；

② 安装、拆卸的程序和方法；

③ 各部件的联结形式、联结件尺寸及联结要求；

④ 悬挂机构安装位置；

⑤ 悬挂机构及配重的安装要求；

⑥ 作业中安全操作措施。

（2）悬挂机构的安装

1）杠杆式悬挂机构的安装程序

杠杆型悬挂机构的组装示意见图 3-40。

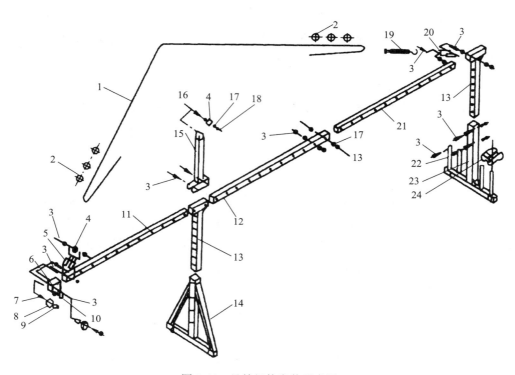

图 3-40　悬挂机构安装示意图

1—加强钢丝绳；2—钢丝绳夹；3—螺栓；4—绳轮；5—前连接套；6—钢丝绳悬挂架；7—销轴；

8—钢丝绳卡套；9—轴套；10—卡板；11—前梁；12—中梁；13—插杆；14—前支架；

15—上支柱；16—销轴；17—垫圈；18—开口销；19—锁具螺旋扣；20—后连接套；

21—后梁；22—配重支管；23—后支架；24—配重

① 将插杆插入三角形的前支架套管内，根据女儿墙的高度调整插杆的高度，用螺栓固定，前座安装完成。

② 将插杆插入后支架套管内，插杆的高度与前支架插杆等高，用螺栓固定，后座安装完成。

③ 将前梁、后梁分别装入前、后支架的插杆内，用中梁将前梁、后梁连接并根据实际情况选定前梁的悬伸及前后座的距离，前、后支架的距离应放至最大，将小连接

套分别安装在前梁和后支架插杆上，将上支柱安放于前支架的插杆上，用螺栓固定，上支柱组装完成。

④ 将加强钢丝绳一端穿过前梁上连接套的滚轮后用钢丝绳夹固定，索具螺旋扣的一端钩住后支架插杆上小连接套的销轴，加强钢丝绳的另一端经过上支柱后穿过索具螺旋扣的另一端后用钢丝绳夹固定，调节螺旋扣的螺杆，使加强钢丝绳绷紧。

⑤ 将配重均匀放置在后支架配重底座上，并上紧防盗螺栓。严禁使用破损的配重件或其他替代物。配重件的重量应符合设计规定。

⑥ 将工作钢丝绳、安全钢丝绳分别固定在前梁的钢丝绳悬挂架上，在安全钢丝绳适当处安装上限位碰块。

2）安装安全控制要点

① 在建筑物屋面上进行悬挂机构的组装作业时，作业人员应与屋面边缘保持 2m 以上的距离。组装场地狭小时应采取防坠落措施。

② 当现场环境原因确无安装前支架条件时，必须在制造商技术人员指导下，采用其他有效的技术措施。

③ 悬挂机构的前横梁外伸悬臂长度、前后支架间距、配重数量等必须严格按照说明书的要求进行安装。前横梁的外伸长度、前后支架间距和配重数量应符合说明书要求，配重与后支架之间的联接必须稳定可靠。当现场确实无法满足上述安装条件时，必须征得制造商的同意，由其提供专用加长横梁或在其技术人员指导下增加配重数量或补偿措施。最终必须满足横梁的强度及刚度要求及整机稳定力矩与倾覆力矩之比大于 2 的标准要求。

④ 前支架与支承面的接触应扎实稳定，脚轮不得受力。前支架严禁支撑在女儿墙上、女儿墙外或建筑物挑檐边缘。

⑤ 悬挂机构横梁安装应水平，其水平高差不应大于横梁长度的 4%，严禁前低后高。

⑥ 带加强钢丝绳的悬挂机构。在安装前，应检查钢丝绳是否存在损伤或缺陷，确定合格后方可安装。张紧钢丝绳时，必须严格按说明书要求进行，不得过松或过紧。过松不起作用，使横梁受力过大，过紧会使横梁失稳破坏。

⑦ 双吊点吊篮的两组悬挂机构之间的安装距离应与悬挂平台两吊点间距相同，其误差≤50mm。

⑧ 前后支架的组装高度应根据女儿墙高度选择。

⑨ 后支架与承重架用螺栓或销轴连接，并有可靠的防松装置。

⑩ 配重件应稳定可靠的安放在配重架上，并应有防止随意移动的措施。严禁使用破损的配重件或其他替代物。配重件的重量应符合设计的规定。

⑪ 主要结构件腐蚀、磨损深度达到原结构件 10% 时，应予报废。

⑫ 高处作业吊篮安装和使用时，在 10m 范围内如有高压输电线路，应按照标准

《施工现场临时用电安全技术规范》JGJ 46—2005 的规定，采取隔离措施。

（3）悬挂平台的组装

1）悬挂平台组装顺序

① 将底板垫高 200mm 以上平放，装上栏杆，低的栏杆放于工作面一侧，用螺栓联接。

② 将提升机安装架装于栏杆两端，安装过程中必须注意螺栓规格、长短及大小垫圈的安装位置，与钢管接触处必须用大垫圈。脚轮安装在平台两端的栏杆下端。所用连接紧固件必须符合说明书的要求。

③ 检查以上各部件是否安装正确、是否有错位，确认无误后，紧固全部螺栓。

④ 安装完毕必须由专人重新检查所有螺栓是否已拧紧。

2）组装安全控制要点

① 组装要完整、齐全，不得少装、漏装。悬挂平台应设有靠墙轮或导向缓冲装置。

② 所有螺栓必须按标准加装垫圈，所有螺母均应紧固、可靠，开口销均应掰开大于 30°角。

③ 组装提升机时，应将电机方向朝篮体内侧。

④ 悬挂平台四周应装有固定式的安全护栏，护栏应设有腹杆，工作面高度不应低于 0.8m，其余部位则不应低于 1.1m，护栏应能承受 1000N 的水平集中截荷。

⑤ 悬挂平台底板四周应装有高度为不小于 150mm 的挡板，挡板与底板间隙不大于 5mm。底板必须有防滑措施。

⑥ 上限位行程开关触点应调至距离工作钢丝绳中心 15mm 左右。

⑦ 主要结构件腐蚀、磨损深度达到原结构件 10% 时，应予报废。

（4）钢丝绳的安装

钢丝绳必须符合说明书规定的类型、规格尺寸、破断拉力等要求。工作钢丝绳和安全钢丝绳安装前应逐段仔细检查是否存在损伤或缺陷并且对附在绳上的涂料、水泥、玻璃胶等污物必须彻底清理，不能涂油；钢丝绳有断丝、锈蚀严重或变形等缺陷达到报废标准的，必须坚决更换。

钢丝绳绳夹的固定应符合下列要求：

① 钢丝绳分别绕在各自的索具套环上，钢丝绳用绳夹卡紧，见图 4-23。

② 绳夹间的距离为 6～7 倍钢丝绳直径。

③ 绳夹选择及使用应符合《钢丝绳夹》GB 5976—2006 的规定。

④ 上限位器止挡安装在距钢丝绳顶端 0.5～1m 处。

⑤ 安全钢丝绳必须独立于工作钢丝绳另行悬挂，见图 3-41 所示。

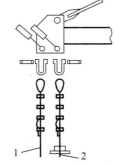

图 3-41　绳夹固定示意
1—安全钢丝绳；2—工作钢丝绳

（5）高处作业吊篮的整机组装

1）提升机的安装

提升机在安装前必须确定是经过检修和保养合格的，安装时必须采用专用螺栓或销轴将其可靠地固定在悬挂平台的吊架上。

2）工作钢丝绳的穿绕

在悬挂机构和钢丝绳固定、吊篮平台等安装完成后，将工作钢丝绳穿入提升机，钢丝绳在提升机穿绳如图 3-42 所示。

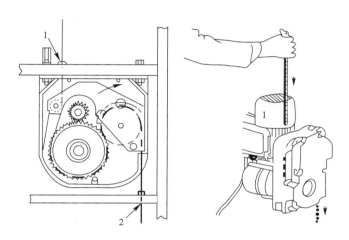

图 3-42　钢丝绳在提升机中的穿绕示意图

1—入绳口；2—出绳口

3）安全钢丝绳与安全锁的安装

① 安装安全锁必须采用专用螺栓，不得随意使用其他连接螺栓替代。

② 安全钢丝绳与安全锁的安装如图 3-43，将处理好绳头的安全钢丝绳先穿过吊篮挂架上部的拢绳圈之后，向下顺安全锁的入绳口插入（此时工作钢丝绳已经安装好，防倾式安全锁也应于打开状态），从安全锁底部出绳口穿出。

4）电气系统的安装

电气控制系统主要由电气控制箱、电磁制动电机、上限位开关和手握开关等组成。

安装时注意电源相序要一致，保证各电机转向与电气箱上控制按钮的指示一致。提升机电缆插头和手握开关的插头要认清方向后再插入电气控制箱底部对应的插座内，不要硬插，以免损坏。主要安全控制要点如下：

① 主电源回路应有过热、短路保护装置和灵敏度不小于 30mA 的漏电保护装置。

② 电气控制系统绝缘电阻值不得小于 $2M\Omega$。

③ 高处作业吊篮的电源电缆线应有保护措施，固定在设备上，防止插头接线受力，引起断路、短路。

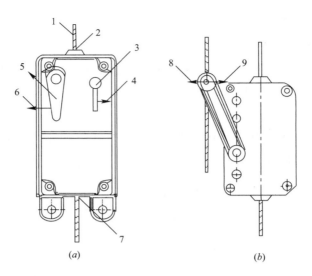

(a)   (b)

图 3-43 安全钢丝绳与安全锁的安装

（a）离心式安全锁；（b）防倾式安全锁

1—安全钢丝绳；2—入绳口；3—锁闭手柄；4—锁闭方向；5—开启手柄；

6—开启方向；7—出绳口；8—角度增大方向；9—角度减小方向

④ 电气箱的防水、防震、防尘措施要可靠，电气箱门应锁闭。

⑤ 电气系统的接地装置可靠，其接地电阻应小于 4Ω，并有明显标志。

⑥ 安装左右上限位开关，所有电气元件动作应灵敏可靠。

⑦ 高处作业吊篮上 220V 电源插座，接零装置要牢固。

⑧ 电缆线悬吊长度超过 100m 时，应采取电缆抗拉保护措施。

5）绳坠安装

为了保证电动吊篮正常工作时安全钢丝绳处于悬垂状态，安全钢丝绳绳坠应安装在距离地面 100～200mm 处，如图 3-44 所示。工作钢丝绳是否加装绳坠及绳坠重量，依照说明书的要求进行安装。

6）安全绳安装

安全绳安装前应严格检查有无损伤，将确定合格的安全绳独立固定在屋顶可靠处，固定必须牢靠，在接触建筑物的转角处采取有效保护措施。严禁固定在吊篮悬挂装置上。

（6）悬挂机构二次转移安装程序

悬挂机构二次转移指同一安装高度的小范围移动，应按以下程序操作。

1）拆下绳坠；

2）将悬挂平台停放在平整而坚实的地面上，防止可能发生的位移、倾覆而引起悬挂平台损坏；

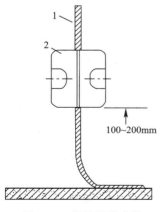

图 3-44 绳坠铁的安装

1—钢丝绳；2—绳坠

192

3）先将安全钢丝绳从安全锁中取出，再将工作钢丝绳从提升机中退出；

4）移动前后支架到所需位置；

5）调整前后支架位置并调平，安装好悬挂机构；

6）将悬挂平台移至所需位置；

7）先将工作钢丝绳穿入提升机中，再将安全钢丝绳穿入安全锁中；

8）安装绳坠；

9）检查验收，合格后方可使用。

（7）高处作业吊篮的拆卸程序

1）拆卸安全要求

高处作业吊篮拆除时应按照专项施工方案进行。吊篮拆除前应将吊篮平台下落至地面，并将钢丝绳从提升机、安全锁中退出，切断总电源。拆除支承悬挂机构时，应对作业人员和设备采取相应的保护措施。拆除分解后的构配件不得放置在建筑物边缘，应采取防止坠落的措施，零散物品应放置在容器中，不得将吊篮任何部件从屋顶处抛下。

2）拆卸程序

① 拆卸前应对高处作业吊篮进行全面检查，记录损坏情况。

② 拆下绳坠。

③ 将悬挂平台下降停放在平整而坚实的地面上。防止悬挂平台位移、倾覆而损坏。

④ 钢丝绳拆卸

a. 将钢丝绳从提升机和安全锁抽出；

b. 将钢丝绳收到屋顶上；

c. 将钢丝绳自悬挂装置上拆下，卷成直径 60cm 的圆盘。

⑤ 电源电缆的拆卸

a. 切断电源；

b. 将电源电缆从临时配电箱上拆下；

c. 将电源电缆从吊篮电器箱上拆下，并妥善整理卷成直径 60cm 的圆盘。

⑥ 悬挂机构的拆卸

a. 拆下销轴卸下前后拉杆；

b. 拆下销轴卸下前后梁；

c. 放稳前支架；

d. 取下配重。

⑦ 将拆卸的所有零部件放置规定位置，并加以保护。

4. 高处作业吊篮的调试与验收

高处作业吊篮安装完毕，应当按照安全技术标准及安装使用说明书的有关要求对吊篮进行自检。

（1）安装后的检查

1）检查各连接部位是否牢固可靠，螺母是否拧紧，钢丝绳是否完好，钢丝绳夹布置是否正确。

2）检查电气接线是否正确。接通电源后，按漏电断路器上的试验按钮，漏电断路器应迅速动作。关好电气箱门，检查电铃、限位开关、手握开关、转换开关、电动机等是否正常。

3）对吊篮整体各部件进行全面的检查、紧固。

（2）安装调试

1）安全锁试验

首先将悬挂平台两端调平，然后上升至悬挂平台底部离地 1m 处左右。

① 防倾式安全锁。操纵开关，使一端提升机下降，直至安全锁锁绳，然后测量悬挂平台底部距地面高度差计算锁绳角度，锁绳角度不大于 8°。左右两端安全锁的检查方法相同。

② 离心式安全锁。可用手快速抽动安全钢丝绳，安全锁应能正常锁住，锁绳距离不大于 200mm，锁绳速度不应大于 30m/min。吊篮正常升降时，检查是否有误锁动作。

2）空载试运行

① 启动电源，悬挂平台上下运行三次，每次行程 3～5m。运行时应符合下列要求：

a. 电路正常且灵敏可靠；

b. 提升机升降平稳，起动、制动正常，无异常声音；

c. 其他各部分均无异常；

d. 按下"急停"按钮，悬挂平台应能停止运行。

② 上限位碰块安装位置的调整

将悬挂平台上升到最高作业高度，调整好上限位碰块的位置和上限位开关摆臂的角度，上限位开关摆臂上的滚轮应在上限位碰块平面内。

③ 手动滑降检查

在悬挂平台内站 2 人，并加到额定载荷，将吊篮升高到小于 2m 处，两人同时操纵手动下降装置进行下降试验。下降应平稳可靠，平台下降速度不应大于 1.5 倍额定速度。

3）载荷试验

① 试验人员戴好安全帽进入悬挂平台，将安全带系挂在独立安全绳上。

② 试验时应使高处作业吊篮达到额定载荷（包括试验人员重量）。

③ 悬挂平台内均匀装载额定载重量，吊篮在 3～5m 的行程中升降，至少三次。在运行过程中应无异常声响，停止时应无滑降现象，各紧固连接处应牢固，无松动现象。

④ 在悬挂平台内站 2 人，并加到额定载荷，将吊篮升高到小于 2m 处，两人同时操纵手动下降装置进行下降试验，下降应平稳可靠。

⑤ 超载、偏载保护装置

a. 在吊篮悬挂平台里均匀布放 0.9 倍额定载重量的荷载，提升吊篮，报警系统应能发出声或光报警信号；

b. 在吊篮悬挂平台里均匀布放 1.1 倍额定载重量的荷载，提升吊篮，控制系统应能切断上升电源；

c. 在吊篮悬挂平台里严重偏载布放，提升吊篮，控制系统应能切断上升电源，并能发出声或光报警信号。

超、偏载保护装置的安装调试应由专业人员根据说明书进行。

（3）验收

安装自检并经空载试运行合格后，在使用前还必须经过施工、安装、监理等单位的验收，未经验收或验收不合格的吊篮不得使用。

5. 高处作业吊篮的安全监控要点

（1）高处作业吊篮应设置作业人员专用的挂设安全带的安全绳及安全锁扣。安全绳应固定在建筑物可靠位置上不得与吊篮上任何部位有连接，并应符合下列规定：

1）安全绳应符合现行国家标准《安全带》GB 6095—2009 的要求，其直径应与安全锁扣的规格相一致；

2）安全绳不得有松散、断股、打结现象；

3）安全锁扣的部件应完好、齐全，规格和方向标识应清晰可辨。

（2）吊篮宜安装防护棚，防止高处坠物造成作业人员伤害。

（3）吊篮应安装上限位装置，宜安装下限位装置。

（4）使用吊篮作业时，应排除影响吊篮正常运行的障碍。在吊篮下方可能造成坠落物伤害的范围，应设置安全隔离区和警告标志，人员和车辆不得停留或通行。

（5）在吊篮内从事安装、维修等作业时，操作人员应佩戴工具袋。

（6）使用境外吊篮设备时应有中文使用说明书；产品的安全性能应符合我国的行业标准。

（7）不得将吊篮作为垂直运输设备，不得采用吊篮运输物料等。

（8）吊篮内作业人员不应超过 2 人。

（9）吊篮正常工作时，人员应从地面进入吊篮内，不得从建筑物顶部、窗口或其他孔洞处上下吊篮。

（10）在吊篮内的作业人员应戴安全帽，系安全带，并应将安全锁扣正确挂置在独立设置的安全绳上。

（11）吊篮平台内应保持荷载均衡，不得超载运行。

（12）吊篮做升降运行时，工作平台两端高差不得超过 150mm。

（13）安全锁必须在标定有效期内使用，有效标定期限不大于 1 年。

（14）使用离心触发式安全锁的吊篮在空中停留作业时，应将安全锁锁定在安全绳上；空中启动吊篮时，应先将吊篮提升使安全绳松弛后再开启安全锁。不得在安全绳受力时强行扳动安全锁开启手柄；不得将安全锁开启手柄固定于开启位置。

（15）吊篮悬挂在高度在 60m 及其以下的，宜选用长边不大于 7m 的吊篮平台；吊篮悬挂在高度在 100m 及其以下的，宜选用长边不大于 5.5m 的吊篮平台；吊篮悬挂在高度 100m 以上的，宜选用不大于 2.5m 的吊篮平台。

（16）进行喷涂作业或使用腐蚀性液体进行清洗作业时，应对吊篮的提升机、安全锁、电气控制柜采取防污染保护措施。

（17）悬挑结构平行移动时，应将吊篮平台降落至地面，并应使其钢丝绳处于松弛状态。

（18）在吊篮内进行电焊作业时，应对吊篮设备、钢丝绳、电缆采取保护措施。不得将电焊机放置在吊篮内；电焊缆线不得与吊篮任何部位接触；电焊钳不得搭挂在吊篮上。

（19）在高温、高湿等不良气候条件下使用吊篮时，应采取相应的安全技术措施。

（20）当吊篮施工遇有雨雪、大雾、风沙及风速大于 9m/s（相当于 5 级风力）的恶劣天气时，应停止作业，并应将吊篮平台停放至地面，应对钢丝绳、电缆进行绑扎固定。

（21）当施工中发现吊篮设备故障和安全隐患时，应及时排除，对可能危及人身安全时，应停止作业，并应由专业人员进行维护。维修后的吊篮应重新进行检查验收，合格后方可使用。

（22）下班后不得将吊篮停留在半空中，应将吊篮放置地面。人员离开吊篮、进行吊篮维修或每日收工后应将主电源切断，并应将电气柜中各开关置于断开位置并加锁。

6. 高处作业吊篮的安全维护

为确保物料提升机的安全运行，应按规定对物料提升机进行日常和定期维护保养。

（1）日常保养

1）提升机日常保养

① 及时清除工作钢丝绳上粘附的油污、水泥、涂料和粘结剂，避免憋绳造成提升机受损或报废；

② 经常检查工作钢丝绳有无松股、毛刺、死弯、起股等局部缺陷，避免卡绳；

③ 经常清楚提升机外表面污物，避免进、出绳扣进入杂物，损伤机内零件；

④ 按使用说明书要求及时加注或者、更换规定的（类型、规格、牌号、用量等）润滑剂；

⑤ 安装，运输或使用中避免碰撞，造成机壳损伤；

⑥ 坚持作业前进行空载运行，注意检查有无异响和异味；

⑦ 发现运转异常（有异响、异味、异常高温等）情况，应及时停止使用，请专业维修人员进行检修。

2）安全锁日常保养

① 及时清除安全钢丝绳上粘附的水泥、涂料和粘结剂，避免阻塞锁内零件，造成安全锁失灵。注意进绳口处的防护措施，避免杂物进入锁内；

② 及时清除锁外表面污物；

③ 作业后做好防护工作，防止雨、雪和杂物进入锁内；

④ 避免碰撞造成损伤；

⑤ 达到标定期限应及时重新标定。

3）钢丝绳日常保养

① 在存放和运输中，将钢丝绳捆扎成直径 60cm 的圆盘，并且不得在其上堆放重物，避免出现死弯或局部压扁的缺陷；

② 在安装完毕后，将富余在下端的钢丝绳扎成圆盘并且使之离开地面约 20cm；

③ 经常检查钢丝绳表面，及时清理附着的污物，及时发现和排除出现局部缺陷的趋势；

④ 钢丝绳上绳夹处出现局部硬伤或疲劳破坏时，应及时截断该段绳头，然后按要求重新用绳夹固定；

⑤ 对长期存放的钢丝绳，要放在防雨干燥处；

⑥ 对于出现断丝但未到达报废标准的钢丝绳。应及时将其断丝头部插入绳芯。

⑦ 对达到报废标准的钢丝绳，应及时更换。

4）结构件日常保养

结构件包括悬挂机构和悬挂平台。

① 在搬运和安装中，应轻拿轻放，避免强烈碰撞或发生硬撬，使之遭受永久性变形；

② 在作业后应及时清理表面污物，清理时不要采用锐器猛刮猛铲，注意保护表面漆面；

③ 经常检查联接和紧固件，发现松动要及时拧紧；

④ 出现焊缝裂纹或构件变形，应及时请专业维修人员采用合理工艺修复；

⑤ 出现漆层脱落，应及时补漆，避免锈蚀。

5）电气系统日常保养

① 经常检查电器接头有无松动，并且及时紧固；

② 将悬垂的电源电缆绑牢在悬挂平台结构上，避免插头部位直接受拉。电缆悬垂长度起过 100m 时，应采取电缆抗拉保护措施。

6）日常检查记录

每班作业前，由操作人员按吊篮日常检查内容逐项进行认真细致的检查。

（2）定期检修

1）定期检修期限

① 连续施工作业的高处作业吊篮，视作频繁程度1~2月应进行一次定期检修；

② 断续施工作业的高处作业吊篮，累计运行300小时应进行一次定期检修；

③ 停用1个月以上的高处作业吊篮，在使用前应进行一次定期检修；

④ 完成一个工程项目拆卸后，应对各总成进行一次定期检修。

2）定期检修人员

高处作业吊篮的定期检修应由专业维修人员进行。

3）定期检修内容

除日常检查的内容之外，重点检查一下内容：

① 电气系统。检查电源电缆的损伤情况，若表面局部出现轻微损伤，可用绝缘胶布进行局部修补，若损伤超标应进行更换；检查电源电缆的固定是否良好；检查电控箱内各电器元件有无破损失灵现象，进行修复或更换；检查接触器触电烧蚀情况。对轻微烧蚀的触电用0号砂纸进行打磨，对严重烧蚀的触电进行更换；检查限位开关是否完好、各按钮是否完好；测量绝缘电阻、接地电阻、和解零电阻是否符合标准规定。

② 悬挂机构。检查受力构件变形和腐蚀情况，焊缝开裂或裂纹情况，紧固件联接松动情况，插接件变形或磨损情况，配重的安装固定情况。

③ 钢丝绳。断丝或磨损是否超标，端部接头绳夹是否需要重新固定。

④ 安全带及保险绳。固定端及女儿墙转角接触局部磨损情况，断丝、断股或磨损是否超标。

⑤ 安全锁。转动件润滑情况，适量加注润滑油；弹簧复位力量是否正常；开启和闭锁手柄启闭动作是否正常；滚动转动及磨损情况。

⑥ 提升机。机壳有渗漏、漏油现象；进、出绳口磨损情况；电动机手动装置完好情况；制动电机摩擦片磨损情况。摩擦盘厚度小于说明书规定时必须更换。

⑦ 悬挂平台。构件变形和腐蚀情况，焊缝开裂或裂纹情况，紧固件链接松动情况。

（3）定期大修

1）大修期限

① 使用期满1年；

② 累计工作300个台班；

③ 累计工作2000小时；

④ 当与制造商提供的产品安装使用说明书有出入时，应严格按照说明书的要求进行。

满足上述条件之一者，应送往具有大修条件（包括人员、设备、检修手段及配件加工能力）的吊篮专业厂进行大修。如果《使用说明书》明确规定需原厂大修的，应送回原厂进行大修。

　　7. 高处作业吊篮的故障及排除

　　高处作业吊篮控制、运行系统一旦出现故障，对高处作业吊篮安全运行会造成严重影响，因此，必须予以高度重视。

　　（1）高处作业吊篮常见故障分析及其排除方法

　　高处作业吊篮日常使用过程常见的故障、原因及排除方法见表 3-23。

高处作业吊篮常见的故障、原因及排除方法　　　　　表 3-23

故障情况	原因分析	排除方法
电源指示灯不亮	1. 电源没接通 2. 变压器损坏 3. 灯泡坏	1. 检查各级电源开关是否有效闭合 2. 换变压器 3. 换灯泡
限位开关不起作用	1. 电源相序接反 2. 限位开关坏 3. 限位开关与限位止挡接触不好	1. 交换相序 2. 换限位开关 3. 调整限位开关或止挡
松开按钮后提升机不停车	1. 电气箱内接触器触点粘连 2. 按钮损坏或被卡住	1. 修理或更换接触器 2. 更换按钮或排除
悬挂平台静止时下滑	1. 电机电磁制动器失灵 2. 摩擦盘与衔铁之间的距离过大	1. 更换电磁制动器 2. 调小间隙，合理间隙为 0.5～0.6mm
悬挂平台升降时停不住	1. 交流接触器主触点未脱开 2. 控制按钮损坏	1. 按下"急停"使悬挂平台停住，更换接触器 2. 先按上述方法停住悬挂平台，再更换控制按钮或接触器
悬挂平台不能升降	供电不正常： 1. 漏电断路器跳开 2. 电源缺相或无零线	查明有无漏电，采取相应措施排除检查三相供电电源（含零线）是否正常后重新接通
	控制线路失灵 1. 控制变压器损坏 2. 热继电器断开或损坏 3. 熔断丝或接触器损坏 4. 插件接触不良	1. 更换变压器 2. 等几分钟再启动或更换热继电器 3. 更换熔断丝或接触器 4. 检查并插紧插件或更换
悬挂平台倾斜	1. 电机制动器灵敏度差异 2. 离心限速器弹簧松弛 3. 电动机转速差异，提升机拽绳差异	1. 调整电机制动器的间隙 2. 更换离心限速器弹簧 3. 检查、更换提升机的压绳装置或更换转速不正确的电动机
	悬挂平台内载荷不匀	调整悬挂平台载荷
提升机有异常噪声	提升机零部件受损	更换
一侧提升机不动作或电机发热冒烟	制动器衔铁不动作或衔铁与摩擦盘的间距过小 制动器线圈烧坏 整流块短路损坏 热继电器或接触器损坏 转换开关损坏	1. 调整制动器衔铁与摩擦盘的间距或更换衔铁 2. 更换制动器线圈 3. 更换整流块 4. 更换相应电器件 5. 更换转换开关

续表

故障情况	原因分析	排除方法
工作钢丝绳不能穿入提升机	绳端焊接问题	打光焊接部位或重新制作钢丝绳端头
提升机带不动悬挂平台	1. 电源电压过低 2. 传动装置损坏 3. 制动器未打开或未完全打开 4. 压绳机构杠杆变形	1. 检查供电电压 2. 检修提升机 3. 调整间距，并检查制动器能否正常吸合 4. 校直杠杆或更换
电机噪音大或发热异常	1. 缺相运行 2. 电源电压过低或过高 3. 轴承损坏	1. 检查供电电源 2. 检查供电电压 3. 更换
悬挂平台升至屋顶时无法下行	两套悬挂机构间距太小，使安全锁起作用	调整悬挂机构间距
工作钢丝绳异常磨损	1. 分绳块磨损 2. 压绳机构磨损 3. 导绳轮磨损、损坏	1. 更换分绳块 2. 更换压绳机构 3. 更换导绳轮
离心式安全锁离心机构不动作	离心弹簧过紧，绳轮弹簧压紧不够，异物堆积	更换离心式弹簧、绳轮弹簧，清除异物，并重新标定
安全锁锁绳时打滑或锁绳角度偏大	1. 安全钢丝绳上有油污 2. 夹绳轮磨损 3. 安全锁动作迟缓 4. 两套悬挂机构间距过大	1. 清洁或更换钢丝绳 2. 更换夹绳轮 3. 更换安全锁扭簧 4. 调整悬挂机构间距

（2）高处作业吊篮安装使用应急措施

在施工过程中有时会遇到一些特殊或突发情况，此时操作人员首先要镇静，然后采取合理有效的应急措施，果断化解或排除险情，切莫惊慌失措，束手无策，延误排险时机，造成不必要的损失。

1）施工中突然断电

施工中突然断电时，应立即关上电气箱的电源总开关。切断电源，防止突然来电时发生意外。然后与地面或屋顶有关人员联络，判明断电原因，决定是否返回地面。若短时间停电，待接到来电通知后，合上电源总开关，经检查正常后再开始工作。若长时间停电或因本设备故障断电，应及时采用手动方式使平台平稳滑降至地面。当确认手动滑降装置失效时，应与篮外人员联络，在采取相应安全措施后，方可通过附近窗口撤离高处作业吊篮。

此时千万不能图省事，贸然跨过悬挂平台护栏钻入附近窗口离开高处作业吊篮，以防不慎坠落造成人身伤害。

2）在平台升降过程中松开按钮后不能停止

高处作业吊篮上升或下降按钮都是点动按钮，正常情况下，按住上升或下降按钮，悬挂平台向上或向下运行，松开按钮便停止运行。当出现松开按钮，但无法停止平台运行时，应立即按下电气箱或按钮盒上的红色急停按钮，或者立即关上电源总开关，切断电源使悬挂平台紧急停止。然后用手动滑降使悬挂平台平稳落地。

必须请专业维修人员在地面排除电气故障后，再进行作业。

3）在上升或下降过程中平台纵向倾斜角度过大

当悬挂平台倾斜角度过大时，应及时停车，将电气箱上的转换开关旋至平台单机运行挡，然后按上升或下降按钮直至悬挂平台接近水平状态为止。再将转换开关旋回双机运行档，继续进行作业。

如果在上升或下降的单向全程运行中，悬挂平台需进行二次以上（不合二次）的上述调整时，应及时将悬挂平台降至地面，检查并调整两端提升电动机的电磁制动器间隙使之符合《电动机使用说明书》的要求，然后再检测两端提升机的同步性能。若差异过大，应更换电动机，选择一对同步性能较好的电动机配对使用。

使用防倾斜式安全锁的高处作业吊篮，在下降过程中出现低端安全锁锁绳时，也可采用上述方法，使悬挂平台凋平后，便可自动解除安全锁的锁绳状态。

4）工作钢丝绳突然卡在提升机内

钢丝绳松股、局部凸起变形或黏结涂料、水泥、胶状物时，均会造成钢丝绳夹在提升机内的严重故障，此时应立即停机。严禁用反复升、降操作来强行排除险情。这不但排除不了险情，而且，轻则造成提升机进一步损坏，重则切断机内钢丝绳，造成悬挂平台一端坠落，甚至机毁人亡。

发生卡绳故障时，机内人员应保持冷静，在确保安全的前提下撤离悬挂平台，并派经过专业训练的维修人员进入悬挂平台进行排险。

排险时，首先将故障端的安全钢丝绳缠绕在悬挂平台吊架上，用绳夹夹紧，使之承受此端悬吊载荷，然后在悬挂机构相应位置重新安装一根钢丝绳，在此钢丝绳上安装一台完好的提升机并升至悬挂平台，置换故障提升机。再将该端悬挂平台提升 0.5m 左右停止不动，取下安全钢丝绳的绳夹，使其恢复到悬垂位置。然后将平台升至顶部，取下故障钢丝绳，再降至地面。将提升机解体取出卡在内部的钢丝绳。最后对提升机进行全面严格的检查和修复，必须更换受损零部件，不得勉强继续使用，埋下事故隐患。

5）一端工作钢丝绳破断，安全锁锁住安全绳

当一端工作钢丝绳由于意外破断，悬挂平台倾斜，安全锁锁住安全钢丝绳上时仍然采用上述方法排险措施。

特别注意在排险过程中动作要轻，要平稳避免安全锁受到过大冲击和干扰，致使安全锁失效造成事故。

6）一端钢丝绳破断且安全锁失效，平台单点悬挂而直立

当一端钢丝绳破断且安全锁失效，平台单点悬挂而直立，由于一端工作钢丝绳破断，同侧安全锁又失灵或者一侧悬挂机构失去作用，造成一端悬挂失效，仅剩下一端

悬挂，致使悬挂平台倾翻甚至直立时，操作人员切莫惊慌失措。有安全带吊住的人员应尽量轻轻攀到悬挂平台上便于蹬踏之处，无安全带吊住的人员，要紧紧抓牢悬挂平台上一切可抓的部位，然后攀至更有利的位置。此时所有人员都应注意：动作不可过猛，尽量保存体力，等待救援。救援人员应根据现场情况尽快采取最有效的应急方法，紧张而有序地进行施救。

考 试 习 题

一、单项选择题（每小题有 4 个备选答案，其中只有 1 个是正确选项。）

1. 下列关于施工起重机械的说法，正确的是（   ）。

A. 产权备案证明可以在设备使用后办理

B. 购入的旧塔机应有半年内完整运行记录及维修、改造资料

C. 塔机的各种安全装置必须齐全．灵敏可靠，但有的仪器仪表可以没有

D. 塔机生产厂必须持有国家颁发的特种设备制造许可证

正确答案：D

2. 起重设备档案的原始资料不包括内容是（   ）

A. 购销合同　　　　　　　　　B. 历次验收资料

C. 必要的制造许可证　　　　　D. 备案证明

正确答案：B

3. 关于施工起重机械安全技术档案包括的资料，下面阐述不正确的是（   ）

A. 产品合格证、安装使用说明书等原始资料

B. 定期检验报告、定期自行检查记录等运行资料

C. 历次安装验收资料

D. 司机体检资料

正确答案：D

4. 根据《建筑机械使用安全技术规程》，当风速达到（   ）m/s 时，应停止塔机露天起重吊装作业。

A. 8　　　　　　　B. 9　　　　　　　C. 12　　　　　　　D. 13

正确答案：C

5. 塔式起重机主要由（   ）组成。

A. 基础、塔身和塔臂

B. 基础、架体和提升机构

C. 金属结构、提升机构和安全保护装置

D. 金属结构、工作机构．安全装置和控制系统

正确答案：D

6. 塔机爬梯的休息平台应设置在不超过（　　）的高度处，上部休息平台的间隔不应大于（　　）。

A. 12.5m，10m　　　B. 10m，12m　　　C. 9m，6m　　　D. 6m，9m

正确答案：A

7. 卷扬机卷筒两侧边缘超过最外层钢丝绳的高度不应小于钢丝绳直径的（　　）倍，卷筒上钢丝绳层钢丝绳排列应整齐有序。

A. 2　　　　　B. 3　　　　　C. 0.8　　　　　D. 1.5

正确答案：A

8. 当塔机吊钩位于最低位置时，起升卷扬机卷筒上应至少保留（　　）圈安全圈。

A. 5　　　　　B. 4　　　　　C. 3　　　　　D. 2

正确答案：C

9. 塔机滑轮槽底的磨损量超过相应钢丝绳直径的（　　）时，应予以报废。

A. 25%　　　　B. 15%　　　　C. 20%　　　　D. 50%

正确答案：A

10. 塔机起升机构制动块摩擦衬垫磨损量达到原厚度的（　　）时，应予以报废。

A. 25%　　　　B. 30%　　　　C. 50%　　　　D. 15%

正确答案：C

11. 塔机变幅小车车轮踏面厚度磨损量达到原厚度的（　　），应予以报废。

A. 25%　　　　B. 30%　　　　C. 50%　　　　D. 15%

正确答案：D

12. （　　）能够防止塔机超载，避免由于严重超载而引起塔机倾覆或折臂等事故。

A. 力矩限制器　　B. 吊钩保险　　C. 行程限制器　　D. 幅度限制器

正确答案：A

13. 对小车变幅的塔式起重机，起重力矩限制器应分别由（　　）进行控制。

A. 起重量和起升速度　　　　　B. 起升速度和幅度
C. 起重量和起升高度　　　　　D. 起重量和幅度

正确答案：D

14. 对动臂式塔机，当吊钩装置升至其顶部距起重臂下端 800mm 处时，（　　）应动作，使起升运动立即停止。

A. 起升高度限位器　　　　　B. 起重力矩限制器
C. 起重量限制器　　　　　D. 幅度限位器

正确答案：A

15. 对于塔式起重机，当起重量大于相应挡位的额定值并小于额定值的 110% 时，

203

起重量限制器应当动作，使塔机停止向（　　　）方向运行。

    A. 上升　　　　　　B. 下降　　　　　　C. 左右　　　　　　D. 上下

正确答案：A

16. 小车变幅的塔机，应设置小车（　　　）和终端缓冲装置，保证小车停车时其端部距缓冲装置最小距离为 200mm。

    A. 起重量限制器　　B. 超高限制器　　C. 力矩限制器　　D. 行程限位开关

正确答案：D

17. 塔式起重机的滑轮．起升卷筒及动臂变幅卷筒均应设置（　　　）。

    A. 防护罩　　　　　　　　　　　　B. 力矩限制器

    C. 钢丝绳防脱装置　　　　　　　　D. 防断绳装置

正确答案：C

18. 臂架根部铰点高度大于（　　　）的塔机，应安装风速仪。

    A. 60m　　　　　　B. 50m　　　　　　C. 40m　　　　　　D. 30m

正确答案：B

19. 高度（　　　）及以上内爬式起重设备的拆除专项方案应按规定进行专家论证。

    A. 120m　　　　　　B. 180m　　　　　　C. 200m　　　　　　D. 220m

正确答案：C

20. 塔式起重机常用的自行设计的基础型式不包括（　　　）

    A. 板式基础　　　　　　　　　　　B. 桩基承台式混凝土基础

    C. 组合式基础　　　　　　　　　　D. 压重式基础

正确答案：D

21. 塔机在安装前应当向工程所在地的建设主管部门进行（　　　）。

    A. 产权备案　　　B. 安装告知　　　C. 使用登记　　　D. 检测申请

正确答案：B

22. 在塔机拆卸前的检查中发现问题，应告知（　　　）单位，采取相应措施。

    A. 使用　　　　　B. 安装　　　　　C. 产权　　　　　D. 监理

正确答案：C

23. 关于从事塔机安装．拆卸活动的单位，下列说法不正确的是（　　　）。

    A. 应当依法取得建设主管部门颁发的起重设备安装工程专业承包资质

    B. 应当依法取得施工企业安全生产许可证

    C. 应在其资质许可范围内承揽工程

    D. 三级资质可承担 3150kN·m 以下塔式起重机．各类施工升降机的安装与拆卸

正确答案：D

24. 当塔机安装高度达到（　　　）高时，必须在塔机的最高部位安装红色障碍指示

灯并保证供电不受停机影响。

    A. 20m   B. 30m   C. 40m   D. 50m

正确答案：B

25. 塔式起重机在有附着锚固的情况下，最高锚固点以下垂直度不应大于（　　）。

    A. 1/1000   B. 2/1000   C. 3/1000   D. 4/1000

正确答案：B

26. 塔机安装到独立高度时，塔身和基础平面的垂直度允许偏差为（　　）。

    A. 4/1000   B. 3/1000   C. 2/1000   D. 1/1000

正确答案：A

27. 塔机尾部与建筑物及建筑物外围施工设施之间的距离不得小于（　　）。

    A. 0.6m   B. 0.8m   C. 1.5m   D. 2m

正确答案：A

28. 塔机供电系统的保护零线（PE线）应做重复接地，重复接地电阻不大于（　　）。

    A. 4Ω   B. 8Ω   C. 10Ω   D. 12Ω

正确答案：C

29. 塔机顶升作业时，必须使（　　）和平衡臂处于平衡状态。

    A. 配重臂   B. 起重臂   C. 配重   D. 小车

正确答案：B

30. 塔机安装附着框架和附着支座时，各道附着装置所在平面与水平面的夹角不得超过（　　）。

    A. 15°   B. 10°   C. 8°   D. 4°

正确答案：B

31. 塔机附着框架应尽可能设置在（　　）。

    A. 塔身标准节节点之间   B. 起重臂与塔身的连接处

    C. 塔身标准节的节点连接处   D. 平衡臂与塔身的连接处

正确答案：C

32. 塔机附着杆件与附着支座（锚固点）应采取（　　）铰接。

    A. 螺栓   B. 花键   C. 曲轴   D. 销轴

正确答案：D

33. 使用单位应当自建筑起重机械安装验收合格之日起（　　）日内，向工程所在地县级以上建设主管部门办理建筑起重机械使用登记。

    A. 60   B. 50   C. 40   D. 30

正确答案：D

34. 塔机在每次进行附着或顶升作业完毕后，应由（　　）对附着装置及塔机整体

205

状况进行验收。

A. 建设单位   B. 安装单位

C. 产权（出租）单位   D. 制造厂商

正确答案：B

35. 当塔式起重机使用周期超过（　　）时，应进行一次全面检查，合格后方可继续使用。

A. 3个月   B. 半年   C. 一年   D. 一年半

正确答案：C

36. 下列关于塔机处于非工作状态时的陈述，错误的一项是（　　）。

A. 小车应置于起重臂根部

B. 起重臂应转到顺风方向，并松开回转制动器

C. 吊钩宜升到离起重臂顶端2～3m

D. 塔机应停在导轨的末端

正确答案：D

37. 塔机提升重物作水平移动时，应高出其跨越的障碍物（　　）m以上。

A. 0.5   B. 0.8   C. 1   D. 1.5

正确答案：A

38. 对于无中央集电器的塔机，在作业时，不得顺一个方向连续回转（　　）圈。

A. 1   B. 1.5   C. 2   D. 2.5

正确答案：B

39. 当同一施工地点有两台以上塔机时，应保持两机间任何接近部位（包括吊重物）距离不得小于（　　）。

A. 0.6m   B. 0.8m   C. 1.5m   D. 2m

正确答案：D

40. 塔机日常维护保养是由（　　）进行的。

A. 塔机司机   B. 专业维修人员

C. 机械管理人员   D. 工程技术人员

正确答案：A

41. 施工升降机吊笼顶部防护围栏的高度不应低于（　　）。

A. 1.1m   B. 1.5m   C. 1.8m   D. 2m

正确答案：A

42. 在施工升降机中，用于支持和引导吊笼、对重等装置运行的金属构架是（　　）。

A. 导轨架   B. 底架   C. 标准节   D. 防坠安全器

正确答案：A

43. 施工升降机通过（　　）将导轨架和建筑物或其他固定结构相连接，并为导轨架提供侧向支撑。

A. 导轨架　　　　　B. 附墙架　　　　　C. 钢丝绳　　　　　D. 钢管

正确答案：B

44. 施工升降机应设置高度不低于（　　）的地面防护围栏。

A. 2m　　　　　　　B. 1.2m　　　　　　C. 1.5m　　　　　　D. 1.8m

正确答案：D

45. 对于齿轮齿条式施工升降机，其传动齿轮．防坠安全器的齿轮与齿条啮合时，接触长度沿齿高不得小于（　　），沿齿长不得小于（　　）。

A. 40%，50%　　　B. 50%，40%　　　C. 40%，40%　　　D. 50%，50%

正确答案：A

46. 施工升降机对重轨道应平直，接缝应平整，错位阶差不应大于（　　）。

A. 0.1mm　　　　　B. 0.5mm　　　　　C. 0.3mm　　　　　D. 0.8mm

正确答案：B

47. 安装在施工升降机底架上用以吸收下降吊笼和对重的动能，起缓冲作用的装置是（　　）。

A. 对重　　　　　　B. 安全器　　　　　C. 缓冲器　　　　　D. 制动器

正确答案：C

48. 当施工升降机额定提升速度小于 0.8m/s 时，触板触发上限位开关后，上部安全距离不应小于（　　）。

A. 1.0m　　　　　　B. 1.5m　　　　　　C. 1.8m　　　　　　D. 2.0m

正确答案：C

49. 下列哪个装置是用于防止施工升降机吊笼脱离导轨架或防坠安全器齿轮脱离齿条的。（　　）

A. 安全钩　　　　　B. 上限位开关　　　C. 极限开关　　　　D. 防坠安全器

正确答案：A

50. 施工升降机的控制、照明、信号回路的对地绝缘电阻应大于（　　），动力电路的对地绝缘电阻应大于（　　）。

A. 0.5MΩ，1MΩ　　　　　　　　　　　B. 1MΩ，1MΩ

C. 1MΩ，0.5MΩ　　　　　　　　　　　D. 0.5MΩ，0.5MΩ

正确答案：A

51. 当施工升降机安装高度大于（　　），并超过建筑物高度时，应安装红色障碍灯。

A. 100m　　　　　　B. 120m　　　　　　C. 50m　　　　　　D. 30m

正确答案：B

52. 施工升降机吊笼门与楼层卸料平台边缘的水平距离不应大于（　　）。

A. 150mm　　　　B. 100mm　　　　C. 50mm　　　　D. 30mm

正确答案：C

53. 施工升降机的安装高度为120m时，其安装的垂直度偏差不应超过（　　）。

A. 70mm　　　　B. 90mm　　　　C. 100mm　　　　D. 120mm

正确答案：B

54. 施工升降机安装用吊杆的钢丝绳安全系数不应小于（　　），直径不应小于（　　）。

A. 6，5mm　　　　B. 6，8mm　　　　C. 8，5mm　　　　D. 8，8mm

正确答案：C

55. 极限开关与上限位开关之间的越程距离：齿轮齿条施工升降机不应小于为（　　），钢丝绳式施工升降机不应小于（　　）。

A. 0.6m，1m

C. 0.3m，0.6m

B. 0.15m，0.5m

D. 0.1m，0.15m

正确答案：B

56. 施工升降机投入正常运行后，还需（　　）定期进行一次坠落试验。

A. 1个月　　　　B. 3个月　　　　C. 6个月　　　　D. 12个月

正确答案：B

57. 施工升降机基础上表面平整度允许偏差为（　　）。

A. 12mm　　　　B. 10mm　　　　C. 9mm　　　　D. 8mm

正确答案：B

58. 施工升降机的防坠安全器应在标定期限内使用，标定期限不应超过（　　）。

A. 一年　　　　B. 半年　　　　C. 两年　　　　D. 3个月

正确答案：A

59. 当施工升降机标准节立管壁厚最大减少量超出出厂厚度的（　　），应予以报废或按立管壁厚规格降格使用。

A. 10%　　　　B. 15%　　　　C. 20%　　　　D. 25%

正确答案：D

60. 风速达到（　　）m/s时，施工升降机应停止运行，并将梯笼降到底层，切断电源。

A. 9　　　　B. 12　　　　C. 16　　　　D. 20

正确答案：D

61. 物料提升机吊笼的越程应不小于（　　）。

A. 1.5m　　　　B. 2m　　　　C. 2.5m　　　　D. 3m

正确答案：D

62. 当物料提升机吊笼内载荷达到额定载重量的（　　）时，应切断上升主电路电源。

A. 90%　　　　　　B. 100%　　　　　　C. 110%　　　　　　D. 120%

正确答案：C

63. 当物料提升机吊笼处于最低位置时，卷筒上的钢丝绳不得少于（　　）。

A. 1圈　　　　　　B. 2圈　　　　　　C. 3圈　　　　　　D. 4圈

正确答案：C

64. 物料提升机安装高度大于或等于（　　）时，不得使用缆风绳。

A. 20m　　　　　　B. 30m　　　　　　C. 40m　　　　　　D. 50m

正确答案：B

65. 物料提升机缆风绳直径不应小于（　　）。

A. 6mm　　　　　　B. 8mm　　　　　　C. 10mm　　　　　　D. 12mm

正确答案：B

66. 物料提升机附墙后立柱顶部的自由高度不大于（　　）。

A. 6m　　　　　　B. 7m　　　　　　C. 8m　　　　　　D. 9m

正确答案：A

67. 使用物料提升机时，下列不正确做法是（　　）。

A. 操作人员应持有职业技能鉴定证书

B. 休息时，应将吊笼降至地面

C. 作业中吊笼下方严禁人员停留或通过

D. 作业中操作人员不得离开操作岗位

正确答案：A

68. 物料提升机作业中发生停电时，下列哪种操作不正确。（　　）

A. 将控制手柄或按钮置于零位　　　　B. 操作人员就近离开

C. 切断电源　　　　　　　　　　　　D. 将吊笼降至地面

正确答案：B

69. 物料提升机作业中，发生异常情况应立即停机检查，排除故障后方可继续使用。下列哪项不属此类情况（　　）

A. 发现异响　　　　　　　　　　　　B. 制动失灵

C. 钢丝绳轻微磨损　　　　　　　　　D. 制动带或轴承等温度剧烈上升

正确答案：C

70. 物料提升机需临时拆除缆风绳，正确做法是（　　）。

A. 停机加固，恢复缆风绳后，方可使用

B. 停机拆除缆风绳后继续使用提升机

C. 拆除缆风绳与使用提升机可同时进行

D. 停机加固，拆除缆风绳后继续使用提升机

正确答案：A

71. 正常工作状态下，高处作业吊篮悬挂机构抗倾覆系数不得小于（　　）。

A. 1.5　　　　　　B. 2　　　　　　C. 2.5　　　　　　D. 3

正确答案：B

72. 高处作业吊篮悬挂机构前支架与支承面的接触应扎实稳定，脚轮（　　）。

A. 不得受力　　B. 可以受力　　C. 可以轻微受力　　D. 可不设置

正确答案：A

73. 下列关于安装高处作业吊篮配重的陈述，其中正确的一项是（　　）。

A. 配重件应稳定可靠地安放在配重架上并有防止移动措施

B. 配重件堆放在配重架上即可

C. 配重件稳定安放在配重架上，防止移动的措施可有可无

D. 只要满足重量要求，任何物品均可作为配重件

正确答案：A

74. 高处作业吊篮防倾式安全锁锁绳角度应不大于（　　），离心式安全锁锁绳距离应不大于（　　）。

A. 10°，200mm　　B. 9°，200mm　　C. 8°，150mm　　D. 8°，200mm

正确答案：D

75. 下列关于安装高处作业吊篮限位装置原则的陈述，正确的一项是（　　）。

A. 应设上限位和下限位　　　　　　B. 应设上限位，宜设下限位

C. 宜设上限位和下限位　　　　　　D. 应设下限位，宜设上限位

正确答案：B

76. 高处作业吊篮内作业人员不应超过（　　）人。

A. 1　　　　　　B. 2　　　　　　C. 3　　　　　　D. 4

正确答案：B

77. 高处作业吊篮安全锁必须在标定有效期内使用，有效标定期限不大于（　　）年。

A. 4　　　　　　B. 3　　　　　　C. 2　　　　　　D. 1

正确答案：D

78. 高处作业吊篮做升降运行时，工作平台两端高差不得超过（　　）mm。

A. 100　　　　　　B. 150　　　　　　C. 200　　　　　　D. 220

正确答案：B

79. 悬挂高度在100m及其以下的高处作业吊篮，平台长边不宜大于（　　）。

A. 7m B. 5.5m C. 5m D. 2.5m

正确答案：B

80. 当遇有雨雪、大雾、风沙及风速大于 9m/s 的恶劣天气时，应停止高处作业吊篮施工作业，并按（ ）处置。

A. 将吊篮平台空中暂停，等恶劣天气过去继续施工

B. 将吊篮平台停放至地面，对钢丝绳.电缆进行绑扎固定

C. 将吊篮平台停放至地面

D. 将吊篮平台空中暂停，并对钢丝绳.电缆进行绑扎固定

正确答案：B

81. 下列关于故障维修后的高处作业吊篮重新启用的陈述，正确的一项是（ ）。

A. 应重新进行检查验收，合格后方可使用

B. 即可使用

C. 应拆除

D. 经进行检查验收后即可使用

正确答案：A

82. 高处作业吊篮正常工作时，人员进出吊篮正确的部位是（ ）。

A. 地面 B. 建筑物顶部

C. 其他孔洞方便处 D. 建筑物窗口

正确答案：A

83. 履带式起重机应在平坦坚实的地面上作业.行走和停放。正常作业时，坡度不得大于（ ）。

A. 2° B. 3° C. 4° D. 5°

正确答案：B

84. 履带式起重机负载时，应缓慢行驶，起重量不得超过相应工况额定起重量的（ ）。

A. 50% B. 60% C. 70% D. 80%

正确答案：C

85. 汽车式起重机在满负荷起吊时，禁止下列哪种操作。（ ）

A. 回转 B. 同时进行回转起升

C. 行走 D. 向上变幅

正确答案：B

86. 汽车式起重机作业中，禁止下列哪种操作。（ ）

A. 回转 B. 调整支腿 C. 起升 D. 向上变幅

正确答案：B

87. 轮胎式起重机作业前，应全部伸出支腿，调整机体使回转支撑面的倾斜度在无载荷时不大于（　　）。

A. 1/1000　　　　B. 2/1000　　　　C. 3/1000　　　　D. 4/1000

正确答案：A

88. 轮胎式起重机起吊重物达到额定起重量的 90％ 以上时，严禁下列哪种操作（　　）。

A. 回转　　　　B. 向下变幅　　　　C. 起升　　　　D. 向上变幅

正确答案：B

二、多项选择题（每小题有 5 个备选答案，其中至少有 2 个是正确选项。）

1. 建筑起重机械不得出租．安装和使用的情形包括（　　）：

A. 属国家明令淘汰或禁止使用的品种、型号

B. 超过规定使用年限经评估不合格的产品

C. 没有完整安全技术档案的产品

D. 没有齐全有效的安全保护装置

E. 经检验达不到安全技术标准规定

正确答案：ABCDE

2. 下列哪些设备是建筑施工中常见的建筑起重机械设备。（　　）

A. 塔式起重机　　　　　　　　B. 搅拌机

C. 施工升降机　　　　　　　　D. 打桩机

E. 龙门架及井架物料提升机

正确答案：ACE

3. 塔机按照变幅方式可分为（　　）。

A. 小车变幅塔机　　　　　　　B. 动臂变幅塔机

C. 自升式塔机　　　　　　　　D. 固定式塔机

E. 行走式塔机

正确答案：AB

4. 下列属于塔式起重机的主要性能参数有（　　）。

A. 最大起重力矩　　　　　　　B. 起升高度

C. 工作速度　　　　　　　　　D. 工作幅度

E. 顶升速度

正确答案：ABCD

5. 对于塔机司机室，下列说法正确的有：

A. 应有绝缘地板

B. 应有符合消防要求的灭火器

C. 门窗应完好

D. 起重特性曲线图（表）

E. 安全操作规程牌应固定牢固，清晰可见

正确答案：ABCDE

6. 下列属于塔机安全装置的有（　　）。

A. 载荷保护装置　　B. 行程限位装置　　C. 止挡保护装置　　D. 警示显示装置

E. 塔机安全监控系统

正确答案：ABCDE

7. 下列属于塔机警示显示装置的有（　　）

A. 报警装置　　　　　　　　　B. 显示记录装置

C. 工作空间限制器　　　　　　D. 风速仪

E. 障碍指示灯

正确答案：ABCDE

8. 下列属于塔机行程限位装置的有（　　）

A. 起升高度限位器　　　　　　B. 幅度限位器

C. 回转限位器　　　　　　　　D. 起重力矩限位器

E. 运行限位器

正确答案：ABCE

9. 塔机安装方案应包括的内容有（　　）。

A. 安装位置平面和立面图　　　B. 所选用塔机型号及性能技术参数

C. 安装顺序和安全质量要求　　D. 施工人员配置

E. 安全装置的调试

正确答案：ABCDE

10. 下列属于塔机基础验收资料的有（　　）。

A. 地基承载力勘察报告　　　　B. 基础的隐蔽工程验收记录

C. 混凝土强度报告　　　　　　D. 预埋件或地脚螺栓产品合格证

E. 接地电阻测试记录

正确答案：ABCD

11. 塔机安装安全技术交底应包括以下内容：（　　）

A. 塔机的性能参数　　　　　　B. 塔机司机操作要求

C. 安全操作要求和应急措施　　D. 安装部件的重量、重心和吊点位置

E. 辅助设备．机具的性能及操作要求

正确答案：ACDE

12. 塔式起重机安装、拆卸作业应配备的建筑施工特种作业人员有（　　）。

213

A. 塔式起重机安装拆卸工　　　　　B. 建筑起重司索信号工

C. 塔式起重机司机　　　　　　　　D. 建筑电工

E. 钢筋工

正确答案：ABCD

13. 在安装单位自检和检测机构检验合格后，塔机使用单位应当组织（　　）等有关单位进行联合验收。

A. 产权（出租）单位　　　　　　　B. 安装单位

C. 监理单位　　　　　　　　　　　D. 建设单位

E. 制造厂商

正确答案：ABC

14. 塔机司机应具备的身体条件有（　　）

A. 无听觉障碍　　　　　　　　　　B. 无色盲，矫正视力不低于 5.0

C. 无妨碍从事本工种的疾病　　　　D. 无生理缺陷

E. 年满 16 周岁

正确答案：ABCD

15. 塔式起重机使用前，应对下列哪些相关作业人员进行安全技术交底。（　　）

A. 起重司机　　　B. 起重信号工　　　C. 司索工　　　D. 建筑电工

E. 建筑架子工

正确答案：ABC

16. 关于实行多班作业的塔机，下列陈述正确的有（　　）。

A. 安全员负责交接班

B. 应执行交接班制度

C. 接班司机经检查确认无误后，方可开机作业

D. 司机认真填写交接班记录

E. 安全员记录交接班记录

正确答案：BCD

17. 下列属于塔机月检内容的有（　　）

A. 钢丝绳　　　　　　　　　　　　B. 基础与附着装置

C. 避雷、接地电阻　　　　　　　　D. 核实保养记录

E. 力矩与起重量限制器等各种安全装置是否可靠有效

正确答案：ABCE

18. 塔机吊钩吊不起重物，故障原因有（　　）

A. 塔机工作电源电压不足　　　　　B. 起吊负荷超载

C. 起升机构制动器调整过紧　　　　D. 起升机构制动器调节过松

E. 高度限位失效

正确答案：ABC

19. 塔机液压顶升系统承载顶升后油缸下滑，原因有 （   ）

A. 油管密封件损坏   B. 系统中其他密封件损坏

C. 单向阀或液压锁被杂物卡住   D. 油管接头处漏油

E. 电机转动方向不对

正确答案：ABCD

20. 施工升降机按传动形式分有 （   ） 型式。

A. 钢丝绳式   B. 齿轮齿条式   C. 液压式   D. 倾斜式

E. 附着式

正确答案：ABC

21. 施工升降机主要由 （   ） 等部分组成。

A. 金属结构   B. 驱动机构   C. 传动系统   D. 安全保护装置

E. 电气控制系统

正确答案：ABCDE

22. 下列关于施工升降机防护围栏门说法，正确的有 （   ）

A. 维护时为能从地面防护围栏门出入，围栏门应能从里面打开

B. 围栏门应装有机械锁紧和电气安全开关

C. 当吊笼位于底部规定位置时，围栏门方能开启

D. 围栏门开启后吊笼不能启动

E. 吊笼在运行过程中可以打开围栏门

正确答案：ABCD

23. 下列关于施工升降机安全保护装置的说法，正确的有 （   ）

A. 安全装置在任何时候都应起作用

B. 应有措施 （如封铅） 防止对限速器动作速度作未经授权的调整

C. 限速器用滑轮应安装在悬挂吊笼的钢丝绳滑轮支承轴上

D. 超速安全装置应借助于电气、气动装置来动作

E. 安全装置的释放方法应要求专业人员介入

正确答案：ABE

24. 关于施工升降机层门的安装要求，下列说法正确的有 （   ）

A. 层门不得向吊笼升降通道开启

B. 楼层平台不应与施工升降机钢结构相连接

C. 各楼层应设置楼层标识，夜间施工应有照明

D. 水平或垂直滑动的层门应有导向装置，其运动应通过机械式限位装置限位

215

E. 应有保护手指不被门压伤的措施

正确答案：ABCDE

25. 下列属于施工升降机安装拆卸方案编制依据的有：（   ）

A. 施工升降机使用说明书

B. 安装拆卸现场的实际情况，包括场地、道路、环境等

C. 国家、行业、地方有关施工升降机的法规、标准、规范等

D. 工程概况

E. 作业人员组织和职责

正确答案：ABC

26. 施工升降机安装前，机构件或零部件应进行修复或更换的情形有：（   ）

A. 有可见裂纹   B. 严重锈蚀

C. 严重磨损   D. 整体或局部变形

E. 表面有油污

正确答案：ABCD

27. 施工升降机安拆交底包括以下内容：（   ）

A. 施工升降机的性能参数

B. 安装、附着及拆卸的程序和方法

C. 各部件的联接形式、联接件尺寸及联接要求

D. 作业中安全操作措施

E. 司机操作注意事项

正确答案：ABCD

28. 对于施工升降机的安装拆卸要求，下列说法正确的有 （   ）。

A. 安装单位应具备相应的资质和安全生产许可证

B. 在安装前应当向工程所在地的建设主管部门进行安装告知

C. 安装作业时必须将按钮盒或操作盒移至吊笼顶部操作

D. 当导轨架或附墙架上有人员作业时，严禁开动施工升降机

E. 使用单位应与安装单位签订施工升降机安装、拆卸合同

正确答案：ABCDE

29. 施工升降机电气箱内应装设 （   ） 保护装置。

A. 短路   B. 过载   C. 错相   D. 断相

E. 零位

正确答案：ABCDE

30. 施工升降机作业前的检查，符合要求的有：（   ）

A. 结构不得有变形，连接螺栓不得松动

B. 齿条与齿轮、导向轮与导轨应接合正常

C. 钢丝绳应固定良好，不得有异常磨损

D. 运行范围内不得有障碍

E. 安全保护装置应灵敏可靠

正确答案：ABCDE

31. 物料提升机主要由以下（　　）部分组成。

A. 架体

B. 提升与传动机构

C. 吊笼

D. 安全保护装置

E. 电气控制系统

正确答案：ABCDE

32. 下列哪些装置属于物料提升机的安全保护设置。（　　）

A. 断绳保护装置

B. 上、下限位开关

C. 安全停靠装置

D. 吊笼安全门

E. 风速仪

正确答案：ABCD

33. 物料提升机安装检验合格后，下列哪些单位应当参加联合验收。（　　）

A. 使用单位

B. 产权单位

C. 安装单位

D. 监理单位

E. 建设主管部门

正确答案：ABCD

34. 遇有下列哪些影响安全作业的恶劣气候时，应停止物料提升机作业。（　　）

A. 大雨

B. 大雪

C. 大雾

D. 霜冻

E. 风速超过 13m/s 的大风

正确答案：ABCE

35. 每班开机前，应对物料提升机进行作业前检查，确认无误后方可作业。应检查确认的内容有（　　）。

A. 制动器可靠有效、限位器灵敏完好

B. 吊笼运行通道内无障碍物

C. 停层装置动作可靠

D. 钢丝绳磨损在允许范围内

E. 吊笼及对重导向装置无异常

正确答案：ABCDE

36. 下列关于高处作业吊篮安全钢丝绳的描述，正确的有（　　）。

A. 无须设置

B. 在正常运行时，应处于悬垂状态

C. 选用与工作绳相同型号的钢丝绳

D. 选用与工作绳相同规格的钢丝绳

E. 选用高强度、镀锌、柔度好的钢丝绳

正确答案：BCDE

37. 安装高处作业吊篮钢丝绳时，应满足下列（   ）要求。

A. 绳夹间的距离为 6～7 倍钢丝绳直径

B. 上限位器止挡安装在距钢丝绳顶端固定处 0.5～1m

C. 安全钢丝绳独立于工作钢丝绳悬挂

D. 钢丝绳有断丝、锈蚀严重或变形等达到报废标准缺陷的应更换

E. 工作钢丝绳最小直径不应小于 6mm

正确答案：ABCDE

38. 安装高处作业吊篮电气系统时，应符合下列（   ）要求。

A. 绝缘电阻值不得小于 2MΩ

B. 接地装置的接地电阻应小于 4Ω

C. 主电源回路应有过热、短路保护装置和灵敏度不小于 30mA 的漏电保护装置

D. 电气箱的防水、防震、防尘措施要可靠

E. 电缆线悬吊长度超过 100m 时，应采取电缆抗拉保护措施

正确答案：ABCDE

39. 下列关于在高处作业吊篮内进行电焊作业的陈述，正确的有（   ）。

A. 应对吊篮设备、钢丝绳、电缆采取保护措施

B. 不得将电焊机放置在吊篮内

C. 电焊缆线不得与吊篮任何部位接触

D. 电焊钳不得搭挂在吊篮上

E. 可利用吊篮作为电焊零线

正确答案：ABCD

40. 使用离心触发式安全锁的高处作业吊篮，作业时正确的安全措施有（   ）。

A. 在空中停留作业时，应将安全锁锁定在安全绳上

B. 空中启动吊篮时，应先将吊篮提升，使安全绳松弛后再开启安全锁

C. 不得在安全绳受力时强行扳动安全锁开启手柄

D. 使用该类型安全锁时，作业人员无须使用安全带

E. 不得将安全锁开启手柄固定于开启位置

正确答案：ABCE

41. 使用高处作业吊篮下班后，正确的做法有（   ）。

A. 应将吊篮放置地面

B. 人员离开吊篮后，应将主电源切断

C. 应将电气柜中各开关置于断开位置并加锁

D. 可将吊篮离地 1m 悬空放置

E. 从就近洞口离开

正确答案：ABC

42. 履带式起重机启动前应重点检查下列哪些项目，并符合要求。（　　　）

A. 各安全防护装置及各指示仪表齐全完好

B. 钢丝绳及连接部位应符合规定

C. 燃油、润滑油、液压油、冷却水等应添加充足

D. 各连接件不得松动

E. 在回转空间范围内不得有障碍物

正确答案：ABCDE

43. 对汽车起重机司机下列哪些要求正确。（　　　）

A. 经专业培训取得相应资格　　　　　　B. 严禁酒后进行操作

C. 严禁无证人员操作　　　　　　　　　D. 内部培训合格

E. 仅取得汽车驾驶执照即可

正确答案：ABC

44. 轮胎式起重机启动前应重点检查下列哪些内容。（　　　）

A. 各安全保护装置和指示仪表应齐全完好

B. 钢丝绳及连接部位应符合规定

C. 燃油、润滑油、液压油及冷却水应添加充足

D. 轮胎气压应符合规定

E. 起重臂应可靠搁置在支架上

正确答案：ABCDE

三、判断题（答案 A 表示说法正确，答案 B 表示说法不正确）

1. 塔机司机在吊运货物时，可以用限位装置代替人工操作。（　　　）

正确答案：B

2. 建筑起重机械设备超过规定使用年限，若性能良好可以继续使用。（　　　）

正确答案：B

3. 风力在 9m/s 以上时，塔机不得进行安装拆卸作业。（　　　）

正确答案：A

4. 建筑起重机械的安全保护装置，必须齐全有效，严禁随意调整或拆除。（　　　）

正确答案：A

5. 最大起重量是指钢丝绳最小倍率时允许起吊的最大重量。（　　　）

正确答案：B

6. 塔机在非工作状态下，塔臂应能自由旋转。（　　　）

正确答案：A

7. 塔机顶升液压系统应有防止过载和液压冲击的安全溢流阀。（　　　）

正确答案：A

8. 起重力矩限制器对吊钩侧向斜拉重物引起的倾翻力矩能够起到很好的限制作用。（　　）

正确答案：B

9. 当起重力矩大于相应工况额定值并小于额定值的 110% 时，应切断上升和幅度增大方向电源，但机构可做下降和减小幅度方向的运动。（　　）

正确答案：A

10. 动臂变幅的塔机，应设置最小幅度限位器和防止臂架反弹后倾装置。（　　）

正确答案：A

11. 钢丝绳防脱装置表面与滑轮或卷筒侧板外缘间的间隙不应超过钢丝绳直径的 20%。（　　）

正确答案：A

12. 小车变幅式塔机应设置双向小车断绳保护装置。（　　）

正确答案：A

13. 塔机吊钩保险是指安装在吊钩挂绳处，防止起吊钢丝绳由于角度过大或挂钩不妥时脱钩的装置。（　　）

正确答案：A

14. 既有塔机升级加装安全监控系统时，可以改变塔机原有安全装置及电气控制系统的功能和性能。（　　）

正确答案：B

15. 塔机拆装作业的关键问题是安全。（　　）

正确答案：A

16. 起重量达到 300kN 及以上的起重设备安装工程专项方案应按规定进行专家论证。（　　）

正确答案：A

17. 行走式塔机安装后，轨道顶面纵横方向上的倾斜度，对于上回转塔机不应大于 3/1000。（　　）

正确答案：A

18. 用于塔机安装的辅助起重设备应具有产权备案证明、设备定期检验合格证明和操作人员资格证。（　　）

正确答案：A

19. 对塔机结构件进行检查，发现结构件有可见裂纹，严重腐蚀深度达原厚度的 10%，整体或局部变形，连接销轴（孔）有严重磨损变形以及焊缝开焊、裂纹的，不得安装。（　　）

正确答案：A

20. 拆卸塔机前，施工总承包单位应当组织拆卸单位、监理单位对塔机的状况进行检查，符合条件后方可进行拆卸作业。（ ）

正确答案：A

21. 在拆除因损坏或其他原因而不能用正常方法拆卸的塔机时，必须补充编制专项方案，经批准后按方案进行拆卸。（ ）

正确答案：A

22. 塔机安装前应进行安装安全技术交底。交底人、塔机安装负责人和作业人员应当在书面交底材料上签字确认，专职安全员应监督整个交底过程。（ ）

正确答案：A

23. 当多台塔机在同一施工现场交叉作业时，应编制专项方案，并应采取防碰撞的安全措施。（ ）

正确答案：A

24. 塔机联接件及其防松防脱件应符合规定要求，也可以用其他代用品代用。（ ）

正确答案：B

25. 塔机高强螺栓连接应有双螺母防松措施且螺栓高出螺母顶平面的 3 倍螺距。（ ）

正确答案：A

26. 实行施工总承包的工程项目，施工总承包单位应当与安装单位签订建筑起重机械安装工程安全协议书。（ ）

正确答案：A

27. 施工现场塔机配电箱应设置在距塔机 3m 范围内或轨道中部，且明显可见。（ ）

正确答案：A

28. 塔机可不另设避雷针。塔机的防雷引下线可利用塔机的金属结构体，但应保证电气连接。（ ）

正确答案：A

29. 塔机顶升过程中，可以进行起升、回转、变幅等操作。（ ）

正确答案：B

30. 拆卸塔机时，应先降节，后拆除附着装置。附着以上最大自由高度严禁超过说明书要求。

正确答案：A

31. 塔机附着装置的构件和预埋件应由原制造厂家或由具有相应能力的企业制作。（ ）

正确答案：A

32. 塔机力矩限制器试验应包括定幅变码试验和定码变幅试验。（ ）

正确答案：A

33. 起升高度、幅度和回转装置的试验，应在塔机空载状态下按正常工作速度进行，各项试验重复进行2次。

正确答案：B

34. 塔机司机应取得建设行政主管部门颁发的建筑施工特种作业人员安全操作资格证书后方能上岗作业。（　　）

正确答案：A

35. 动臂式起重机的起升，回转，行走可同时进行，变幅应单独进行。（　　）

正确答案：A

36. 根据《建筑机械使用安全技术规程》，动臂式和尚未附着塔式塔机及附着以上塔式起重机桁架上不得悬挂标语牌。（　　）

正确答案：A

37. 清洁、保养、维修机械或电气装置前，必须先切断电源，等机械停稳后再进行操作。（　　）

正确答案：A

38. 可以用塔式起重机载运人员。（　　）

正确答案：B

39. 钢丝绳式施工升降机每个吊笼均应设有防坠、限速双重功能的防坠安全装置。（　　）

正确答案：A

40. 所有吊笼和运动的对重都应在地面防护围栏的包围内。（　　）

正确答案：A

41. 有对重的施工升降机，当对重质量大于吊笼质量时，应有双向防坠安全器或对重防坠安全装置。（　　）

正确答案：A

42. 施工升降机的上下限位开关，不可自动复位。（　　）

正确答案：B

43. 对于施工升降机，下极限开关在正常工作状态下，吊笼碰到缓冲器之前，触板应首先触发下极限开关。（　　）

正确答案：A

44. 施工升降机极限开关，不可自动复位型。（　　）

正确答案：A

45. 施工升降机控制装置，应安装非自行复位的急停开关。（　　）

正确答案：A

46. 人货两用施工升降机层门开关，可由楼层内人员操作。（　　）

正确答案：B

47. 用于施工升降机对重的钢丝绳应装有自动复位型的防松绳装置。（　　）

正确答案：B

48. 齿轮齿条式施工升降机每个吊笼上装有的防坠安全器应为渐进式。（　　）

正确答案：A

49. 施工升降机安全器坠落试验时，吊笼内不允许载人。（　　）

正确答案：A

50. 施工升降机传动系统、导轨架、附墙架、对重系统、齿条、安全钩及吊杆底座的安装螺栓的强度等级不应低于 8.8 级。（　　）

正确答案：A

51. 施工升降机基础设置在地下室顶板、楼面或其他下部悬空结构上的，应对其支撑结构进行承载力计算。（　　）

正确答案：A

52. 施工升降机基础及周围应有排水设施，不得积水。（　　）

正确答案：A

53. 在安装拆卸施工升降机时，非作业人员不得进入警戒区，任何人不得在悬吊物下停留。

正确答案：A

54. 施工升降机安装、拆卸作业必须在指定的专门指挥人员的指挥下作业，其他人不得发出指挥信号。（　　）

正确答案：A

55. 安装后首次使用的施工升降机，在投入使用前必须进行额定载荷坠落试验。（　　）

正确答案：A

56. 不得用行程限位开关作为施工升降机停止运行的控制开关。（　　）

正确答案：A

57. 楼层平台搭设应牢固可靠，可以与施工升降机钢结构相连接。（　　）

正确答案：B

58. 施工升降机安全防护装置必须齐全，工作可靠有效。（　　）

正确答案：A

59. 施工升降机操作人员在开车、停车前应鸣笛示警。（　　）

正确答案：A

60. 施工升降机吊笼内乘人或载物时，应使载荷均匀分布，不得偏重，不得超载运行。（　　）

正确答案：A

61. 物料提升机严禁使用摩擦式卷扬机。（　　）

正确答案：A

62. 安装高度超过 30m 的物料提升机应采用渐进式防坠安全器。（　　）

正确答案：A

63. 物料提升机的卷扬机钢丝绳通过道路时，应设过路保护装置。（　　）

正确答案：A

64. 料提升机安装．拆卸单位应具有起重设备安拆资质和建筑施工企业安全生产许可证。（　　）

正确答案：A

65. 物料提升机安装与拆卸人员应取得建筑施工特种作业人员资格证。（　　）

正确答案：A

66. 物料提升机司机应经专门培训，持有效证件上岗。（　　）

正确答案：A

67. 物料提升机严禁载人。（　　）

正确答案：A

68. 物料提升机装载的物料可以超出吊笼，但不得超载运行。（　　）

正确答案：B

69. 物料提升机在任何情况下，不得使用限位开关代替控制开关运行。（　　）

正确答案：A

70. 物料提升机作业时，物料应在吊笼内均匀分布，不应过度偏载。（　　）

正确答案：A

71. 在高处作业吊篮悬挂平台上应设置紧急状态下切断主控电源控制回路的急停按钮。（　　）

正确答案：A

72. JGJ 202—2010 规定，高处作业吊篮悬挂机构前支架可以支撑在女儿墙上．女儿墙外或建筑物挑檐边缘。（　　）

正确答案：B

73. 高处作业吊篮主要结构件腐蚀．磨损深度达到原结构件厚度 10% 时，应予报废。（　　）

正确答案：A

74. 根据 JGJ 305—2013 规定，高处作业吊篮悬挂机构横梁安装应水平，其水平高差不应大于横梁长度的 4%，严禁前低后高。（　　）

正确答案：A

75. 高处作业吊篮在使用前必须经过施工、安装、监理等单位的验收。未经验收或验收不合格的，不得使用。（　　　）

正确答案：A

76. 高处作业吊篮应设置作业人员专用的挂设安全带的安全绳及安全锁扣。（　　　）

正确答案：A

77. 高处作业吊篮运行时平台内应保持荷载均衡，可短时超载运行。（　　　）

正确答案：B

78. 不得将高处作业吊篮作为垂直运输设备使用。（　　　）

正确答案：A

79. 在高处作业吊篮内的作业人员，应佩戴安全帽、系安全带，并将安全锁扣正确挂置在安全绳上。（　　　）

正确答案：A

80. 进行高处作业吊篮悬挑结构平行移动时，应将吊篮平台降落至地面，并应使其钢丝绳处于松弛状态。（　　　）

正确答案：A

81. 在高处作业吊篮内从事安装、维修等作业时，操作人员应佩戴工具袋。（　　　）

正确答案：A

82. 使用高处作业吊篮作业时，在吊篮下方可能造成坠落物伤害的范围，应设置安全隔离区和警告标志，人员和车辆不得停留或通行。（　　　）

正确答案：A

83. 履带式起重机工作时，当负荷超过该工况额定负荷的 90％ 及以上时，应慢速升降重物，严禁超过两种动作的复合操作和下降起重臂。（　　　）

正确答案：A

84. 履带式起重机当采用双机抬吊作业时，可选用起重性能不同的起重机进行。（　　　）

正确答案：B

85. 汽车式起重机作业前应将支腿全部伸出，对于松软或承压能力不够的地面，撑脚下必须垫枕木。（　　　）

正确答案：A

86. 汽车式起重机在停工或休息时，可以将吊物悬挂在空中。（　　　）

正确答案：B

87. 轮胎式起重机作业中可以扳动支腿操纵阀。（　　　）

正确答案：A

88. 轮胎式起重机行驶时，底盘走台上可以有人员或堆放物件。（　　　）

正确答案：B

第 4 章 土石方施工机械

本 章 要 点

本章主要介绍了常用的土石方挖掘、压实、路面施工及暗挖施工等土方与筑路机械的安全使用要点，依据《水电水利工程施工机械安全操作规程 推土机》DL/T 5262—2010、《施工现场机械设备检查技术规范》JGJ 160—2016、《水电水利工程施工机械安全操作规程 装载机》DL/T 5263—2010、《水电水利工程施工机械安全操作规程 挖掘机》DL/T 5261—2010、《水电水利工程施工机械安全操作规程 平地机》DL/T 5281—2012 等技术标准编制。

4.1 土石方机械

4.1.1 概述

在工程建设中，对土石方或其他材料进行切削、挖掘、铲运、回填、平整及压实等施工作业的机械设备称为土石方施工机械。

在工程建设施工中，土石方工程是最基本，也是工程量大、施工周期长、施工条件复杂的分部分项工程。土石方工程所应用的机械设备，具有功率大、机型大、机动性大和类型复杂等特点。根据其在施工中的用途和功能不同，可将土石方机械分为推土机械、铲运机械、挖掘机械、装载机械、平地机械等。

目前，土石方工程施工的大部分工序都可使用土石方施工机械来完成。它不但可以节省劳动力、降低劳动强度，而且施工质量好、作业效率高、工程造价低、经济效益好，深受广大施工企业和工程业主的欢迎。

4.1.2 推土机

1. 推土机的用途

在工程建设中，推土机是处理土石方工程的主要机械之一，主要用于推运土石方、开挖基坑、平整场地、堆集散料、填沟压实等作业。它是一种结构简单，操作灵活，生产效率较高的土石方机械，被广泛应用于建筑、市政、水利、铁路、公路和矿山等工程施工中。

（1）推土机的分类

1）按行走机构分类

可分为履带式和轮胎式等两类。

① 履带式，见图 4-1（a）。履带式推土机附着牵引力大，接地比压低，爬坡能力强，但行驶速度慢。

② 轮胎式，见图 4-1（b）。轮胎式推土机行驶速度高，机动灵活，作业循环时间短，运输转移方便，但牵引力小。

（a）　　　　　　　　　　　　　　　　（b）

图 4-1　推土机

（a）履带式；（b）轮胎式

2）按传动方式分类

可分为机械传动、液力机械传动、全液压传动和电气传动等。

① 机械传动具有制造简单，传动效率高，维修方便等特点，但牵引力不能随外阻力自动变化，换挡频繁，操作笨重，动载荷大，发动机容易熄火，作业效率低。

② 液力机械传动，是将主离合器变为液力变矩器、机械变速器变为动力换挡变速器，车速和牵引力可随外阻力变化而自动变化，改善了牵引性能，具有操纵轻便，可不停车换挡，作业效率高等特点，但传动效率低，制造成本高，维修较困难。

③ 全液压传动，除工作装置采用液压操纵外，行走机构驱动也采用液压马达，具有燃油消耗低、作业效率高、操纵灵活、可原地转向、机动性强、结构紧凑、载荷分配合理、动载荷小等特点。

④ 电气传动，采用电动机驱动，具有结构简单，工作可靠，不污染环境，作业效率高等特点，但受电力和电缆的限制，电气传动式推土机的使用范围受到很大的限制，一般用于露天矿山开采或井下作业。

3）按用途分类

可分为普通型和专用型两类。其中，专用型推土机有浮体推土机、水陆两用推土机、深水推土机、湿地推土机、爆破推土机、低噪声推土机等。

4）按推土机工作装置分类

可分为直铲式和角铲式

① 直铲式。铲刀与底盘的纵向轴线构成直角，铲刀切削角可调。因坚固性和制造

的经济性，在大型和小型推土机上采用较多。

② 角铲式。铲刀除了能调节切削角度外，还可在水平方向上回转一定角度（一般±25°），可实现侧向卸土，应用范围广。

5）按功率等级分类

按功率等级可分为超轻型推土机（功率在 30kW 以下）、轻型推土机（功率在 30～70kW 之间）、中型推土机（功率在 74～220kW 之间）、大型推土机（功率在 220～520kW 之间）、特大型推土机（功率在 520kW 以上）。

（2）推土机的基本构造

推土机一般由基础车、推土装置及操纵机构三大部分组成。

1）基础车通常是由履带式拖拉机改进或特制的轮胎式底盘制作而成。

2）推土装置是基础车前端的一种可拆换的悬挂装置，通常由铲刀、推杆和相应的支撑三部分组成。

3）操纵机构是用来控制铲刀的升降运动和推土机前进后退或转弯等动作的装置。机械操纵的履带式直铲推土机有 T60 型、T120 型和 T180 型；液压操纵的履带式斜铲推土机有 T120A-6 型、T120A-2 型与 T150B-2 型等；液压操纵的轮胎式斜铲推土机有TL160 型、TL180 型、TL220 型等。

2. 推土机的安全使用要点

（1）推土机在坚硬土壤或多石土壤地带作业时，应先进行爆破或用松土器翻松。在沼泽地带作业时，应更换湿地专用湿地履带板。

（2）不得用推土机推石灰、烟灰等粉尘物料，不得进行碾碎石块的作业。

（3）牵引其他机构设备时，应有专人负责指挥。钢丝绳的连接应牢固可靠。在坡道或长距离牵引时，应采用牵引杆连接。

（4）作业前应重点检查下列项目，并应符合下列要求：

1）各部件不得松动，应连接良好；

2）燃油、润滑油、液压油等应符合规定；

3）各系统管路不得有裂纹或泄漏；

4）各操纵杆和制动踏板的行程、履带的松紧度或轮胎气压应符合要求。

（5）启动前，应将主离合器分离，各操纵杆放在空挡位置，不得用拖、顶方式启动。

（6）启动后应检查各仪表指示值，液压系统，并去确认运转正常、水温达到 55℃、机油温度达到 45℃时，全载荷作业。

（7）推土机机械四周不得有障碍物，并确认安全后开动，工作时不得有人站在履带或刀片的支架上。

（8）采用主离合器传动的推土机接合应平稳，起步不得过猛，不得使离合器处于半接合状态下运转；液力传动的推土机，应先解除变速杆的锁紧状态，踏下减速器踏板，变速杆应在低挡位，然后缓慢释放减速踏板。

（9）在块石路面行驶时，应将履带张紧。当需要原地旋转或急转弯时，应采用低速挡。当行走机构夹入块石时，应采用正、反向往复行驶使块石排除。

（10）在浅水地带行驶或作业时，应查明水深，冷却风扇叶不得接触水面。下水前和出水后，应对行走装置加注润滑脂。

（11）推土机上、下坡或超过障碍物时应采用低速挡。推土机上坡坡度不得超过25°，下坡坡度不得大于35°，横向坡度不得大于10°。在25°以上陡坡上不得横向行驶，并不得急转弯。上坡时不得换挡，下坡不得空挡滑行。当需要在陡坡上推土时，应先进行填挖，使机身保持平衡。

（12）在上坡途中，当内燃机突然熄灭，应立即放下铲刀，并锁住制动踏板。在推土机停稳后，将主离合器脱开，把变速杆放到空挡位置，并应用木块将履带或轮揳死，重新启动内燃机。

（13）下坡时，当推土机下行速度大于内燃机传动速度时，转向操纵的方向应与平地行走时操纵的方向相反，并不得使用制动器。

（14）填沟作业驶近边坡时，铲刀不得越出边缘。后退时，应先换挡，后提升铲刀进行倒车。

（15）在深沟、基坑或陡坡地区作业时，应有专人指挥，垂直边坡高度应小于 2m。当大于 2m 时，应放出安全边坡，同时禁止用推土刀侧面推土。

（16）推土或松土作业时，不得超载，各项操作应缓慢平稳，不得损坏铲刀、推土架、松土器等装置；无液力变矩器装置的推土机，在作业中有超载趋势时，应稍微提升刀片或变换低速挡。

（17）不得顶推与地基基础连接的钢筋混凝土桩等建筑物。顶推树木等物体不得倒向推土机及高空架设物。

（18）两台以上推土机在同一地区作业时，前后距离应大于 8.0m；左右距离应大于 1.5m。在狭窄道路上行驶时，未得前机同意，后机不得超越。

（19）作业完毕后，宜将推土机开到平坦安全的地方，落下铲刀，有松土器的，并应将松土器爪落下。在坡道上停机时，应将变速杆挂低速挡，接合主离合器，锁住制动踏板，并将履带或轮胎揳住。

（20）停机时，应先降低内燃机转速，变速杆放在空挡，锁紧液力传动的变速杆，分开主离合器，踏下制动踏板并锁紧，待水温降到 75℃ 以下，油温度降到 90℃ 以下后方可熄火。

（21）推土机长途转移工地时，应采用平板拖车装运。短途行走转移距离不宜超过10km，铲刀距地面宜为 400mm，不得用高速挡行驶和进行急转弯，不得长距离倒退行驶。并在行走过程中应经常检查和润滑行走装置。

（22）在推土机下面检修时，内燃机必须熄火，铲刀应放下或垫稳。

4.1.3 铲运机

1. 铲运机的用途

铲运机是一种多功能的机械，它利用装在前后轮之间的铲斗能独立地完成铲、装、运、卸各工序，同时还兼有一定的压实和平地性能，因而具有较高的技术经济指标。它广泛地应用于各种建筑、市政、公路、铁路、矿山、农田、水利、机场、港口、工业厂房等工程的土石方填挖及场地平整中。

铲运机适用于Ⅳ级以下的土壤工作，要求作业地区的土壤不含树根、大石块和过多的杂草。用于Ⅳ级以上的冻土或土壤时，必须事先预松土壤。链板装载式铲运机适用范围较大，除可装普通土壤外，还可铲装砂、砂砾石和小的石渣等物料。

铲运机的经济运距与行驶道路、地面条件、坡度等有关。一般拖式铲运机（用履带式机械牵引）的经济距在500m以内。而轮胎自行式铲运机的经济运距则为800～1500m。

在工业发达的国家中，土石方工程有一半的土石方量是由铲运机来完成的。所以，铲运机是土石方工程中应用最广泛的重要机种之一。铲运机的外貌如图4-2所示。

图 4-2　自行轮胎式铲运机

（1）铲运机的分类

1）按铲斗容积大小分：小型（3m³以下）、中型（4～15m³）、大型（15～30m³）和特大型（30m³以上）。

2）按牵引车与铲运斗的组装方式可分为自行式和拖式等。

① 自行式铲运机，如图4-2所示，其行驶速度快，工作率高，适用于200～300m运距。

② 拖式铲运机，其铲运斗由单独的牵引车拖挂进行工作。

3）按牵引车行走装置形式可分为履带式和轮胎式等两类。

4）按传动形式可分为机械式、液力机械式、柴油-电力驱动式等。

5）按发动机台数可分为单发动机式、双发动机式、多发动机式等。

6）按装载方式可分为普通式和链板式等两类。

① 普通式。铲斗前部有斗门，在行进中，靠牵引力把刀片切割下来的土屑从斗门与刀片间的缝隙中挤出铲斗，装斗阻力较大。

② 链板式。刀片切下来的土屑由链板升运机构装入铲斗。装土阻力比普通式约降低 60%，能自装，不需助铲。用于 1000m 运距内、行驶阻力较小的工程中，经济效益较高。

7）按卸载方式可分为自由式、强制式和半强制式等。

① 自由式。卸载时，将铲斗倾斜，土壤靠自重倒出，适用于小型铲运机。

② 强制式。用可移的铲斗后壁将内土壤强制推出，卸载干净彻底，用得最多。

③ 半强制式。铲斗后壁与斗底为一整体，卸载时绕前边铰点向前旋转，将土倒出。

（2）铲运机的基本构造

以自行式铲运机为例，铲运机通常由基础车与铲运斗共同组成。基础车为铲运机的动力牵引装置，由发动机、传动机系统、转向系统、车架和行走系统等部分组成。铲运斗是铲运机的主体。自行式铲运机铲斗容量和机型尺寸，一般都较大，不宜自由卸土，故设计成强制卸土的形式。液压操纵的自行式铲运机，其铲运斗的升降、斗门的开启与关闭以及强制式卸土板的移动，都有各自的操纵油缸控制，这些操纵油缸分别安装在铲运机的前、后部及两侧。作业中为能有效制动，自行式铲运机还安装有制动四个车轮液（气）压制动系统。自行铲运机动力装置要求功率较大，常使用大型柴油机，并将其安装在基础车的前部，用来驱动整机和铲运机各液压工作系统的油泵。

2. 铲运机的安全使用要点

（1）自行式铲运机安全使用要点

1）自行式铲运机的行驶道路应平整坚实，单行道宽度不宜小于 5.5m。

2）多台铲运机联合作业时，前后距离不得小于 20m，左右距离不得小于 2m。

3）作业前，应检查铲运机的转向和制动系统，并确认灵敏可靠。

4）铲土或在利用推土机助铲时，应随时微调转向盘，铲运机应始终保持直线前进。不得在转弯情况下铲土。

5）下坡时，不得空挡滑行，应踩下制动踏板辅助以内燃机制动，必要时可放下铲斗，以降低下滑速度。

6）转弯时，应采用较大回转半径低速转向，操纵转向盘不得过猛；当重载行驶或在弯道上、下坡时，应缓慢转向。

7）不得在大于 15° 的横坡上行驶，也不得在横坡上铲土。

8）沿沟边或填方边坡作业时，轮胎离路肩不得小于 0.7m，并应放低铲斗，降速缓行。

9）在坡道上不得进行检修作业。遇在坡道上熄火时，应立即制动，下降铲斗，把变速杆放在空挡位置，然后方可启动内燃机。

10）穿越泥泞或软地面时，铲运机应直线行驶，当一侧轮胎打滑时，可踏下差速器锁止踏板。当离开不良地面时，应停止使用差速器锁止踏板。不得在差速器锁止时转弯。

11）夜间作业时，前后照明应齐全完好，前大灯应能照至30m；当对方来车时，应在100m以外将大灯光改为小灯光，并低速靠边行驶。非作业行驶时，铲斗应用锁紧链条挂牢在运输行驶位置上。

（2）拖式铲运机的使用要点

1）拖式铲运机牵引其他设备时，应有专人负责指挥。钢丝绳的连接应牢固可靠。在坡道上或长距离牵引时，应采用牵引杆连接。

2）铲运机作业时，应先采用松土器翻松。铲运作业区内不得有树根、大石块和大量杂草等。

3）铲运机行驶道路应平整结实，路面宽度应比铲运机宽度大2m。

4）启动前，应检查钢丝绳、轮胎气压、铲土斗及卸土扳回缩弹簧、拖把万向接头、撑架以及各部滑轮等，并确认处于正常工作状态；液压式铲运机铲斗与拖拉机连接叉座与牵引连接块应锁定，各液压管路连接应可靠。

5）开动前，应使铲斗离开地面，机械周围不得无障碍物。

6）作业中，严禁任何人上下机械，传递物件，以及在铲斗内、拖把或机架上坐立。

7）多台铲运机联合作业时，各机之间前后距离应大于10m（铲土时应大于5m），左右距离应大于2m。行驶中，应遵守下坡让上坡、空载让重载、支线让干线的原则。

8）在狭窄地段运行时，未经前机同意，后机不得超越。两机交会或超越平行时应减速，两机间距不得小于0.5m。

9）铲运机上、下坡道时，应低速行驶，不得中途换挡，下坡时不得空挡滑行，行驶的横向坡度不得超过6°，坡宽应大于铲运机宽度2m。

10）在新填筑的土堤上作业时，离堤坡边缘应大于1m。需要在斜坡横向作业时，应先将斜坡挖填平整，使机身保持平衡。

11）在坡道上不得进行检修作业。在陡坡上不得转弯、倒车或停车。在坡上熄火时，应将铲斗落地、制动牢靠后再启动。下陡坡时，应将铲斗触地行驶，辅助制动。

12）铲土时，铲土与机身应保持直线行驶。助铲时应有助铲装置，并应正确开启斗门，不得切土过深。两机动作应协调配合，平稳接触，等速助铲。

13）在下陡坡铲土时，铲斗装满后，在铲斗后轮未达到缓坡地段前，不得将铲斗提离地面，应防铲斗快速下滑冲击主机。

14）在不平地段行驶时，应放低铲斗，不得将铲斗提升到高位。

15）拖拉陷车时，应有专人指挥，前后操作人员应协调，确认安全后起步。

16）作业后，应将铲运机停放在平坦地面，并应将铲斗落在地面上。液压操纵的铲运机应将液压缸缩回，将操纵杆放在中间位置，进行清洁、润滑后，锁好门窗。

17）非作业行驶时，铲斗应用锁紧链条挂牢在运输行驶位置上；拖式铲运机不得载人或装载易燃、易爆物品。

18）修理斗门或在铲斗下检修作业时，必须将铲斗提起后用销子或锁紧链条固定，再用垫木将斗身顶住，并用木楔搁住轮胎。

4.1.4 装载机

1. 装载机的用途

装载机是用一个装在专用底盘或拖拉机底盘前端的铲斗，铲装、运输和倾卸散状物料、装抓木材和钢材，并能清理路面、平整场地及牵引作业的一种高效率的土石方工程机械。它被广泛地应用于建筑、市政、公路、铁路、料场、矿山、水电、港口等工程中。装载机的作业对象是各种土壤、砂石料、灰料及其他筑路用散粒状物料等。

（1）装载机的分类

1）按行走装置不同分类

① 履带式装载机 ［见图 4-3（a）］。该机的重心低，稳定性好；接地比压低，通过性能好，在松软的地面运行附着性能好、不打滑；特别适合在潮湿、松软的地面工作。其工作量集中，适用于在不需要经常转移和地形复杂地区作业。如果作业运输距离超过 30m，则作业成本有明显增加；转移时又需要平板车拖运，且行走装置修理技术要求高。

② 轮胎式装载机 ［见图 4-3（b）］。该型装载机具有自重轻、行走速度快、机动性能好、作业循环时间短、工作效率高等优点，且转移工地靠自身运行、不损伤路面、转移迅速，其修理费用也相对较低。

（a）　　　　　　　　　　　　（b）

图 4-3　装载机

（a）履带式装载机；（b）轮胎式装载机

2）按传动系统不同分类

① 机械式传动装载机。其牵引力不能随外载荷的变化而自动变化，只能通过柴油

机节气门（俗称油门）和变速器挡位的改变在一定的范围内变化，因此只在部分履带式装载机上采用。

②液力机械传动装载机。其牵引力和车速变化范围大，随着外阻力的增加，车速可自动下降至零，而牵引力增加至最大。液力机械传动还可减少动荷载，保护机器。因此，无论是轮胎式装载机还是履带式装载机都普遍采用液力机械传动。

③液压传动装载机，它可以充分利用发动机的功率，降低燃油消耗，提高生产率。但车速变化范围窄，致使装载机车速偏低，目前只用于 110kW 以下的装载机上。

3）按车架结构形式和转向方向不同分类

①铰接车架转向装载机。这种装载机转弯半径小，机动灵活，可以在狭小的场地作业，作业循环时间短，生产效率高。其轴距一般较长，纵向稳定好，行走时纵向颠簸小。它的前后车架的铰销可以布置在轴重点，使前后轮的转弯半径相同，前后沿前轮压过的车辙滚动，可减少松软地面的滚动阻力。但铰接式装载机在转向和高速行驶时稳定性差。

②整体车架式装载机。其转向方式有后轮转向、前轮转向、全轮转向和差速转向。前三种属于偏转车轮转向。由于装载机的工作装置在前端，若用前轮转向则布置较困难。满载时前轮负载大，使得转向阻力大。因此，装载机一般不采用前轮转向。有的整体车架式装载机靠两侧车轮的速差来实现转向，称为差速转向，多用于小型全液压驱动装载机上。

4）按卸料方式不同分类

①前卸式装载机。这种装卸机是前段铲装和卸载，是目前国内外生产的轮式装卸机中采用最多的一种形式。它具有结构简单、安全可靠、视野好、用途广等特点，但卸载时需要调车。

②回转式装载机。它的工作装置可相对于车架转动一定角度。这样，工作时装载机和运输车辆可成任意角度，装载机可以原地不动而靠回转卸料，作业效率高，可在狭窄的场地工作。但其结构复杂，维修费用高，侧向稳定性不好。

③后卸式装载机。这种装载机是前端装料，工作装置及大臂回转 180°，到机器后端卸料。作业时装载机不需调车，原地作业就可直接向停在后面的运输车辆卸载，作业效率过。

5）按铲斗额定装载量大小分类：小型装载机（装载量小于 1m³）、中型装载机（装载量为 1～5m³）、大型装载机（装载量为 5～10m³）、特大型装载机（装载量为 10m³ 以上）。

（2）装载机的基本构造

装载机一般由车架、动力传动系统、行走装置、工作装置、转向制动系统、液压系统和操纵系统等组成。柴油机的动力经变矩器传给变速器，再由变速器把动力经传动轴（万向传动）分别传动到驱动桥，以去驱动车轮转动。柴油机动力还经过分动箱驱动油泵工作。工作装置由动力臂、铲斗、杠杆系统、动臂油缸和转斗油缸等组成。动臂另一段铰接在车架上，另一端安装了铲斗，动臂的升降由动臂油缸和转斗油缸等组成。动臂另一端铰接在车架上，另一端安装了铲斗，动臂的升降由动臂油缸来带动。铲斗的翻转由转斗油缸通过杠杆来实现。车架由前后两个部分组成，中间车架的铰接用铰销连接，依靠转向油缸可使前后车架绕铰销相对转动，以实现转向。

2. 装载机的安全使用要点

（1）作业前的准备工作

1）发动机部分，按柴油机操作规程进行检查和准备。机械在发动前，先将变速杆置于空挡位置，各操纵杆置于停车位置，铲斗操作杆置于浮动位置，然后再启动发动机。

2）作业前，应检查作业场地周围有无障碍物和危险品，并对施工场地进行平整，便于装载机和汽车的出入，作业前，装载机应先无负荷运转3～5min，检查各部件是否完好，确认一切正常后，再开始装载作业。

（2）作业与行驶中的安全注意事项

1）装载机与汽车配合装运作业时，自卸汽车的车厢容积应与装载机铲斗容量相匹配。

2）装载机作业场地坡度应符合使用说明书的规定。作业区内不得有障碍物及无关人员。

3）轮胎式装载机作业场地和行驶道路应平坦坚实。在石块场地作业时，应在轮胎上加装保护链条。

4）作业前应重点检查下列项目，并应符合相应要求：

① 照明、信号及警报装置等齐全有效；

② 燃油、润滑油、液压油应符合规定；

③ 各铰链部分应连接可靠；

④ 液压系统不得有泄漏现象；

⑤ 轮胎气压应符合规定。

5）装载机行驶前，应先鸣笛示意，铲斗宜提升离地0.5m。装载机行驶过程中应测试制动器的可靠性。装载机搭乘人员应符合规定。装载机铲斗不得载人。

6）装载机高速行驶时应采用前轮驱动；低速铲装时，应采用四轮驱动。铲斗装载后升起行驶时，不得急转弯或紧急制动。

7）装载机下坡时不得空挡滑行。

8）装载机的装载量应符合说明书的规定。装载机铲斗应从正面铲料，铲斗不得单边受力。装载机应低速缓慢举臂翻转铲斗卸料。

9）装载机操纵手柄换向应平稳。装载机满载时，铲臂应缓慢下降。

10）在松散不平的场地作业时，应把铲臂放在浮动位置，使铲斗平稳地推进；当推进阻力增大时，科稍微提升铲臂。

11）当铲臂运行到上下最大限度时，应立即将操纵杆回到空挡位置。

12）装载机运载物料时，铲臂下铰点宜保持地面 0.5m，并保持平稳行驶。铲斗提升到最高位置时，不得运输物料。

13）铲装或挖掘时，铲斗不应偏载。铲斗装满后，应先举臂，再行走、转向、卸料。铲斗行走中不得收斗或举臂。

14）当铲装阻力较大，出现轮胎打滑时，应立即停止铲装，排除过载后再铲装。

15）在向汽车装料时，铲斗不得在汽车驾驶室上方越过。如汽车驾驶室顶无防护，驾驶室内不得有人。

16）向汽车装料，宜降低铲斗高度，减小卸落冲击。汽车装料不得偏载、超载。

17）装载机在坡、沟边卸料时，轮胎离边缘应保留安全距离，安全距离宜大于 1.5m；铲斗不宜伸出坡、沟边缘。在大于 3°的坡面上，装载机不得朝下坡方向俯身卸料。

18）作业时，装载机变矩器油温不得超过 110℃，超过时，应停机降温。

19）作业后，装载机应停放在安全场地，铲斗应平放在地面上，操纵杆置于中位，制动应锁定。

20）装载机转向架未锁闭时，严禁站在前后车架之间进行检修保养。

21）装载机铲臂升起后，在进行润滑或检修等作业时，应先装好安全销，或先采取其他措施支住铲臂。

22）停车时，应使内燃机转速逐步降低，不得突然熄火，应防止液压油因惯性冲击而溢出油箱。

4.1.5 挖掘机械

1. 挖掘机

（1）挖掘机的用途

挖掘机是土石方工程机械中一种用斗状工作装置挖取土壤、石块或其他材料，或用于剥离土层的机械，也是开挖土石方工程的主要机械设备。挖掘机广泛应用于建筑、市政、公路、铁路、水利、矿山等工程的施工中，据统计，一台斗容为 1m³ 的单斗挖掘机，在挖掘Ⅳ级以下的土时，每个台班生产率大约相当于 300～400 个工人一天的工作量；而一台日挖 20 万 m³ 的大型斗轮挖掘机，则可代替 5 万人～6 万人一天的劳动。可见挖掘机的作用在现代化建设中是十分重要的。

挖掘机可进行工程建设中的基坑挖掘、疏通河道、修筑道路、清理废墟、挖掘水库和河道、剥离表土、开挖矿石等作业，如果与载重汽车等运输工具配合进行远距离的土石方转移，具有很高的生产效率。图 4-4 所示为液压单斗挖掘机外貌图。

图 4-4　挖掘机

（a）正铲式挖掘机；（b）反铲式挖掘机

1）挖掘机的分类

① 按用途分为通用型和专用型。一般中小型挖掘机（斗容量 1.6m³ 以下）多为通用型，可以配有适用于挖掘各种轻、重质土壤和不同工作尺寸的多种形式可换工作装置。专用型挖掘机应用于大型的土石方工程，同时也应用于矿山采掘和装载作业。

② 按工作装置特点可分为正铲、反铲、刨铲、刮铲、拉铲、抓斗、吊钩、打桩器、拔根器。

③ 按动力装置可分为电力驱动式、内燃机驱动式、混合动力装置等。

④ 按作业方式可分为循环作业式（单斗挖掘机）和连续作业式（多斗挖掘机）两大类。

⑤ 按动力传递和控制方式分为机械式、机械液压式和全液压式三种。机械式的工作装置，仅在矿用大型挖掘机上采用；机械液压式的特点是工作装置、回转机构的动作由液压元件来完成，而行走机构则靠机械传动来完成；全液压式挖掘机，即工作装置、回转机构、行走机构的动作均由液压元件来完成，是目前使用最广泛的一种机型。

⑥ 按行走方式分为履带式、轮胎式、拖挂式三种。履带式挖掘机使用最为广泛，它有良好的通过性能，特别适用于土建施工现场作业；轮胎式挖掘机多用于市政工程和国防工程，它的优点是行走时不破坏城市路面，行走速度快，机动性好，在中小型（0.6m³ 以下的斗容）工程中采用较多；拖挂式本身不设行走驱动机构，移动时由牵引车牵引，最大的优点是结构简单，成本低，但很少采用。

2）挖掘机的基本构造

单斗全液压正铲挖掘机主要由动力装置、工作装置、回转装置、传动系、操纵系及底座（机架）等部分组成。底座是全机的骨架，它支撑在行走装置上，其上面又装有回转装置联通回转平台，在回转平台上装有柴油机、液压传动系统、工作装置及操纵室等、工作时回转平台可带着其上面所有的设备绕一中心立轴作 360° 的回转（正、反两个方向）。工作装置包括动臂与带柄的正铲斗。动臂是支持铲斗工作的臂架，其下端铰装在回转平台的前缘，由动臂油缸来改变其倾斜度，从而改变其伸幅。工作时斗柄可由油缸使之绕动臂前端转动，铲斗本身也可由铲斗油缸执行转动。正铲挖掘机的铲斗口朝上，反铲挖掘机的铲斗口朝下，其他基本相同。工作装置除铲斗、拉铲、抓铲外，也可换成其他形式。

（2）挖掘机的安全使用要点

1）挖掘机作业前，必须查明施工场地内明、暗铺设的各类管线的设施，并应采用明显记号标识。严禁在离地下管线、承压管道 1m 距离内进行作业。

2）挖掘机机械回转作业时，配合人员必须在机械回转半径外工作。当需在回转半径以内工作时，必须将机械停止回转并制动。

3）单斗挖掘机的作业和行走场地应平整坚实，松软地面应用枕木或垫板垫实，沼泽或淤泥场地应进行路基处理，或更换专用湿地履带。

4）轮胎式挖掘机使用前应支好支腿，并应保持水平位置，支腿应置于作业面的方向，转向驱动桥应置于作业面的后方。履带式挖掘机的驱动轮应置于作业面的后方。采用液压悬挂装置的挖掘机，应锁住两个悬挂液压缸。

5）作业前应重点检查下列项目，并应符合相应要求：

① 照明、信号及报警装置等应齐全有效；

② 燃油、润滑油、液压油应符合规定；

③ 各铰接部分应连接可靠；

④ 液压系统不得有泄漏现象；

⑤ 轮胎气压应符合规定。

6）启动前，应将主离合器分离，各操纵杆放在空挡位置，并应发出信号，确认安全后启动设备。

7）启动后，应先使液压系统从低速到高速空载循环 10～20min，不得有吸空等不正常噪声，并应检查各仪表指示值，运转正常后再接合主离合器，再进行空载运转，顺序操纵各工作机构并测试各制动器，确认正常后开始作业。

8）作业时，挖掘机应保持水平位置，行走机构应制动，履带或轮胎应搜紧。

9）平整场地时，不得用铲斗进行横扫或用铲斗对地面进行夯实。

10）挖掘岩石时，应先进行爆破。挖掘冻土时，应采用破冰锤或爆破法使用冻土层破碎。不得用铲斗破碎石块、冻土，或用单边斗齿硬啃。

11）挖掘机最大开挖高度和深度，不应超过机械本身性能规定，在拉铲或反铲作业时，履带式挖掘机的履带与工作面边缘距应大于 1.0m，轮胎式挖掘机的轮胎与工作面边缘应大于 1.5m。

12）在坑边进行挖掘作业，当发现有塌方危险时，应立即处理险情，或将挖掘机撤至安全地带。坑边不得留有伞状边沿及松动的大块石。

13）挖掘机应停稳后再进行挖土作业，当铲斗未离开工作面时，不得作回转、行走等动作。应使用回转制动器进行回转制动，不得用转向离合器反转制动。

14）作业时，各操纵过程应平稳，不宜紧急制动。铲斗升降不得过猛，下降时，不得撞碰车架或履带。

15）斗臂在抬高及回转时，不得碰到坑、沟侧壁或其他物体。

16）挖掘机向运土车辆装车时，应降低卸落高度，不得偏装或砸坏车厢。回转时，铲斗不得从运输车辆驾驶室顶上越过。

17）作业中，当液压缸伸缩将达到极限位时，应动作平稳，不得冲撞极限块。

18）作业中，当需制动时，应将变速阀置于低速挡位置。

19）作业中，当发现挖掘力突然变化，应停机检查，不得在未查明原因前调整分配阀压力。

20）作业中，不得打开压力表开关，且不得将工况选择阀的操纵手柄放在高速挡位置。

21）挖掘机应停稳后再反铲作业，斗柄伸出长度应符合规定要求，提斗应平稳。

22）作业中，履带式挖掘机作短距离行走时，主动轮应在后面，斗臂应在正前方与履带平行，并应制动回转机构，坡道坡度不得超过机械允许的最大坡度，下坡应慢速行驶。不得在坡道上变速和空挡滑行。

23）轮胎式挖掘机行驶前，应收回支腿并固定可靠，监控仪表和报警信号灯应处于正常显示状态。轮胎气压应符合规定，工作装置应处于行驶方向，铲斗宜离地面1m。长距离行驶时，应将回转制动板踩下，并应采用固定销锁定回转平台。

24）挖掘机在坡道上行走时熄火，应立即制动，并应揳住履带或轮胎，重新发动后，再继续行走。

25）作业后，挖掘机不得停放在高边坡附近和填方区，应停放在坚实、平坦、安全的位置，并应将铲斗收回平放在地面，所有操纵杆置于中位，关闭操纵室和机棚。

26）履带式挖掘机转移工地应采用平板拖车装运。短距离自行转移时，应低速行走。

27）保养或检修挖掘机时，应将内燃机熄火，并将液压系统卸荷，铲斗落地。

28）利用铲斗将底盘顶起进行检修时，应使用垫木将抬起的履带或轮胎垫稳，用木楔将落地履带或轮胎揳牢，然后将液压系统卸荷，否则不得进入底盘下工作。

2. 水利工程常用的挖掘机械

（1）正铲挖掘机

正铲挖掘机型号很多，在水利水电工程中使用很广，除采用建筑用的小型挖掘机外，常采用斗容量 4m³ 以上的机械传动式正铲挖掘机，最大挖掘半径 9m，最大挖掘高度 10m，工作重量 202t，开挖基坑、装载爆破石渣和开采沙砾石、坚硬土壤等作业。一般与自卸汽车配合，也可以通过转换料斗与机车、皮带机配套使用。目前先进的正铲挖掘机为液压传动式，已在大型工程中使用。

（2）反铲挖掘机

反铲挖掘机型号很多，其中 CAT245 和 UH501 型可兼做正铲使用，均采用液压传动，结构灵巧，容易操作，并且有良好的工作性能，传动系统也比较简单，机械重量轻。本机功率为 325 马力，其最大卸载高度 5.6m，最大卸载高度时伸出距离 6.3m，挖掘力为 4.2t，适用于：开挖沟槽和疏通河道，开挖河滩砂卵石以及开挖基坑，装载爆破石渣和料场取土装车等作业，并可改换装置进行液压抓岩、液压冲击、液压振捣等工作。

（3）拉铲挖掘机

拉铲的动臂为长度较大的钢桁架结构，通过操纵钢索，能使铲斗挖取远离挖掘机的土石方，又能将土卸到远处弃土堆上，也能直接装车，拉铲靠自重切土，可挖掘一般土壤和密实的沙砾、石渣。

（4）抓铲挖掘机

抓铲是靠两根钢索同步升降，又可分别操作来实现其工作的。在水电工地适合基坑、竖井的开挖，水下清基和开采沙砾料、散粒材料的提升等作业等，在火车站、煤码头，可经常见到用其装煤卸煤作业。

（5）铲扬船

铲扬船的铲斗能伸入深水中挖取泥沙、砾石和水下爆破的石渣，向泥驳或岸边卸料，斗容 4m³ 的铲扬船，挖深 3～15m，卸料距离 12～23m，葛洲坝水电站曾用它开采长江中的砂砾石。

（6）链斗式采砂船

链斗式采砂船是一种装在平底船上的多斗挖掘机，能循环转斗的链斗安装在链斗大梁上，大梁一端伸入河底挖取砂砾石并提出水面，上升到顶部倾翻卸料入砂驳运走，采砂船开挖方式有静水开挖、顺水开挖、逆水开按、斜向开挖等。水利工地常用它开采河道中的砂砾石作为混凝土的骨料使用，每小时生产能力为 250m³ 采砂船用的比较广泛。

（7）斗轮式挖掘机

国产斗轮挖掘机多以带式输送机和自卸汽车配合使用，连续生产效率高。适用于土程量大、料场地形平坦、面积宽阔、地下水位低，并能保证把挖出的土石方运走，开挖的土壤或软岩都是容易挖掘的情况。在采矿中使用很广，每小时生产量可达 2000m³。

4.1.6　掘进机

1. 掘进机的基本结构

掘进机是由主机和配套系统两大部分组成。主机用于破岩、装载、转载；配套系统用于出渣、支护、衬砌、回填灌浆等。

主机由切割机构（刀盘）、传动系统、支撑和掘进机构、机架、出渣运输机构和操作室组成。配套系统主要包括：运渣运料系统、支护装置、激光导向系统、供电系统、安全装置、供水系统、通风防尘系统、排水系统、注浆系统等。

2. 掘进机的基本工作原理

根据破碎岩石的基本工作原理，掘进机可分为两类：

（1）滚压式，主要靠机械推动力，使装在刀盘上滚刀的旋转和顶推，用挤压和切割的联合作用破碎岩体。

（2）切削式，借助于安装在刀盘上若干个削刀的剪切作用破碎岩石。

3. 掘进机的分类

（1）以围岩地质条件划分

1）硬岩掘进机。也叫开敞式掘进机，掘进机的各种设备直接暴露在围岩当中。横向支撑作用于围岩上，岩壁提供前进的支撑力，依靠滚刀的滚压来破碎岩石，适用于比较完整的岩石。

2）软岩掘进机。适用于松软及含水地层，整个机器设备处在坚固的钢筒（护盾）和衬砌内。盾构机则是典型的软岩掘进机。

3）复合掘进机。由于长隧洞岩层地质条件比较复杂，要求掘进机既适应软岩，又适合硬岩，典型的就是双护盾掘进机。

（2）以护盾型式划分

开敞式掘进机；单护盾掘进机；双护盾掘进机；多护盾掘进机；盾构掘进机。

（3）以掘进机直径大小划分

微型掘进机；小型掘进机；中型掘进机；大型掘进机。

（4）以开挖断面形状划分

单圆形断面的掘进机；双圆形断面的掘进机；多圆形断面的掘进机；不规则断面的掘进机。

4.1.7　盾构机

1. 概述

盾构机，全名叫盾构隧道掘进机，是一种隧道掘进的专用工程机械，现代盾构掘进机集光、机、电、液、传感、信息技术于一体，具有开挖切削土体、输送土碴、拼装隧道衬砌、测量导向纠偏等功能，涉及地质、土木、机械、力学、液压、电气、控制、测量等多门学科技术，而且要按照不同的地质进行"量体裁衣"式的设计制造，可靠性要求极高。

盾构机问世至今已有近180年的历史，其始于英国，发展于日本、德国。近30年来，通过对土压平衡式、泥水式盾构机中的关键技术，如盾构机的有效密封，确保开挖面的稳定、控制地表隆起及塌陷在规定范围之内，刀具的使用寿命以及在密封条件下的刀具更换，对一些恶劣地质如高水压条件的处理技术等方面的探索和研究解决，使盾构机有了很快的发展。

（1）盾构机械的用途及特点

盾构掘进机已广泛用于铁路、公路、市政、水电等隧道工程。用盾构机进行隧洞施工具有自动化程度高、节省人力、施工速度快、一次成洞、不受气候影响、开挖时可控制地面沉降、减少对地面建筑物的影响和在水下开挖时不影响水面交通等特点，在隧洞洞线较长、埋深较大的情况下，用盾构机施工更为经济合理。

（2）盾构机械的分类

盾构机根据工作原理一般分为手掘式盾构、挤压式盾构、半机械式盾构（局部气压、全局气压）、机械式盾构（泥水加压盾构、土压平衡盾构、混合型盾构、异型盾构）等型式。目前常用的是泥水式盾构（泥水加压盾构）和土压平衡盾构。

泥水式盾构机是通过加压泥水或泥浆（通常为膨润土悬浮液）来稳定开挖面，其刀盘后面有一个密封隔板，与开挖面之间形成泥水室，里面充满了泥浆，开挖土料与泥浆混合由泥浆泵输送到洞外分离厂，经分离后泥浆重复使用。

土压平衡式盾构机是把土料（必要时添加泡沫、膨润土和高分子材料等对土壤进行改良）作为稳定开挖面的介质，刀盘后隔板与开挖面之间形成泥土室，刀盘旋转开挖使泥土料增加，再由螺旋输料器旋转将土料运出，泥土室内土压可由刀盘旋转开挖速度和螺旋输出料器出土量（旋转速度）进行调节。

（3）盾构机械的基本构造

盾构机主要由以下几部分组成：刀盘、盾体、刀盘主驱动、人闸、推进系统、管片拼装机、出渣系统、物料运输系统、壁后注浆、循环水、油脂密封系统、液压系统、后配套装置、控制系统、电气系统、测量系统和辅助设备。

根据盾构机不同的分类其主要构造也有明显的区别，如泥水平衡式盾构机和土压平衡盾构机的主要区别在于出渣系统的不同，泥水平衡式盾构机采用的是泵送出渣，使用泥浆将开挖的渣土利用泥浆泵和管道泵送到地面筛分处理，再将筛分出的泥浆重新泵送到盾构机开挖面循环利用；而土压平衡盾构机采用的是利用螺旋输送机将开挖的渣土输送到皮带机上，再利用电瓶机车运输到井口。

以土压平衡盾构机为例各系统功能如下：

1）刀盘

刀盘是盾构机的核心部件，如图 4-5 所示，其结构形式、强度和整体刚度都直接影响到施工掘进的速度和成本，并且一旦出了故障维修处理困难。不同的地质情况和不同的制造厂家，刀盘的结构也不相同，其常见的结构有：平面圆角刀盘、平面斜角刀盘、平面直角刀盘、辐条刀盘、面板刀盘，按对地质的适应性分软岩刀盘和复合刀盘等。

2）前体

前体又叫切口环（图 4-6），是开挖土仓和挡土部分，位于盾构的最前端，结构为圆筒形，前端设有刃口，以减少对底层的扰动。在圆筒垂直于轴线、约在其中段处焊有压力隔板，隔板上焊有安装主驱动、螺旋输送机及人员舱的法兰支座和四个搅拌棒，还设有螺旋机闸门机构及气压舱（根据需要），此外，隔板上还开有安装 5 个土压传感器、通气通水等的孔口。不同开挖形式的盾构机前体结构也不相同。

图 4-5　刀盘示意图　　　　　　　图 4-6　前体结构示意图

3）主驱动装置

主驱动装置（图 4-7）安装在前体内部由主轴承、驱动马达、减速器及主轴承密封组成，轴承外圈通过连接法兰用螺丝与前体固定，内（齿）圈用螺丝和刀盘连接，使用液压马达或者电机驱动、减速器、轴承内齿圈直接驱动刀盘旋转。主轴承一般设置有三道唇形外密封和两道唇形内。

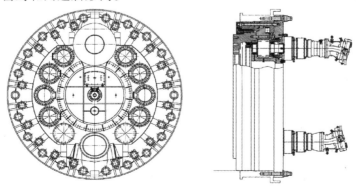

图 4-7　主驱动示意图

密封，外密封前两道采用永久性失脂润滑来阻止土仓内的渣土和泥浆渗入，后一道密封是防止主轴承内的润滑油渗漏。内密封前一道阻止盾体内大气尘土的侵入，后一道防止主轴承内润滑油的外渗。

4）中体

中体又叫支承环是盾构的主体结构（图4-8），承受作用于盾构上的全部载荷。是一个强度和刚性都很好的圆形结构，地层力、所有千斤顶的反作用力、刀盘正面阻力、盾尾铰接拉力及管片拼装时的施工载荷均由中体来承受。中体内圈周边布置有盾构千斤顶和铰接油缸，中间有管片拼装机和部分液压设备、动力设备、螺旋输送机支承及操作控制台。有的还有行人加、减压舱。中体盾壳上焊有带球阀的超前钻预留孔，也可用于注膨润土等材料。

5）推进油缸

盾构的推进机构提供盾构向前推进的动力。推进机构包括推进油缸和推进液压泵站，推进油缸按照在圆周上的区域分为四组，每组7～8个油缸，通过调整每组油缸的不同推力来对盾构进行纠偏和调向。油缸后端的球铰支座顶在管片上以提供盾构前进的反力，球铰支座可使支座与管片之间的接触面密贴，以保护管片不被损坏。

推进系统油缸的分组如图4-9所示，其中深色位置的油缸安装有位移传感器，通过油缸的位移传感器我们可以知道油缸的伸出长度和盾构的掘进状态。

图4-8　中体结构示意图

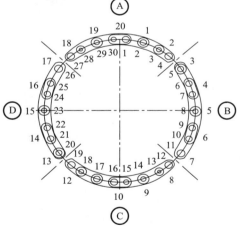

图4-9　推进油缸布置示意图

6）盾尾及盾尾密封

盾尾主要用于掩护隧道管片拼装工作及盾体尾部的密封（见图4-10），通过铰接油缸与中体（主动铰接与前体相连）相连，并装有预紧式铰接密封。铰接密封和盾尾密封装置都是为防止水、土及压注材料从盾尾进入盾构内。盾位的长度必须根据管片的宽度和形状及盾尾密封的结构和盾尾刷道数来决定。另外在盾尾壳体上合理的布置了盾尾油脂注入管和同步注浆管。盾尾密封一般采用效果较好钢丝刷加钢片压板结构（盾尾刷），盾尾密封的道数要根据隧道埋深、水位高低来定，一般为 2～4 道。

7）管片安装机构

管片安装机由：大梁、支承架、旋转架及拼装头组成（见图 4-11）。大梁以悬臂梁的形式安装在盾构中体的支承架上，支承架通过行走轮可纵向移动，旋转架通过大齿圈绕支承架回转，旋转架上装有两个提升油缸用以实现对拼装头的提升和横向摆动，拼装头与铰接的方式安装在旋转架的提升架上，安装头上装有两个油缸，用以控制安装头的水平和纵向两个方向上的摆动，其结构如图所示。管片安装机的控制方式有遥控和线控两种，均可对每个动作进行单独灵活的操作控制。管片安装机通过这些机构的协调动作把管片安装到准确的位置。

图 4-10　盾尾结构及盾尾密封示意图　　　图 4-11　管片安装机结构示意图

管片安装机由单独的液压系统提供动力，管片安装机通过液压马达和液压缸实现对管片前后、上下移动、旋转、俯仰等六个自由度的调整，且各动作的快慢可调，从而使管片拼装灵活，就位准确。

8）拖车

盾构的拖车属门架结构，用以安放液压泵站、注浆泵、砂浆罐及电气设备注脂站等。拖车行走在钢轨上，拖车之间用拉杆相连，在拖车铺设有人员通过的通道，拖车和主机之间通过一个连接桥连接，拖车在盾构机主机的拖动下前行（见图 4-12）。

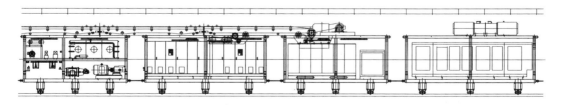

图 4-12　拖车示意图

9）液压系统

盾构的液压系统包括主驱动、推进系统（包括铰接系统）、螺旋输送机、管片安装机及辅助液压系统。

10）注脂系统

注脂系统包括三大部分：主轴承密封系统，盾尾密封系统和主机润滑系统。三部分都以压缩空气为动力源，靠油脂泵油缸的往复运动将油脂输送到各个部位。

主轴承密封可以通过控制系统设定油脂的注入量（次/分），并可以从外面检查密封系统是否正常。盾尾密封可以通过 PLC 系统按照压力模式或行程模式进行自动控制和手动控制，对盾尾密封的注脂次数及注脂压力均可以在控制面板上进行监控。

当油脂泵站的油脂用完后油脂控制系统可以向操作室发出指示信号，并锁定操作系统，直到重新换上油脂。这样可以充分保证油脂系统的正常工作。

11）碴土改良系统

盾构机配有两套碴土改良系统：泡沫系统和膨润土系统以及高分子材料注入系统。它们共用一套输送管路（图 4-13）。

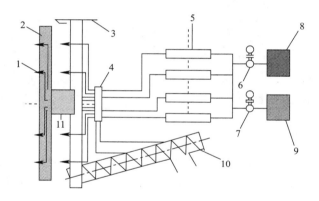

图 4-13　碴土改良系统输送管路示意图

1—土压传感器；2—刀盘；3—盾壳；4—膨润土系统接口；5—压缩空气；6—泡沫剂泵；
7—水泵；8—泡沫剂箱；9—水箱；10—螺旋输送机；11—回转机构

① 泡沫系统

盾构机配有一套泡沫发生系统，用于对碴土进行改良。泡沫系统主要由泡沫泵、高压水泵、电磁流量阀、泡沫发生器、压力传感器、管路组成。

② 膨润土和高分子材料系统

盾构机还各加装一套膨润土和高分子材料注入系统。在确定不使用泡沫剂的情况下，关闭泡沫输送管道，同时将膨润土或高分子材料泵输送管道打开，通过输送泵将膨润土压入刀盘、碴仓和螺旋输送机内，达到改良碴土的目的。

12）注浆系统

盾构机采用同步注浆系统（图 4-14），这样可以使管片后面的间隙及时得到充填，有效地保证隧道的施工质量及防止地面下沉。

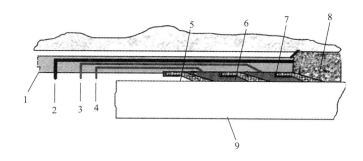

图 4-14　同步注浆系统示意图

1—盾尾；2—注浆孔；3—后腔油脂孔；4—前腔油脂孔；5—刷形密封 1；

6—刷形密封 2；7—刷形密封 3；8—注浆；9—管片

盾构机配有两台液压驱动的注浆泵，它将砂浆泵入相应的注浆点，通过盾尾的注浆管道将砂浆注入开挖直径和管片外径之间的环形间隙。注浆压力可以通调节注浆泵工作频率而在可调范围内实现连续调整，并通过注浆同步监测系统监测其压力变化。单个注浆点的注入量和注浆压力信息可以在主控室看到，在数据采集和显示程序的帮助下，随时可以储存和检索砂浆注入的操作数据。

2. 盾构机械的安全监控要点

（1）盾构机内工作和操作人员必须经过专业培训，并熟悉设备上的所有安全保障设施，上岗前要进行必要的培训和安全技术交底。

（2）盾构机施工人员必须佩戴安全帽，在特殊环境工作的人员需配备防护装备。

（3）盾构机施工人员应熟悉盾构机上的所有警示灯、报警器所表示的盾构设备的状态及可能发生的危险的含义。应熟悉设备内的联络系统，并经常检查以保证这些通信设备正常使用。

（4）应经常检查防火系统配备的完整性及功能可靠性，定期检查火灾报警系统，避免火灾隐患，防止火灾发生。

（5）应经常检查在盾构机上安装的测定有害气体浓度的检测装置。

（6）盾构机施工过程中发生紧急故障或事故的状态下应立即按下紧急停止按钮，以防止或阻止事故的继续发生。任何时候只要按动盾构机内的紧急停止按钮（操作室、拼装机、上下触摸屏处），即可停止所有正在运转的设备，照明系统电源除外。

（7）必须保证备用内燃空压机随时处于可启动状态。内燃空压机每周运行半小时，以确保突然断电时可以立即启动，以保证压力仓所需压缩空气供应。

（8）严禁液压油泵、油脂泵、砂浆泵、加泥泵、泡沫泵、水泵等泵类设备空转。

（9）禁止移动、缠绕、损坏安全保障设备。

（10）禁止改变控制系统的程序。

（11）盾构机上所有表示安全和危险的标识必须完整，并容易识别。

（12）使用人舱时应确保刀盘和螺旋输送机停止并关闭螺旋输送机所有闸门。

（13）进入土仓进行维修工作时，需经技术部门确认安全、报批后方准进入进行相关作业。

4.1.8　平地机

1. 平地机的用途

平地机是利用刮土铲刀进行土壤切割、刮送和整平作业的土石方机械。它可以进行砂石、砾石路面的维修，路基路面的整形，挖沟，草皮或表层土的剥离以及修刮边坡等切削平整作业。它还可以完成材料的推移、混合、回填、铺平作业，如果配置推土铲、松土器、犁扬器、加长铲刀、扫雪器等工作装置，就能进一步提高其工作能力，扩大使用范围。因此，平地机是一种高效能、作业精度好、用途广的施工机械，被广泛用于公路、铁路、机场、停车场等大面积场地的整平作业，也被用于进行农田整地、路堤整形及林区道路的整修等作业。随着我国交通事业迅速发展，高等级公路将会越来越多。而修建高等级公路，对路面的平整度有很高的要求，这种高精度的大面积整平作业时由平地机来完成的。因此，在土石方施工作业中，平地机有着其他机械所不可替代的独特作用。

（1）平地机的分类

1）平地机按行走方式可分为拖式和自行式两类。前者因其机动性和操作性能差，在国内、外现已淘汰。自行式平地机又分为机械操纵式和液压操纵式两种。机械操纵式结构复杂，操纵性能差，现已被淘汰，目前平地机基本采用液压操纵。

2）按车轮数目可分为四轮与六轮两种。四轮平地机是前桥两轮、后桥两轮，用于轻型平地机。六轮平地机是前桥两轮、后桥四轮，后桥传动通过两侧平衡箱内的串联传动装置将动力传动到四个车轮。

3）根据车轮驱动情况，分为后轮驱动和全轮驱动。由于刮刀位于前后桥之间，在结构上给全轮驱动造成困难，因此目前多为后轮驱动。

4）根据车轮转向情况，分为前轮转向和全轮转向两种。全轮转向指前轮和后轮都可以单独转向或同时转型。由于后轮由平衡箱驱动，很难使车轮单独偏转，故后轮转向是由油缸控制整个后桥箱相对于机架转动，一般转角不大，目前逐渐倾向于用车架铰接转向方式代替后轮转向方式。

5）按车架的形式分为整体式车架和铰接式车架。整体式车架是将后车架与弓形前车架焊为一体，这种车架整体性好。铰接式车架是将两者铰接，用液压缸控制其转动角，使机器获得更小的转弯半径和更好的作业适应性。

（2）平地机的基本构造

1）自行式平地机主要由发动机、传动系统、机架、前后桥、行走装置、工作装置和操纵系统组成。平地机如图 4-15 所示。

图 4-15　平地机

2）平地机的机架是连接前桥与后桥的弓形梁架，具有整体式和铰接式两种形式，目前国内外平地机广泛采用铰接式机架。

3）平地机的传动系统多采用液力机械传动和液压传动，而国外大多采用纯机械传动动力换挡变速器。液力机械传动系统一般由液力变矩器、变速器、后桥传动、平衡箱串联传动装置等组成。而液压传动系统省去了变矩器、变速器等大部分机械传动部件，使结构布置更为紧凑。

4）驱动装置由后轮驱动和全轮驱动型。全轮驱动时，后轮的动力由变速器输出，并由联轴器和传动轴或液压传动把动力传递至前桥。平地机的转向形式有前轮转向、全轮转向、后轮转向与铰接转向四种。前轮转向是前轮偏摆转向，主要用于整体式机械，转弯半径大；全轮转向时平地机的前后轮都是转向轮，四轮平地机的前后轮都采用车轮偏摆转向，六轮平地机采用前轮偏摆转向，后桥回转转向。目前，由于后轮转向结构复杂，转动角小，所以，后轮转向逐渐被铰接式转向取代。

5）平地机的工作装置包括铲土铲刀、松土耙、前推土板和重型松土器等。工作装置大都采用液压操纵或电液自动控制。

2. 平地机的安全使用要点

（1）在平整不平度较大的地面时，应先用推土机推平，再用平地机平整。

（2）平地机作业区不得有树根、大石块等障碍物。

（3）作业前重点检查项目应符合下列要求：

① 照明、音响装置齐全有效；

② 燃油、润滑油、液压油等符合规定；

③ 各连接件无松动；

④ 液压系统无泄漏现象；

⑤ 轮胎气压符合规定。

（4）平地机不得用于拖拉其他机械。

（5）启动内燃机后，应检查各仪表指示值并应符合要求。

（6）开动平地机时，应鸣笛示意，并确认机械周围不得有障碍物及行人，用低速挡起步后，应测试并确认制动器灵敏有效。

（7）作业时，应先将刮刀下降到接近地面，起步后再下降刮刀铲土。铲土时，应根据铲土阻力大小，随时少量调整刮刀的切土深度。

（8）刮刀的回转、铲土角的调整以及向机外侧斜，应在停机时进行；刮刀左右端的升降动作，可在机械行驶中调整。

（9）刮刀角铲土和齿耙松地时应采用一挡速度行驶；刮土和平整作业时可用二、三挡速度行驶。

（10）土质坚实的地面应先用齿耙翻松，翻松时应缓慢下齿。

（11）使用平地机清除积雪时，应在轮胎上安装防滑链，并应探明工作面的深坑、沟槽位置。

（12）平地机在转弯或调头时，应使用低速挡；在正常行驶时，应采用前轮转向，当场地特别狭小时，方可使用前、后轮同时转向。

（13）平地机行驶时，应将刮刀和齿耙升到最高位置，并将刮刀斜放，刮刀两端不得超出后轮外侧。行驶速度不得超过使用说明书规定。下坡时，不得空挡滑行。

（14）平地机作业中变矩器的油温不得超过120℃。

（15）作业后，平地机应停放在平坦、安全的场地，刮刀应落在地面上，手制动器拉紧。

4.1.9 机动翻斗车

机动翻斗车的特点是结构简单、外形小巧、机动灵活、装卸方便，是实现建筑施工水平运输机械化的高效运输机械。

1. 机动翻斗车的用途

机动翻斗车是水利水电工程施工中广泛使用的一种短距离运输机械，主要用来转运砂石散料、搅拌好的混凝土和灰浆，如配备适当的托运装置，还能搬运脚手架和管子等长料。

（1）机动翻斗车的分类

目前在市场上主要产品名称有重力卸料翻斗车、后置重力卸料翻斗车、液压翻斗车、后置式液压翻斗车、后置式三面卸料液压翻斗车、回转卸料液压翻斗车、高位卸料液压翻斗车等。

（2）机动翻斗车的基本构造

全国统一的机动翻斗车均由柴油机、胶带张紧装置、离合器、变速器、传动轴、驱动桥、转向桥、转向器、翻斗锁紧和回斗控制机等组成。机动翻斗车见图4-16。

图 4-16　机动翻斗车

2. 机动翻斗车的安全使用要点

（1）机动翻斗车驾驶员应经考试合格，持有机动翻斗车专用驾驶证上岗。

（2）机动翻斗车行驶前，应检查锁紧装置，并应将料斗锁牢。

（3）机动翻斗车行驶时，不得用离合器处于半结合状态来控制车速。

（4）在路面不良状况行驶时，应低速缓行，车辆不得靠近路边或沟旁行驶，并应防侧滑。

（5）在坑沟边缘卸料时，应设置安全挡块。车辆接近坑边时，应减速行驶，不得冲撞挡块。

（6）上坡时，应提前换入低挡行驶；下坡时，不得空挡滑行；转弯时，应先减速，急转弯时，应先换入低挡。机动翻斗车不宜紧急刹车，防止向前倾覆。

（7）机动翻斗车不得在卸料工况下行驶。

（8）机动翻斗车运转或料斗内有载荷时，不得在车底下进行作业。

（9）多台机动翻斗车纵队行驶时，前后车之间应保持安全距离。

4.2　压实机械

4.2.1　概述

1. 压实机械的用途

在建设道路、广场及各种坪地时，主要采用的道路建筑材料有沥青混凝土和水泥混凝土、稳定土（灰土、水泥加固稳定土和沥青加固稳定土等）以及其他筑路材料。为了使筑路材料颗粒处于较紧的状态和增加它们之间的内聚力，可以采用静力和动力作用的方法使其变得更为密实。这种密实过程对提高各种筑路材料和整体构筑物的强度有着实质性的影响。对于塑性水泥混凝土，材料的密实过程主要是依靠振动液化作用使材料颗粒之间的内摩擦力和内凝聚力降低，从而在自重的作用下下沉而变得更加密实；对于包括碾压混凝土在内的大多数筑路材料来说，它们都可以通过压实机械的压实作用来完成这种密实过程。

在筑路过程中，路基和路面压实效果的好坏，是直接影响工程质量优劣的重要因素。因此，在必须要采用专用的压实机械对路基和路面进行压实以提高它们的强度、不透水性和密实度，防止因受雨水风雪侵蚀而产生沉陷破坏。

2. 压实机械的分类

（1）按压实机械工作机构的作用原理，可分为以下几种主要的压实方法。

1）滚压。碾压滚轮沿被压材料滚动运行，这类压实机械包括各种型号的光轮压路机、轮胎压路机、羊脚碾压及各种拖式压路滚等。

2）振动作用。给材料短时间的连续脉冲冲击，这类机械包括各种拖式和自行式振动压路机。

3）夯实。以压实构件对被压材料作周期撞击达到压实，这类机械包括各种内燃式和电动式夯土机等。

4）振动夯实。除具有冲击夯实外，还有振动力同时作用于被压实层，这类机械包括振动平板夯和快速冲击夯等。

（2）按行走方式分为拖式和自行式两类。

（3）按碾压轮的形状可分为光轮、羊角轮和充气气胎等。

（4）光轮也可采用在其表面覆盖橡胶层的滚轮，常见的羊角轮也可采用凸块式碾轮。

4.2.2　压实机械

1. 羊角碾

羊脚碾的外形如图 4-17 所示，它是碾的滚筒表面设有交错排列的截头圆锥体，状如羊脚。

钢铁空心滚筒侧面设有加载孔，加入滚筒内的载荷大小根据压实需要确定，加载物料有铸铁块和砂砾石等。羊脚的长度一般为碾滚直径的 $1/7\sim1/6$，随碾滚的重量增加而增加。若羊脚过长，其表面面积过大，压实阻力增加，羊脚端部的接触应力减小，会影响压实效果。重型羊脚碾碾重可达 30t，羊脚相应长 40cm。如图 4-18 所示，碾压时，羊脚碾的羊脚插入土中，不仅使羊脚端部的土料受到压实，侧向土料也受到挤压，从而达到均匀压实的效果，在压实过程中，羊脚对表层土有翻松作用，无须创毛就能保证土料良好的层间结合。

羊脚碾的开行方式有两种：进退错距法和转圈套压法。前者操作简便，碾压、铺土和质检等工序协调，便于分段流水作业，压实质量容易保证，其开行方式如图 4-19（a）所示；后者要求开行的工作面较大，适合于多碾滚组合碾压。转圈套压法的优点

图 4-17　羊脚碾外形图　　　　图 4-18　羊脚碾压实原理

1—羊脚；2—加载孔；3—碾滚筒；4—杠辕框架

是生产效率较高，但碾压中转弯套压交接处重压过多，容易超压；当转弯半径小时，容易引起土层扭曲，产生剪力破坏；在转弯的角部容易漏压，质量难以保证。转圈套压法的开行方式如图 4-19 (b) 所示。国内多采用进退错距法。用这种开行方式，为避免漏压，可在碾压带的两侧先复压够遍数后，再进行错距碾压。错距宽度 b (m) 按式 (4-1) 计算：

$$b = B/n \tag{4-1}$$

式中　B——碾滚净宽，m；

　　　n——现场试验确定的碾压遍数。

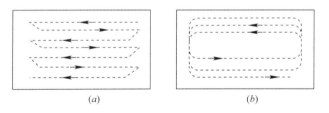

(a)　　　　　　　　　　(b)

图 4-19　碾压机械开行方式

(a) 进退错距法；(b) 转圈套压法

2. 振动碾

振动碾是一种具有静压和振动双重功能的复合型压实机械。常见的类型是振动平碾，也有振动变形碾（表面设凸块、肋形、羊脚等）。它是由起振柴油机带动碾滚内的偏心轴旋转，通过连接碾面的隔板，将振动力传至碾滚表面，然后以压力波的形式传入土体。非黏性土的颗粒比较粗，在这种小振幅、高频率的振动力的作用下，内摩擦力大大降低，由于颗粒不均匀，受惯性力大小不同而产生相对位移，细粒滑入粗粒空隙而使空隙体积减小，从而使土料达到密实。然而，黏性土颗粒间的黏结力是主要的，且土粒相对比较均匀，在振动作用下，不能取得像非黏性土那样的压实效果。

由于振动力的作用，土中的应力可提高 4~5 倍，压实层达 1m 以上，有的高达

2m，生产率很高。可以有效地压实堆石体、砂砾料和砾质土，也能压实黏性土，是土石坝砂壳、堆石坝碾压必不可少的工具，应用非常广泛。

3. 气胎碾

气胎碾利用充气轮胎作为碾子，在碾压土料时，气胎随土体的变形而变形。随着土体压实密度的增加，气胎的变形也相应增加，从而使气胎与土体的接触面积随之增大，始终能保持较为均匀的压实效果，如图所示。它与刚性碾比较，气胎不仅对土体的接触压力分布均匀，而且作用时间长，压实效果好，压实土料厚度大，生产效率高。

气胎碾可根据压实土料的特性调整其内压力，使气胎对土体的压力始终保持在土料的极限强度内。通常气胎的内压力，对黏性土以（5～6）×10^5Pa、非黏性土以（2～4）×10^5Pa 最好。

传统的平碾碾滚是刚性的，不能适应土体的变形，荷载过大就会使碾滚的接触应力超过土体极限强度，这就限制了这类限朝重型方向发展。气胎碾却不然，随着荷载的增加，气胎与土体的接触面增大，接触应力仍不致超过土体的极限强度。所以只要牵引力能满足要求，就不妨碍气胎碾朝重型高效方向发展，它既适用于黏性土的压实，也可以压实砂土、砂砾土、黏土与非黏性土的结合带等。能做到一机多用，有利于防渗土料与坝壳土料平起同时上升。与羊角碾联合作业效果更佳，如气胎碾压实，用羊脚碾收面，有利于上下层结合；羊角碾碾压，气胎碾收面，有利于防雨。

4.2.3　夯实机械

1. 挖掘机夯板

是一种用起重机械或正铲挖掘机改装而成的夯实机械。其结构如图 4-20 所示。夯板一般做成圆形成方形，面积约 1m²，重量为 1～2t，提升高度为 3～4m。主要优点是压实功能大，生产率高，有利于雨期、冬期施工。当被夯石块直径大于 50cm 时，工效大大降低，压实黏土料时，表层容易发生剪力破坏，目前有逐渐被振动碾取代之势。

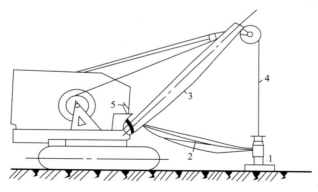

图 4-20　挖掘机夯板示意图

1—夯板；2—控制方向杆；3—支杆；4—起重索；5—定位杆

2. 强夯机

是一种发展很快的强力夯实机械。它是由高架起重机和铸铁块或钢筋混凝土块做成的夯砣组成。夯砣的重量一般为 10～40t，由起重机提升 10～40m 高后自由下落冲击土层，击实机理与一般的夯实有很大的不同，影响深度达 4～5m，击实效果好，生产率高，用于杂土填方、软基及水下地层特别有效。

（1）振动冲击夯

1）振动冲击夯概述

振动冲击夯又称快速冲击夯。它是一种 20 世纪 80 年代出现的一种小型夯实机械，不仅适用于压实砂、石等散状物料，也适用于压实黏性土，可广泛用于建筑、公路、铁路、堤坝、水库、水利、市政工程路基的夯实，以及各种回填土、条形基础、基坑及墙角等狭窄地带的土壤夯实工作。常用的振动冲击夯为内燃式冲击夯。

内燃式打夯机俗称爆炸夯或火力夯，它直接利用燃料在机体（气缸）内燃烧产生的燃气压力，推动缸内活塞作无行程限制的运动，而使夯头产生冲击能量。其单位时间夯击土壤的次数比蛙式大。对于夯实沟槽、坑穴、墙边、墙角比较力方便，尤其适用电力供应困难的场所。

内燃式打夯机由燃料供给系统、点火系统、配电机构、夯实、夯头和操纵机构等部分构成。

2）振动冲击夯的安全使用要点

① 振动冲击夯适用于压实黏性土、砂及砾石等散状物料，不得在水泥路面和其他坚硬地面作业。

② 内燃机冲击夯作业前，应检查并确认有足够的润滑油，油门控制器应转动灵活。

③ 内燃机冲击夯启动后，应逐渐加大油门，夯机跳动稳定后开始作业。

④ 振动冲击夯作业时，应正确掌握夯机，不得倾斜，手把不宜握得过紧，能控制夯机前进速度即可。

⑤ 正常作业时，不得使劲往下压手把，以免影响夯机跳起高度。夯实松软土或上坡时，可将手把稍向下压，并应能增加夯机前进速度。

⑥ 根据作业要求，内燃机冲击夯应通过调整油门的大小，在一定范围内改变夯机振动频率。

⑦ 内燃冲击夯不宜在高速下连续作业。

⑧ 当短距离转移时，应先将冲击夯手把稍向上抬起，将运转轮装入冲击夯的挂钩内，再压下手把，使重心后倾，再推动手把转移冲击夯。

（2）蛙式夯实机

1）蛙式夯实机概述

蛙式夯实机是我国创制的夯实机械，由于它的构造简单、体积小、重量轻、维修方便、操作容易、压实效果好和生产率高，所以被广泛地应用于建筑、给排水工程、道路工程施工中。适用于压实面积小，无法使用大、中型压实机械的夯实灰土和素土地基、地坪及完成场地的平整工作等。目前工程中常用的有电动蛙式打夯机。

电动蛙式打夯机，在机械结构部分由托盘、传动系统、前轴装置、夯头架、操作手柄和润滑系统组成；电气控制部分有电动机、电气设备和输出电缆。

2）蛙式夯实机安全使用要点

① 蛙式夯实机宜适用于夯实灰土和素土。蛙式夯实机不得冒雨作业。

② 作业前应重点检查下列项目，并应符合相应要求：

a. 漏电保护器应灵敏有效，接零或接地及电缆线接头应绝缘良好；

b. 传动皮带应松紧合适，皮带轮与偏心块应安装牢固；

c. 转动部分应安装防护装置，并应进行试运转，确认正常；

d. 负荷线应采用耐气候型的四芯橡皮护套软电缆。电缆线长不应大于 50m。

③ 夯实机启动后，应检查电动机旋转方向，错误时应倒换相线。

④ 作业时，夯实机扶手上的按钮开关和电动机的接线应绝缘良好。当发现有漏电现象时，应立即切断电源，进行检修。

⑤ 夯实机作业时，应一人扶夯，一人传递电缆线，并应戴绝缘手套和穿绝缘鞋。递线人员应跟随夯机后或两侧调顺电缆线。电缆线不得扭结或缠绕，并应保持 3～4m 的余量。

⑥ 作业时，不得夯机电缆线。

⑦ 作业时，应保持夯实机平衡，不得用力压扶手。转弯时应用力平稳，不得急转弯。

⑧ 夯实填高松软土方时，应先在边缘以内 100～150mm 夯实 2～3 遍后，再夯实边缘。

⑨ 不得在斜坡上夯行，以防夯头后折。

⑩ 夯实房心土时，夯板应避开钢筋混凝土及地下管道等地下物。

⑪ 在建筑物内部作业时，夯板或偏心块不得撞击墙壁。

⑫ 多机作业时，其平行间距不得小于 5m，前后间距不得小于 10m。

⑬ 夯实机作业时，夯实机四周 2m 范围内，不得有非夯实机操作人员。

⑭ 夯实机电动机温升超过规定时，应停机降温。

⑮ 作业时，当夯实机有异常响声时，应立即停机检查。

⑯ 作业后，应切断电源，卷好电缆线，清理夯实机。夯实机保管应防水防潮。

（3）振动平板夯

1）振动平板夯概述

振动平板夯有电动式和内燃式两种。它是利用电动机或内燃机驱动的一种冲击与振动综合作用的平板式夯实机械，对于各种土质有较好的压实效果，特别是对非黏性的砂质黏土、砾石、碎石的效果最佳。

振动平板夯与被压材料的接触为一平面，在工作量不大的工作中，尤其在狭窄地段工作时，得到广泛地使用。

振动平板夯按其质量可分为轻型（0.1～2t）、中型（2～4t）和重型（4～8t）；按其结构原理可分为单质量振动平板夯和双质量振动平板夯。单质量的平板夯，全部质量参加了振动运动；而双质量的振动平板夯不仅下部振动，弹簧上部不震动，但对土壤有静压力。试验表明，当弹簧上部的质量为机械总质量的40％～50％时，可以保证机械稳定的工作，而且消耗功率少。当质量大于100kg时，通常都制成双质量振动平板夯。

2）振动平板夯安全使用要点

① 振动平板夯启动时，严禁操作人员离开。

② 作业时，夯实区域要有警示标记，严禁非操作人员进入夯实作业区域2m以内；非操作人员进入夯实作业区，应停止作业。

③ 振动平板夯夯实作业，不应在通风不畅的狭小空间、有火源的区域作业。

④ 安全保护装置不在预设位置，不应作业。

⑤ 在进行斜坡、堤坝等压实作业，应符合下列要求：

a. 操作人员应站在斜表面上方位置。

b. 最大作业坡度不应大于20°。

4.3　顶管机械

4.3.1　概述

顶管机是用于顶管施工的机械，它借助于主顶油缸及管道间中断间等的推力，把工具管或掘进机从工作井内穿过土层一直推到接收井内吊起，见图4-21。顶管机的工作原理及构造要求与盾构机类似，相同部分本节不再赘述。

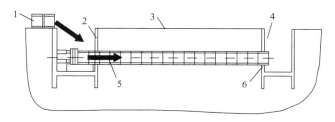

图 4-21　顶管施工简图

1—管节；2—工作井；3—地面；4—接收井；5—管道顶进方向；6—出洞口预留

（1）顶管机的用途

顶管机适应土质范围广，软土、黏土、砂土、砂砾土、硬土均适用；破碎能力强，破碎粒径大，个数多；采用低速大扭矩传动方式，刀盘切削力较大，过载系数能达到 3 以上；可用作较长距离顶进；有独立、完善的土体注水、注浆系统，可对挖掘面土体进行改良，从而扩大适用范围；结构紧凑，使用维修保养简单，在工作坑、接收坑中便于拆除。

（2）顶管机分类

1）按所顶进的管口径大小分：大口径、中口径、小口径和微型顶管四种。大口径多指直径 2m 以上的顶管，人可以在其中直立行走；中口径的顶管一般口径直径为 1.2～1.8m，人在其中需弯腰行走，大多数顶管为中口径顶管；小口径顶管直径为 500～1000mm，人只能在其中爬行，有的甚至爬行都困难；微型顶管的口径通常在 400mm 以下，最小的只有 75mm。

2）按一次顶进的长度（指顶进工作坑和接收工作坑之间的长度）分：变通距离顶管和长距离顶管。顶进距离长短的划分目前没有明确规定，过去多指 100m 左右的顶管，目前千米以上的顶管已屡见不鲜，可把 500m 以上的顶管划为长距离顶管。

3）按平衡原理分：顶管机可分为泥水平衡式顶管机、土压平衡式顶管机和多功能顶管机。

4）按管材分：可分钢筋混凝土顶管、钢管顶管和其他材料顶管。

5）按顶进管轨迹的曲直分：可分为直线顶管和曲线顶管。

最普遍的分类方法是按平衡原理分类法分：

① 泥水平衡式顶管机是在加入添加剂、膨润土、黏土以及发泡剂等使切削土塑性液化的同时，将切削刀盘切削下来的土砂用搅拌机搅拌成泥水状，使其充满开挖面与管道隔墙之间的全部开挖面，使开挖面稳定。添加剂注入装置由添加剂注入泵以及设置在切削刀盘或泥土室内的添加剂注入口等组成。注入装置、注入口径个数应根据土质、顶管直径和机械构造等考虑选择。添加剂的注入量、注入压力应根据切削刀盘扭矩的变化、向山体内浸透量、排土出渣状态以及泥土室内的泥土压等情况进行控制。

② 土压平衡式顶管机包括使开挖面稳定的切削机构、搅拌切削土的混合搅拌机构、排出切削的排土机构和给切削土一定压力的控制机构。

③ 多功能顶管机集机械、液压、激光、电控（含 PLC）、测量技术为一体，是既可在含有较大砾石、卵石等的软土中施工，又可在岩石或复杂地质条件中进行自动化非开挖地下管道施工的先进设备。主要用于城市及周围的地下管道铺设施工，也可用于开挖施工无法解决的穿越河底、公路、桥梁的管道铺设施工。

（3）顶管机的基本构造

顶管机一般由顶进设备、掘进机（工具管）、中继环、工程管、排土设备等五部分组成。

1）顶进设备（见图 4-22）

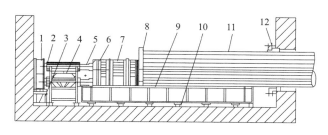

图 4-22　顶进设备示意图

1—后座；2—调整垫；3—后座支架；4—油缸支架；5—主油缸；6—刚性顶铁；
7—U 型顶铁；8—环型顶铁；9—导轨；10—预埋板；11—管道；12—穿墙止水

① 主顶进系统——主油缸：2～8 只，行程 1～1.5m，顶力 300～1000t/只。

② 单只千斤顶顶力不能过大：千斤顶、管段、后座材料。

③ 主油泵：32-45-50MPa；操纵台、高压油管。

④ 顶铁：弥补油缸行程不足，厚度小于油缸行程。

⑤ 导轨：顶管导向。

⑥ 中继间——中继油缸、中继油泵或主油泵。

2）掘进机（见图 4-23）

按挖土方式和平衡土体方式不同分为：

① 手工挖土掘进机、挤压掘进机、气压平衡掘进机、泥水平衡掘进机、土压平衡掘进机。

② 工具管——无刀盘的泥水平衡顶管机又称为工具管，是顶管关键设备，安装在管道最前端，外形与管道相似，结构为三段双铰管。

③ 作用：破土、定向、纠偏、防止塌方、出泥等功能。

④ 组成：冲泥仓（前）、操作室（中）、控制室（后）。

⑤ 设水平铰链和上下纠偏油缸，调上下方向（即坡度）。

⑥ 设垂直铰链和水平纠偏油缸，调左右方向（水平曲线）。

⑦ 泥浆环、控制室、左右调节油缸、上下调节油缸、操作室、吸泥管、冲泥仓、栅格、工具管结构。

3）中继环（见图 4-24）

① 顶管阻力正面——不变；

② 侧面摩擦力——随顶进距离增大；

③ 显然，将长距离顶管分成若干段，在段与段之间设置中继环，接力顶进设备可使后续段只克服顶进管段侧面摩擦力即可；

④ 按自前至后顺序开动中继环油缸，顶进管道可实现长距离顶进；

⑤ 中继环——在中继环成环形布置若干中继油缸，油缸行程 200mm；

⑥ 中继环油缸工作时，后面的管段成了后座，将前面相邻管段推向前方，分段克服侧面摩擦力。

图 4-23 掘进机（工具管）

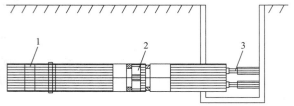

图 4-24 中继环设备示意图

1—工具管；2—中继环；3—主油缸

4）工程管

管道主体一般为圆形，直径多为 1.5～3m。长度 2～4m。

管道材料类型

① 钢筋混凝土管：C50 以上，应用最多，用于短距下水道中；

② 钢管：列应用第二位，用于自来水、煤气、天然气等长距离顶管；

③ 钢管、钢筋混凝土复合管：外钢内混凝土，用于超长距顶进；

④ 钢管、塑料复合管：外钢内塑，用于强酸性液体及高纯水输送。

5）排土设备

① 人工出土——人工挖土时。

② 螺旋输送机——土压平衡顶管机。

③ 吸泥排泥设备——泥水平衡、泥水加气平衡顶管机。

4.3.2 顶管机的安全监控要点

（1）选择顶管机，应根据管道所处土层性质、管径、地下水位、附近地上与地下建（构）筑物和各种设施等因素，经技术经济比较后确定。

（2）导轨应选用钢质材料制作，安装后的导轨应牢固，不得在使用中产生位移，并应经常检查校核。

（3）千斤顶的安装应符合下列规定：

1）千斤顶宜固定在支撑架上，并应与管道中心对称，其合力应作用在管道中心的垂直面上；

2）当千斤顶多于一台时，宜取偶数，且其规格宜相同；当规格不同时，其行程应同步，并应将同规格的千斤顶对称布置；

3）千斤顶的油路应并联，每台千斤顶应有进油、回油的控制系统。

（4）油泵与千斤顶的选型应相匹配，并应有备用油泵；油泵安装完毕，应进行试运转，合格后方可使用；

（5）顶进前，全部设备应经过检查并经过试运转确认合格；

（6）顶进时，工作人员不得在顶铁上方及侧面停留，并应随时观察顶铁有无异常迹象。

（7）顶进开始时，应先缓慢进行，在各接触部位密合后，再按正常顶进速度顶进；

（8）千斤顶活塞退回时，油压不得过大，速度不得过快。

（9）安装后的顶铁轴线应与管道轴线平行、对称，顶铁、导轨和顶铁之间的接触面不得有杂物；

（10）顶铁与管口之间应采用缓冲材料衬垫；

（11）管道顶进应连续作业，管道顶进过程中，遇下列情况之一时，应立即停止顶进，检查原因并经过处理后继续顶进；

1）工具管前方遇到障碍；

2）后背墙变形严重；

3）顶铁发生扭曲现象；

4）管位偏差过大且校正无效；

5）顶力超过管端的允许顶力；

6）油泵、油路发生异常现象；

7）管节接缝、中继间接缝渗漏水、泥浆。

（12）应用中继间应符合下列规定：

1）中继间安装时应将凹头安装在工具管方向，凸头安装在工作井一端。

2）中继间应有专职人员进行操作，同时应随时观察有可能发生的问题。

3）中继间使用时，油压、顶力不宜超过设计油压顶力，应避免引起中继间变形。

4）中继间安装行程限位装置，单次推进距离必须控制在设计允许距离内。

5）穿越中继间的高压进水管、排泥管等软管应与中继间保持一定距离，应避免中继间往返时损坏管线。

考 试 习 题

一、单项选择题（每小题有 4 个备选答案，其中只有 1 个是正确选项。）

1. 在同一场地两台以上推土机作业时，其前后距离应大于（　　），左右距离应大于（　　）。

A. 7m，1.2m   B. 7m，1.5m   C. 8m，1.2m   D. 8m，1.5m

正确答案：D

2. 自行式铲运机沿沟边或填方边坡作业时，轮胎离路肩不得小于（   ）。

A. 0.7m   B. 0.8m   C. 1.0m   D. 1.5m

正确答案：A

3. 中型装载机的铲斗装载量为（   ）。

A. 小于 $3m^3$ B. $1\sim5m^3$ C. $5\sim10m^3$ D. $10m^3$ 以上

正确答案：B

4. 挖掘机严禁在离地下管线、承压管道（   ）距离内进行作业。

A. 1m   B. 2m   C. 3m   D. 4m

正确答案：A

5. 下列关于平地机安全使用要求的陈述，错误的是（   ）。

A. 平地机作业区不得有树根、大石块等障碍物

B. 平地机可用于拖拉其他机械

C. 土质坚实的地面应先用齿耙翻松，翻松时应缓慢下齿

D. 平地机在转弯或调头时，应使用低速挡

正确答案：B

6. 在使用盾构机械时，以下说法不正确的是（   ）。

A. 应经常检查防火系统的完整性及可靠性

B. 施工人员应佩戴安全帽

C. 盾构机施工人员应熟悉盾构机上的报警系统

D. 盾构机内工作和操作人员不须经过专业培训

正确答案：D

7. 进入盾构机土仓进行维修工作时，需经（   ）确认安全，报批后方准进入进行相关作业。

A. 质检部门   B. 物资部门   C. 后勤部门   D. 技术部门

正确答案：D

8. 关于顶管施工下列说法错误的是（   ）。

A. 顶进时，工作人员不得在顶铁上方及侧面停留

B. 顶进时，要先快速顶进而后缓慢顶进

C. 安装后的顶铁轴线应与管道轴线平行、对称

D. 导轨应选用刚性材料制作

正确答案：B

9. 管道顶进应连续作业，遇（   ）情况时，应停止顶进。

A. 工具管前方遇到障碍　　　　　　B. 后背墙变形严重

C. 顶力接近管端的允许顶力　　　　D. 顶铁发生扭曲现象

正确答案：C

10. （　　）是一种具有静压和振动双重功能的复合型压实机械。

A. 羊角碾　　　　　B. 振动碾　　　　　C. 汽胎碾　　　　　D. 压路机

正确答案：B

11. 当缆机在与终端止挡或与同一轨道上其他缆机相距约（　　）时，应限制缆机运行速度。

A. 1m　　　　　B. 3m　　　　　C. 5m　　　　　D. 8m

正确答案：C

12. 缆索起重机起升机构应设置超速保护装置，当下降速度超过额定值（　　）时，应自动停机。

A. 10％　　　　　B. 15％　　　　　C. 20％　　　　　D. 25％

正确答案：B

13. （　　）是一种具有静压和振动双重功能的复合型压实机械。

A. 羊角碾　　　　　B. 振动碾　　　　　C. 汽胎碾　　　　　D. 压路机

正确答案：B

二、**多项选择题**（每小题有 5 个备选答案，其中至少有 2 个是正确选项。）

1. 下列关于推土机作业前重点检查内容，哪些是正确的（　　）？

A. 各部件不得松动，应连接良好

B. 燃油、润滑油、液压油等应符合规定

C. 各系统管路不得有裂纹或泄漏

D. 各操纵杆和制动踏板的行程应符合要求

E. 履带的松紧度或轮胎气压应符合要求

正确答案：ABCDE

2. 下列是关于铲运机下坡道的操作要求，正确的有（　　）。

A. 应低速行驶　　　　　　　　　B. 不得制动

C. 不得中途换挡　　　　　　　　D. 不得空挡滑行

E. 可高速换挡

正确答案：ACD

3. 下列哪些属于装载机作业前重点检查的项目（　　）。

A. 照明、信号及报警装置　　　　B. 燃油、润滑油、液压油

C. 各铰链连接　　　　　　　　　D. 液压系统

E. 轮胎气压

正确答案：ABCDE

4. 下列机动翻斗车安全操作的要求，正确的有（   ）。

A. 行驶前，应检查锁紧装置，并应将料斗锁牢

B. 行驶时，不得用离合器处于半结合状态来控制车速

C. 上坡时，应提前换入低挡行驶；下坡时，不得空挡滑行

D. 转弯时，应先减速，急转弯时，应先换入低挡

E. 在坑沟边缘卸料时，应设置安全挡块

正确答案：ABCDE

5. 在隧道施工中，目前常用的盾构机有（   ）。

A. 泥水式盾构机   B. 手掘式盾构机

C. 土压平衡盾构机   D. 挤压式盾构机

E. 半机械式盾构机

正确答案：AC

6. 用于管道施工的顶管机一般由（   ）等部分构成。

A. 顶进设备   B. 掘进机（工具管）

C. 中继环   D. 工程管

E. 排土设备

正确答案：ABCDE

三、**判断题**（答案 A 表示说法正确，答案 B 表示说法不正确）

1. 推土机机械四周不得有障碍物，并确认安全后开动，工作时不得有人站在履带或刀片的支架上。

正确答案：A

2. 铲运机作业中，允许任何人上下机械、传递物件以及在铲斗内、拖把或机架上坐立。

正确答案：B

3. 装载机转向架未锁闭时，严禁站在前后车架之间进行检修保养。

正确答案：A

4. 挖掘作业前，应查明施工场地内明、暗铺设的各类设施，并应采用明显标识。

正确答案：A

5. 挖掘机回转作业时，配合人员必须在机械回转半径外工作。当需在回转半径以内工作时，必须将机械停止回转并制动。

正确答案：A

6. 机动翻斗车属小型场内运输车辆，驾驶人员可不用持证上岗。

正确答案：B

7. 蛙式打夯机作业时，应一人扶夯，一人传递电缆线，并应戴绝缘手套和穿绝缘鞋。

正确答案：A

8. 盾构机推进时可以改变控制系统的程序（　　）。

正确答案：B

9. 应经常检查在盾构机上安装的测定有害气体浓度的检测装置。（　　）

正确答案：A

10. 顶管施工顶进前，应对所有设备进行检查并试运转确认合格（　　）。

正确答案：A

11. 顶管施工过程中，千斤顶活塞退回时，油压不得过大，速度不得过快（　　）。

正确答案：A

第 5 章 地基处理机械

本 章 要 点

本章主要介绍了地基处理机械的分类、特点、主要机构和安全使用等内容。

主要依据《水利水电工程地质观测规程》SL 245—2013、《水利水电单元施工工程质量验收评定标准 地基处理与基础工程》SL 633—2012、《建筑施工机械与设备 钻孔设备安全规范》GB 26545—2011 等标准、规范。

5.1 清基机械

5.1.1 松岩机

松岩机采用液压传动，可行驶，也能转动 360°，机械灵巧，性能稳定，松岩效率甚高。相比风镐松动岩石，此机能加快清基的进度和提高清基的质量。

5.1.2 真空吸泥泵机

真空吸泥泵机是一种基础清除的设备，具有工作效率高、性能好等优点。以往清基多是人工排水、清泥，速度慢，清理不干净。真空吸泥泵机不但吸走泥水，而且能吸走杂质和碎石，大大提高了清基的进度和质量。

5.2 灌浆机械

5.2.1 灌浆机

灌浆机由搅拌器、拌和器、灌浆泵组成，可作为帷幕灌浆、固结灌浆、接缝灌浆、回填灌浆等使用，以循环的方式进行，其浆液一部分进入灌区，另一部分回到浆桶中，能使浆液始终保持流动状态，防止水泥沉淀，并可根据净出浆比重，判断水泥吸收情况，这种方式比纯压式灌浆质量好，较为常用。特别是岩基裂缝小和坝体接缝灌浆时效果显著，灌浆能力每分钟 0～90m，灌浆压力 0～30MPa。

5.2.2 其他灌浆设备

循环灌浆法的灌浆设备有拌浆桶、灌浆泵、灌浆管、灌浆塞、回浆管、压力表、加水器。

拌浆筒由动力机带动搅拌叶片，拌浆筒上有过滤网。

灌浆泵的性能应与浆液的类型、浆液浓度相适应，容许工作压力应大于最大灌浆压力的 1.5 倍，并应有足够的排浆量和稳定的工作性能。灌注纯水泥浆液，推荐使用 3 缸（或 2 缸）柱塞式灌浆泵；灌注砂浆，应使用砂浆泵；灌注膏状浆液，应使用螺杆泵。

灌浆管采用钢管和胶管，应保证浆液流动畅通，并应能承受 1.5 倍的最大灌浆压力。

压力表的准确性对于灌浆质量至关重要，灌浆泵和灌浆孔口处均应安设压力装置。使用压力宜在压力表最大标值的 1/4～1/3 之间。压力表与管路之间应设有隔浆装置，防止浆液进入压力表，并应经常进行检定。

灌浆塞应与灌浆方式、方法、灌浆压力和地质条件等相适应，胶塞（球）应具有良好的膨胀性和耐压性能，在最大灌浆压力下能可靠的封闭灌浆孔段，并且易于安装和拆卸。

灌浆压力大于 3MPa 时，应采用下列灌浆设备：高压灌浆泵，其压力摆动范围不超出灌浆压力的 20%；耐蚀灌浆阀门；钢丝编织胶管；大量程的压力表，其最大标值宜为最大灌浆压力的 2.0～2.5 倍；专用高压灌浆塞或孔口封闭器（小口径无塞灌浆用）。

5.3　混凝土防渗墙施工机械

混凝土防渗墙是水工建设中较普遍采用的一种地下连续墙，是透水性土基防渗处理的一种有效措施。

各种混凝土连续墙施工工艺的区别主要在于成槽方法的不同，成槽方法分为锯槽法和挖掘法，锯槽法中，有往复射流式开槽、链斗式开槽、液压式开槽；挖掘法中，有抓斗、冲击、回转钻或两者并用的钻具。

5.3.1　锯槽法施工机械

1. 往复射流式开槽机

往复式射流开槽机是应用最广泛的开槽机械，它适应范围较广，该设备综合运用了锯、犁和射流种击的原理，集中了各类开槽机的优点，具有功率大、成槽速度快、整机结构紧凑、便于拆装、便于运输等优点，WSK-16 型往复射流式开槽机整机结构如图 5-1 所示。

复式射流开槽机最适合于砂壤土、粉土地层的作业，由于运用了锯的切割作用、犁的翻土作用、高压水（泥浆）的射流冲击作用，所以对砂壤土、粉土地层特别有效，该机拥有 100 多个射流喷嘴，出口流速达到 20m/s，锯、犁和射流的共同作用切开土体，由反循环抽砂泵迅速排出粗颗粒液体和沉渣，从而成槽。同时由循环水（泥浆）形成浆液，起到固壁作用。

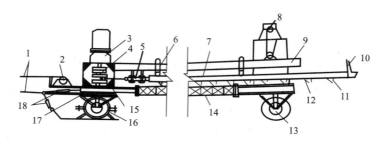

图 5-1　往复式射流开槽机

1—牵引绳；2—牵引机；3—主减速机；4—曲轴；5—滑动元件；6—摇臂；7—刀杆；8—卷扬机；

9—刀架（大臂）；10—反循环泥浆管；11—喷嘴；12—刀齿；13—后行走轮；14—大架；

15—主机架；16—铁鞋；17—转盘；18—花兰丝

2. 链斗式开槽机

链斗式开槽机结构较复杂，设备较繁重，操作难度比往复射流式开槽机大，设备造价也要高出近一倍。链斗式开槽机行走机构有两种形式，一种是轮式，一种是轨道式。前者较简单方便，后者则复杂而笨重。LDK-15 型链斗式开槽机整机结构如图 5-2所示。

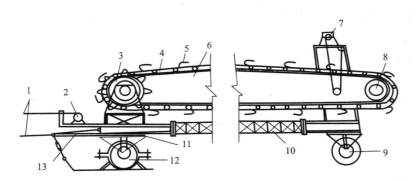

图 5-2　链斗式开槽机

1—牵引绳；2—牵引机；3—主动轮；4—链条；5—挖斗；6—支撑臂；7—卷扬机；8—从动轮；

9—后继轮；10—工作架；11—转盘；12—铁鞋；13—花兰丝

链斗式开槽机的工作原理是利用耐磨链条带动挖斗将土体挖开，然后造浆固壁成槽。其最大优点是对黏性土、直径小于 15cm 的砂石土层作业特别有效。

3. 液压式开槽机

液压开槽机工作原理为：液压系统使液压缸的活塞杆做垂直运动，带动工作装置的刀杆做上下往复运动，刀杆上的刀排紧贴工作面切削和剥离土体，被切削和剥离的土体及切屑，由反循环排渣系统强行排出槽孔，作业中使用泥浆固壁，开槽机沿墙体轴线方向全断面切倒，不断前移，从而形成一个连续规则的条形槽孔。

液压开槽机可以在各种土层中进行连续开槽作业，负载能力 90～160kN，最大成槽深度 45m，开槽宽度 0.18～0.4m，排渣粒径小于 8cm，一般地层开槽效率 13～14m²/h。

5.3.2 挖掘法施工机械

1. 冲击钻机

（1）工作原理：冲击钻机利用钢丝绳将冲击钻头提升到一定高度后，让钻头靠重力自由下落，使钻头的势能转化为动能，冲击、破碎岩层土体，这样周而复始地冲击，达到钻进目的，在钻进过程中不断补充泥浆，保持孔内泥浆液位以保护孔壁，当孔内钻渣较多时用捞渣筒取排出。主孔靠冲击钻进成孔，副孔靠冲击劈打成槽。

布孔原则是，主孔孔径等于墙厚，两个主孔的中心距为 2.5 倍孔径（边到边为 1.5 倍孔径），墙厚一般为 600～1200mm。

为减少清槽工作量，劈打副孔时要在相邻两个主孔中吊放接渣斗，及时提出孔外排渣。由于劈打副孔时有两侧自由面，因此成槽速度较快，一般比主孔成孔效率提高 1 倍以上。

冲击钻成槽一般采用高黏度泥浆护壁，施工过程中清渣是用捞渣筒完成。副孔劈打时，部分钻渣未被接住而落入槽底，因此劈打完成后还要用捞渣筒捞渣。

（2）注意的问题：

1）开孔钻头直径必须大于终槽宽度，以满足防渗墙的设计要求，成槽过程中要检查钻头直径，磨损后应及时补焊；

2）根据施工机具等具体情况，选择合理的副孔长度；

3）一、二期槽孔同时施工时，应留有足够的间隔，以免被挤穿。

2. 抓斗式成槽机

液压抓斗式成槽机比冲击钻机具有更大的适用性。它可以在坚硬的土壤与砂砾石中成槽，能挖出最大直径 1m 左右的石块，成槽深度可达 60m。

目前国内使用的抓斗式成槽机有进口、合资、国产三种。进口、合资设备价格昂贵，不可避免地提高了成墙单价，国内设备相对价位较低，例如 GDW3 型抓槽机，成槽深度 40m，成槽厚度 300mm，一款成槽长度 2000mm。抓斗式成槽机是一种与钻机配合的先钻后抓法，也叫两钻一抓法或钻抓成槽法。

3. 回转钻机

工作原理：反循环回转钻机成槽的施工方法是，在槽孔顶处设置护筒或导向槽。护筒内的水位要高出自然地下水位 2m 以上，以确保孔壁的任何部分均得保持 0.02MPa 以上静水压强，从而保护孔壁不坍塌。钻机工作时，旋转盘带动钻杆端部的钻头钻挖，在钻进过程中，冲洗浆液连续地从钻杆与孔壁间的环状间隙中流入孔底，携带被钻挖下来钻渣，由钻杆内腔返回地面，形成反循环。反循环回转钻机造孔施工按浆液循环输送的方式、动力来源箱工作原理，又可分为泵吸、气举和喷射等反循环方式。

5.4 其他常用地基处理机械

5.4.1 抓斗

1. 抓斗简介

抓斗是以抓取泥沙及各种散装货物能启闭的斗，是一种主要靠左右两个组合斗或多个颚板的开合抓取和卸出散状物料的吊具。

2. 抓斗分类

（1）按形状分类

按形状可分为贝形抓斗和桔瓣抓斗，前者由两个完整的铲斗组成，后者由三个或三个以上的颚板组成。

（2）按驱动方式分类

按驱动方式可分为液压式抓斗和机械式抓斗两大类。

3. 抓斗运行要求

（1）抓斗作业工作路面必须平整、碾压密实，对容易陷车的地方要铺碎石，必要时浇筑混凝土成铺设钢板。

（2）抓斗作业区域，应清除或避开起重臂起落及工作回转范围（回转半松）内的障碍物，并设立警告标志及采取现场安全措施。

（3）抓斗履带距离孔口必须保持一定距离，抓斗操作孔口对位时，不应撞击孔口，应待斗体平稳后方可入孔；抓挖出孔口卸料时，也应待斗体平稳后方可卸料。

（4）抓斗配合冲击钻作业时，冲击钻与抓斗的距离应满足抓斗的充足回转半径。

（5）抓斗抓挖上行与下放过程中，应保持基本匀速；在正常操作情况下，不应猛冲或强拉。

4. 常用的抓斗介绍

（1）液压式抓斗液压抓斗

液压式抓斗本身装有开合结构，一般用液压油缸驱动，由多个颚板组成的液压式抓斗也叫液压爪。液压抓斗在液压类专用设备中应用比较广泛，如液压挖掘机、液压起重塔等。

液压抓斗属液压结构件类产品，由液压油缸、斗（颚板）、连接立柱、斗耳板、斗耳套、斗齿、齿座等零配件组成，所以焊接是液压抓斗最关键的制作工序，焊接质量直接影响到液压抓斗的结构强度及使用寿命。另外液压油缸也是最关键的驱动部件。

液压抓斗属专用行业设备配件，需要专用设备才能高效率、高质量的进行作业，如：数控等离子切割机、坡口铣边机、卷板机、焊接变位机、镗床、液压试验台等。

挖掘机专用液压抓斗分为回转和不回转两种，不带回转的抓斗采用挖掘机铲斗油缸的油路，不用另外添加液压阀块及管路；带回转的抓斗要添加一套液压阀块及管路来控制。

挖掘机专用液压抓斗适用场合：

1）建筑地基的基坑挖掘、深坑挖掘及泥、沙、煤、碎石的装载。

2）特别适用于沟或受限制的空间的一侧进行挖掘和装载。

3）适用于船舶、火车、汽车的装卸。

（2）机械式抓斗

机械式抓斗本身没有配置开合结构，通常由绳索或连杆外力驱动，按操作特点可分为双绳抓斗和单绳抓斗，最常用的是双绳抓斗。机械抓斗双绳抓斗有支持绳和开闭绳，分别绕在支持机构和开闭机构的卷筒上。

单绳抓斗支持绳和开闭绳用同一根钢丝绳。通过特殊锁扣装置使钢丝绳轮流起到支持和开闭的作用。单绳抓斗的卷绕机构较简单，但生产率低，大量装卸作业时很少采用。

抓斗根据被抓取物料的堆积密度又分为轻型（如抓取谷物）、中型（如抓取砂砾）和重型（如抓取铁矿石）3 类；按颚板数分为双颚板抓斗和多颚板抓斗，最常用的是双颚板抓斗。对于大块矿石、铁屑和废钢等宜采用多颚板抓斗，因为它具有多爪、切口尖的特点，易于插入料堆，可得到较好的抓取效果。

还有一种仿剪刀结构原理的剪式抓斗，它的抓取力能随颚板的闭合而逐渐增大，在闭合终了时达到最大值；其斗口的开度和覆盖物料的面积也比一般抓斗为大，提高了抓取能力，有利于清扫料场和船舱，但对于大块物料因其初始抓取力小，效果较差。

5.4.2　旋挖机

1. 旋挖机简介

旋挖机是一种综合性的钻机，它可以用多种底层，具有成孔速度快，污染少，机动性强等特点。短螺旋钻头进行干挖作业，也可以用回转钻头在泥浆护壁的情况下进行湿挖作业。旋挖机可以配合冲锤钻碎坚硬地层后进行挖孔作业。如果配合扩大头钻具，可在孔底进行扩孔作业。

2. 旋挖机主要技术特点

（1）机动性强，可快速转场。

（2）钻具种类多样，轻巧，可快速装卸。

（3）适应多种地层，且速度快，相比冲击钻快 80% 左右。

（4）对环境污染小，不需要循环取渣。

（5）可对应多种类型桩。

3. 旋挖机运行要求

（1）旋挖机工作平台相对平整、场地密实，钻机能够正常回转。

（2）钻孔时必须先选好弃土位置，不影响钻机回转，设置安全警示牌。

（3）钻机操作符合安全操作规程，定期保养和检查。及时更换磨损钻具、钢丝绳等。

（4）旋挖机的安全防护装置必须齐全完好。

5.4.3 铣槽机

1. 铣槽机工作原理

铣槽机是一个带有液压和电气控制系统的钢制框架，底部安装 3 个液压马达，水平向排列，两边马达分别带动两个装有铣槽的滚筒，铣槽时，两个滚筒低速转动，方向相反，其铣齿机将底层胃炎铣削破碎，中间液压马达驱动泥浆泵，通过铣轮中间的吸砂口将钻掘处的岩渣与泥浆排到地面泥浆站进行集中处理后返回槽段内，如此往复循环，直至终孔成槽。铣槽机的垂直度应与槽段轴线一致，并由两个独立的测斜仪检测，其数据由驾驶室内的电脑处理并显示在液晶屏上，驾驶员可随时监控并通过改变铣槽机的转速来实现对铣槽机垂直度的调整。

2. 铣槽机施工工艺介绍

（1）抓—铣结合的施工工艺

该种施工工艺为上部土层强度不高，采用抓斗机施工作业；下部岩层强度相对较高，普通液压抓斗成槽机无法作业时采用铣槽机施工。

（2）纯铣的施工工艺

该种施工公主要用于整个成槽施工范围土层强度普遍较高，普通液压抓斗成槽机作业困难时采用铣槽机施工。

（3）铣—抓—铣结合的施工工艺

该种工艺上部采用铣槽机施工，黏土层采用抓斗机施工，下部岩层采用铣槽机施工。

3. 铣槽机运行要求

（1）工作路面必须稳固平整且无障碍，具备足够的承载能力，必要时应铺垫钢板。

（2）铣槽机回转半径不小于 15m。回转时，最大允许倾斜角度不得超过 5°，作业时回转区域内不得站人。

（3）铣槽机入孔要平稳，下放速度不能太快，要根据底层情况控制铣削速度。

（4）铣槽机在提起斗体过程中要保持平稳，且安排专人进行冲洗。

5.4.4 拔管机

1. 拔管机简介

拔管机是各类岩土钻掘工程中钻机的配套辅助设备，适用于灌注桩、旋喷钻进、锚索孔等采用跟管钻进工艺施工的工程，用于起拔钻孔护壁套管和钻杆。

2. 拔管机用途及特点

拔管机是各类岩土钻掘工程中钻机的配套辅助设备，适用于灌注桩、旋喷钻进、锚索孔等采用跟管钻进工艺施工的工程，用于起拔钻孔护壁套管和钻杆。也可用于各类钻具事故处理中起拔套管和钻杆。钻神 ZSB-60、80T 拔管机具有结构简练紧凑，安全可靠，反应灵活，操作维护简单方便等优点。

3. 拔管机的结构组成

（1）拔管机由液压站、油缸、底座、卡座四大部分组成，用高压液压胶管相互连接而成。

（2）液压站由溢流阀、高压换向阀、油路块组成。

（3）卡座是拔管机的抱紧装置，由内卡和外卡组成。内卡可根据客户需要制作不同的规格，以夹持不同的套管。

4. 拔管机的运行要求

（1）承载拔管机的底座（如防渗墙导墙）必须具有足够的承重强度。拔管机工作基面应平整，拔管机架安设应保证其中心与槽孔中心在同一位置，拔管机底平面应与套管垂直，使拔管机座中心线尽可能和套管中心线重合。

（2）在起拔套管时，油泵操作手、拔管人员应与受力油缸保持 2m 以上安全距离，并观察油缸上升与回落情况，以防液压油管突然爆裂弹出。

（3）吊车安装与拆卸接头管时，应严格服从拔管人员的指挥，不得擅自提升与下放。

5.4.5　冲击钻机

1. 冲击钻机简介

冲击钻机是利用钻头的冲击力对岩层冲凿钻孔的机械。我国常用的冲击钻有 CZ 型冲击钻机。CZ 型冲击钻机有 20 型、22 型、30 型，其工作原理如图所示，常用的钻头有十字形钻头和空心钻头，适合于各种土质情况作业。另外，配有接渣斗和捞渣筒等专用工具。

2. 冲击钻机的工作原理

冲击钻机利用钢丝绳将冲击钻头提升到一定高度后，让钻头靠重力自由下落，使钻头的势能转化为动能，冲击，破碎岩石土层。这样周而复始的冲击，达到钻进的目的。在钻进过程中不断补充泥浆，保持孔内泥浆液位以保护孔壁，当孔内钻渣较多时用捞渣筒捞取排出。主孔靠冲击钻进成孔，副孔靠冲击劈打成槽。

布孔原则是，主孔孔径等于墙厚，两个主孔的中心距为 2.5 倍孔径（边到边为 1.5 倍孔径），墙厚一般为 600～1200mm。

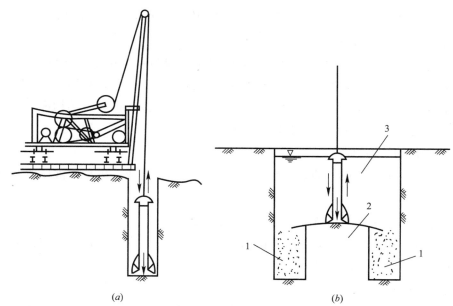

(a)   (b)

图 5-3　CZ 型冲击钻机造孔

（a）钻主孔；（b）劈打副孔

1—主孔；2—副孔；3—孔内注满泥浆

为减少清槽工作量，劈打副孔时要在相邻两个主孔中吊放接渣斗，及时提出孔外排渣。由于劈打副孔时有两侧自由面，因此成槽速度较快，一般比主孔成孔效率提高 1 倍以上。

冲击钻成槽一般采用高黏度泥浆护壁，施工过程中清渣是用捞渣筒完成。副孔劈打时，部分钻渣未被接住而落入槽底，因此劈打完成后还要用捞渣筒捞渣。

3. 冲击钻机安装运行应注意的问题与要求

（1）开孔钻头直径必须大于终槽宽度，以满足防渗墙的设计要求。成槽过程中要经常检查钻头直径，磨损后应及时补焊；

（2）根据施工机具等具体情况，选择合理的副孔长度；

（3）一、二期槽孔同时施工时，应留有足够的间隔，以免被挤穿。

（4）桅杆绷到应用直径不小于 16mm 的钢丝绳，并辅以不小于 ϕ75mm 的无缝钢管作前撑。

（5）绷绳地锚埋深不小于 1.2m，绷绳与水平面夹角不应大于 45°。

（6）在钢导轨上作业的钻机平车应该设置有固定装置。

考 试 习 题

一、**单项选择题**（每小题有 4 个备选答案，其中只有 1 个是正确选项。）

1.（　　）是一种综合性的钻机，它可以用多种底层，具有成孔速度快，污染少，机动性强等特点。

A. 冲击钻机 B. 拔管机 C. 铣槽机 D. 旋挖机

正确答案：D

2. （ ）利用钢丝绳将冲击钻头提升到一定高度后，让钻头靠重力自由下落，使钻头的势能转化为动能，冲击，破碎岩石土层。

A. 冲击钻机 B. 拔管机 C. 铣槽机 D. 旋挖机

正确答案：A

3. 铣槽机回转半径不小于（ ）m。

A. 10 B. 15 C. 20 D. 25

正确答案：B

二、多项选择题（每小题有 5 个备选答案，其中至少有 2 个是正确选项。）

1. 灌浆机由搅拌器、拌和器、灌浆泵组成，可作为（ ）等使用。

A. 帷幕灌浆 B. 固结灌浆

C. 接缝灌浆 D. 回填灌浆

E. 清理泥水

正确答案：ABCD

2. 混凝土连续墙施工工艺锯槽法中，有（ ）等开槽方法。

A. 往复射流式开槽 B. 链斗式开槽

C. 液压式开槽 D. 冲击钻开槽

E. 回转钻开槽

正确答案：ABC

3. 旋挖机主要技术特点是（ ）。

A. 机动性强，可快速转场。

B. 钻具种类多样，轻巧，可快速装卸。

C. 适应多种地层，且速度快，相比冲击钻快 80％左右。

D. 对环境污染小，不需要循环取渣。

E. 可对应多种类型桩。

正确答案：ABCDE

三、判断题（答案 A 表示说法正确，答案 B 表示说法不正确）

1. 在起拔套管时，油泵操作手．拔管人员应与受力油缸保持 2m 以上安全距离，并观察油缸上升与回落情况，以防液压油管突然爆裂弹出。（ ）

正确答案：A

2. 铣槽机回转半径小于 15m。（ ）

正确答案：B

275

3. 冲击钻机开孔钻头直径必须大于终槽宽度，以满足防渗墙的设计要求。

正确答案：A

4. 抓斗作业区域，起重臂起落及工作回转范围（回转半径）内的障碍物可以不清理，但应设立警告标志及采取现场安全措施。（　　）

正确答案：B

第 6 章　混凝土与钢筋机械

本 章 要 点

本章主要介绍了常用混凝土施工机械和钢筋机械的分类、结构与安全使用要点和维护保养等内容。

主要依据《水利水电建设用混凝土搅拌机》SL 541—2011、《建筑施工机械与设备　混凝土输送管　型式与尺寸》JB/T 11187—2011、《建筑施工机械与设备　混凝土搅拌机　第1部分：术语与商业规格》GB/T 25637.1—2010、《水电水利工程施工机械安全操作规程混凝土泵车》DL/T 5283—2012 等标准、规范。

6.1　混凝土机械

混凝土机械是水利水电施工工业中使用最广泛的施工设备之一。经过几十年的发展，我国混凝土机械已形成较大规模的生产能力，产品性能有了较大提高。

混凝土的施工工艺过程一般由：生产→运输→浇筑→成型→养护等工序组成。根据施工工艺混凝土机械分为：混凝土搅拌机、混凝土搅拌站、混凝土搅拌运输车、混凝土输送泵、混凝土输送泵车、混凝土布料机、混凝土振捣器等。

6.1.1　混凝土搅拌机

1. 概述

（1）定义

混凝土搅拌机是将水泥、砂子、碎石和水等配合料按一定配合比均匀搅拌而制成混凝土的专用机械。

（2）分类

混凝土搅拌机按生产过程的连续性可分为周期式和连续式两大类。

周期式混凝土搅拌机是按进料、搅拌、出料顺序周期的循环拌制混凝土的机器；连续式搅拌机是能连续均匀进行加料搅拌和出料的一种搅拌机。连续式搅拌机因拌和质量难以控制，所以水利水电施工所用的都是周期式混凝土搅拌机。

周期式混凝土搅拌机按搅拌原理可分为自落式和强制式两大类。其主要区别是：搅拌叶片和拌筒之间没有相对运动的为自落式；有相对运动的为强制式。

自落式搅拌机按其形状和卸料方式可分为鼓筒式、锥形反转出料式、锥形倾翻出料式三种。其中鼓筒式的由于其性能指标落后已列为淘汰机型。

强制式搅拌机分为立轴强制式和卧轴强制式两种，其中卧轴式又有单卧轴和双卧轴之分。

目前施工现场常用的搅拌机是锥形反转出料的搅拌机，搅拌站常用的搅拌机是双卧轴强制式搅拌机。

（3）混凝土搅拌机的形式和代号

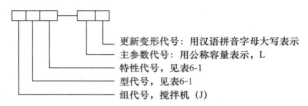

更新变形代号：用汉语拼音字母大写表示
主参数代号：用公称容量表示，L
特性代号，见表6-1
型代号，见表6-1
组代号，搅拌机（J）

混凝土搅拌机的形式和代号见表 6-1 所示，搅拌机型号的编制方法如下：

标记示例：

公称容量为1000L、电动驱动的第一次更新的强制式双卧轴式机械上料的搅拌机表示为：混凝土搅拌机 JS1000A

搅拌机形式和代号 表 6-1

搅拌方式	组		型		特性	产品	
	代号	名称	代号	代号		名称	代号
自落式	J（搅）	锥型反转出料式	Z（锥）	C（齿）		齿圈传动锥型反转出料混凝土搅拌机	JZC
				M（摩）		摩擦传动锥型反转出料混凝土搅拌机	JZM
				R（内）		内燃机驱动锥型反转出料混凝土搅拌机	JZR
				Y（液）		液压上料锥型反转出料混凝土搅拌机	JZY
		锥型倾翻出料式	F（翻）	C（齿）		齿圈传动锥型倾翻出料混凝土搅拌机	JFC
				M（摩）		摩擦传动锥型倾翻出料混凝土搅拌机	JFM
强制式		涡桨式	W（涡）			涡桨式混凝土搅拌机	JW
		行星式	N（行）			行星式混凝土搅拌机	JN
		单卧轴式	D（单）			单卧轴式机械上料混凝土搅拌机	JD
				Y（液）		单卧轴式液压上料混凝土搅拌机	JDY
		双卧轴式	S（双）			双卧轴式机械上料混凝土搅拌机	JS
				Y（液）		双卧轴式液压上料混凝土搅拌机	JSY

2. 混凝土搅拌的主要参数及工作原理

（1）混凝土搅拌机的主要参数

混凝土搅拌机的主要参数有额定容量、工作时间、搅拌转速和生产率等。

1）额定容量

进料容量（又称装料容量），是指装进搅拌筒未经搅拌的干料体积。

出料容量（又称公称容量），是指一盘次混凝土出料后经捣实的体积。出料容量是搅拌机的主要性能指标，它决定着搅拌机的生产率，是选用搅拌机的重要依据。

2）工作时间

上料时间：从料斗提升开始到料斗内混合干料全部卸入搅拌筒的时间。

搅拌时间：从混合干料中粗骨料全部投入搅拌筒开始，到搅拌机将混合料搅拌成匀质混凝土所用的时间。

出料时间：从搅拌筒内卸出不少于公称容量的 90％（自落式）或 93％（强制式）的混凝土拌合物所用的时间。

3）搅拌转速

搅拌转速是搅拌筒的转速，单位为 r/min。自落式搅拌机的转速一般为 14～33r/min；强制式搅拌机一般为 20～36r/min。

4）生产率

生产率是单位时间内生产的混凝土，与拌制每盘混凝土需要的时间和每盘的出料体积有关，生产率的高低是搅拌机的重要衡量指标。

（2）混凝土搅拌机工作原理及结构

1）自落式混凝土搅拌机原理及结构

自落式搅拌机就是把混合料放在一个旋转的搅拌鼓内，随着搅拌鼓的旋转，鼓内的叶片把混合料提升到一定的高度，然后靠自重自由撒落下来。这样周而复始的进行，直至拌匀为止。自落式搅拌机是一种小型的搅拌机，具有结构简单、重量轻、操作维修方便等优点；主要缺点是靠重力自落实现搅拌，搅拌强度不大，生产效率低。

锥形反转出料搅拌机是一种 20 世纪 50 年代发展起来的自落式搅拌机。正转时搅拌，反转时出料，适用于拌制骨料最大粒径在 80mm 以下的塑性和半干硬性混凝土，可供各种工程和中、小型混凝土制品厂使用。

锥形反转出料搅拌机主要由搅拌筒、进料机构、传动系统、供水系统，电气控制系统和机架底盘等机构组成。图 6-1 所示为 JZC350 型锥形反转出料搅拌机总体结构。

搅拌筒是由两端的截头圆锥和中间的圆柱体组成，常采用低合金高强度钢板卷焊而成。

进料机构，根据搅拌机公称容量的大小有所不同，一般由上料架、料斗及提升机构等组成。

传动系统有齿轮传动和摩擦传动两种形式，齿轮传动为电机将动力经减速机传给小齿轮，再由小齿轮传给固定在滚筒上的大齿轮从而带动拌筒旋转；摩擦传动是依靠耐磨橡胶托轮与搅拌筒滚道间的摩

图 6-1　JZC350 型锥形反转出料搅拌机总体结构

擦力来驱动搅拌筒旋转。

供水系统，锥形反转出料搅拌机的供水系统大多采用时间继电器控制水泵电机运转时间的方式达到控制水量。

电气系统，主要控制搅拌筒的正反转及停止，控制料斗提升、下降，控制水泵的转动和停止，并对时间继电器、安全装置进行控制。

2）强制式混凝土搅拌机原理及结构

强制式搅拌机是搅拌鼓不动，而由鼓内旋转轴上均置的若干组叶片强制搅拌，搅拌时叶片绕竖轴或卧轴旋转，将材料强行搅拌，直至搅拌均匀。具有拌制质量好、搅拌速度快、生产效率高、操作简便安全等优点，适用于质量较高的混凝土搅拌作业，是目前最经济实惠的搅拌机械设备。

卧式双轴搅拌机是强制式混凝土搅拌的代表机型，具有搅拌质量好、生产质量高、操作简单、维修方便、能耗低、易损件寿命长等优点，适用于各种水利水电施工工地及中小型预制构件厂，亦可作为搅拌站的配套主机。

双卧轴混凝土搅拌机主要由搅拌传动系统、上料装置、搅拌筒、供水系统、卸料机构、供油装置、电气控制系统等组成。图 6-2 所示为双卧轴混凝土搅拌机整机示意图。

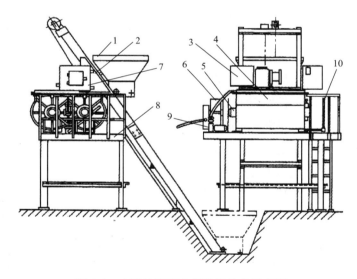

图 6-2　双卧轴混凝土搅拌机整机示意图

1—进料斗；2—上料架；3—卷扬机构；4—搅拌筒；5—搅拌装置；6—搅拌传动系统；

7—电气系统；8—机架；9—供水系统；10—卸料机构

搅拌传动系统，一般由电动机、皮带轮、减速箱、开式齿轮等组成，用齿轮传动或通过联轴器刚性连接，从而确保两根搅拌轴反向等速运转，防止搅拌叶片相互碰撞而引起机械损伤。

搅拌筒，筒体为两个半圆筒焊接而成，搅拌筒内装有衬板，均用沉头螺栓与筒体连接紧固，筒内装有两根水平布置的搅拌轴，轴上连接着等角度排列的搅拌臂，其上分别装有搅拌叶片，端部的搅拌臂上装有侧叶片，可挂掉端面上的混凝土。工作时两搅拌轴同速反向回转，其上的搅拌叶片的反向螺旋运动可使拌合料产生强烈的挤压、对流、并使拌合料产生许多切割面。

卸料机构，强制式搅拌机的卸料装置分手动、气动、液动三种。手动主要用于单机使用的小容量搅拌机（≤500L）；气动卸料主要用于搅拌站中使用的大容量搅拌机；液压主要用于采用翻倾卸料机构的搅拌机。大型搅拌机一般采用气动作为主要卸料方式，手动、液动作为辅助卸料方式，用来紧急卸料。

供水系统、上料机构、电气控制系统可参阅自落式搅拌机。

3. 混凝土搅拌机的安全使用监控要点

（1）混凝土搅拌机运输时，应将进料斗提升至上止点，并用插销插住或保险铁链锁住。轮胎式搅拌机的搬运可以用机动车拖行，但其拖行速度不得超过 15km/h。

（2）混凝土搅拌机的安装要求：作业区应排水畅通，并应设置沉淀池及防尘设施，固定式搅拌机应安装在牢固的台座上；移动式搅拌机就位后，应放下支腿将机架顶起达到水平位置，使轮胎离地。安装时，自落式混凝土搅拌机一般要使进料口一侧稍抬高 30～50mm，以适应上料时所产生的偏重。为防止搅拌机遭受雨淋，应搭设机棚。

（3）操作人员视线应良好。操作台应铺设绝缘板。

（4）作业前应重点检查下列项目，并应符合相应要求：

1）料斗上、下限位装置灵敏有效，保险销、保险链齐全完好。钢丝绳断丝、断股、磨损未超标准。

2）应进行料斗提升试验，应观察并确认离合器、制动器灵活可靠。

3）各传动机构、工作装置无异常。开式齿轮、皮带轮等传动装置的安全防护罩齐全可靠。齿轮箱、液压油箱内的油质和油量符合要求。

4）搅拌筒与托轮接触良好，不窜动、不跑偏。

5）搅拌筒内叶片紧固不松动，与衬板间隙应符合说明书规定。

6）搅拌机开关箱应设置在距搅拌机 5m 范围内。

（5）作业前应先进行空载运转，确认搅拌筒或叶片运转方向正确。反转出料的搅拌机应进行正、反转运转。空载运转无冲击和异常噪声。

（6）供水系统的仪表计量准确，水泵、管道等部件连接无误，正常供水无泄漏。

（7）搅拌机应达到正常转速后进行上料，不应带负荷启动。上料时应及时加水。每次加入的拌合料不得超过搅拌机的额定容量，加料的次序应为石子—水泥—砂子或砂子—水泥—石子。

（8）进料时，人员严禁在料斗下停留或通过；当需要在料斗下方进行清理或检修时，应将料斗提升至上止点，并必须用保险销锁牢或用保险链挂牢。运转中，严禁用手或工具伸入搅拌筒内扒料、出料。

（9）搅拌机在使用中，要严防砂、石等物料落入机械运转部分。

（10）搅拌机运转时，不得进行维修、清理工作。当作业人员需进入搅拌筒内作业时，必须先切断电源，锁好开关箱，悬挂"禁止合闸"的警示牌，并派专人监护。

（11）搅拌过程中不宜停机，如因故必须停机，在再次启动前应卸除荷载，不得带载启动；作业中如遇停电，应将电源切断，将搅拌筒内的物料清出、洗净。

（12）操作工必须坚守岗位，随时注意机械运转情况，如发现不正常的声响或其他问题时，要立即停机、切断电源进行检修。

（13）作业后，必须将搅拌筒内外积灰粘渣清除干净，料筒内不得有积水；搅拌机料斗必须用保险销锁牢。

（14）停机后电源必须切断，锁好电闸箱，保证各机构处于空挡，冬季作业后应将供水系统中的积水排尽。

4. 混凝土搅拌机的检查保养

（1）综合检查保养

1）以电动机驱动时，使用前应检查安全熔丝、开关、线路和接地装置是否可靠，定期测试电动机绝缘电阻，其电阻值不应小于 0.5MΩ。

2）以内燃机驱动时，使用前应检查燃料、润滑油、冷却水是否合适；主离合器手柄应在脱开位置，仪表读数应在规定范围内，内燃机运转正常，无异响。

（2）传动系统的检查保养

1）采用 V 带传动时，其松紧度以能用手按下 10～15mm 并在运转时不打滑为宜。调整时，可放松电动机底座螺栓，将电动机移位达到合适的松紧度。

2）空载运转使搅拌筒做正、反向旋转，观察是否平稳。变更转向时应无冲击现象，电动机减速器、制动器等的噪声、温升应正常，如有异状，应及时调整或修理。

（3）上料、卸料机构的检查保养

1）试验上料、进料操纵杆应灵敏有效，如上料斗在升降过程中发生滑移、摆振或起升不稳甚至不能起升以及上料斗不能在上、下止点处稳定停留等现象时，应调整离合器摩擦带的松紧度，并应检修操纵杆的传动部分。

2）采用导轨升降的料斗，其滚轮和轨道应接触良好，以保证运行时的平稳性。卸料门应保持启闭灵活，封闭严密，其松紧度可由卸料底板下方的螺母进行调整。

3）反转出料式搅拌机的上料斗到达加料高度时，行程开关应及时动作，使料斗停留在斗门全开位置，否则应检查行程开关及轨架岔道的倾斜度。料斗下降时应平稳、无卡滞现象。

4）上料斗升降离合器的内、外摩擦带的松紧度要调整适当，过紧将使离合器分离不开而发热，增加减速齿轮的荷载，加速齿轮磨损；过松将使离合器接合不良或制动失灵。

（4）搅拌系统的检查保养

1）自落式搅拌机的搅拌叶片和进料叶片应安装在搅拌筒内壁的预定位置，以保证进料和搅拌的作用。当搅拌叶片的边缘磨损超过 50mm 或发生较大变形时，物料很难带到预定的高度并影响出料，应及时修理或焊补。搅拌叶片和筒内壁的连接必须严密，不应发生漏浆现象。

2）强制式搅拌机的搅拌叶片、刮板和搅拌筒的筒底、筒壁均应保持一定的间隙（宜为 5mm），如间隙超过标准时，可通过松动搅拌叶片或刮板的紧固螺栓来调整，间隙调整合适后再将螺栓紧固。

（5）润滑系统的检查保养

1）减速箱润滑油及油的类型依照使用说明书的规定更换。

2）减速箱顶部透气盖定期清洗。

3）各润滑部位有良好的润滑，各部位油嘴、油杯齐全、有效。

4）按规定更换液压系统中的液压油。

6.1.2　混凝土搅拌站（楼）

1.混凝土搅拌站（楼）概述

（1）定义

混凝土搅拌站（楼）是用来集中搅拌混凝土的联合机械装置，主要由物料输送设备、物料储存设备、计量设备、搅拌设备及控制系统组成。

（2）分类

1）按作业形式可分为周期式和连续式两种。周期式搅拌站（楼）的进料、搅拌、出料都按一定周期循环进行；连续式搅拌站（楼）的进料、搅拌、出料为连续进行。

2）按移动性可分为移动式、拆迁式和固定式三种。移动式搅拌站（楼）主要工作部件安装在底盘上，可自行或拖行，可随时转移，机动性好；拆迁式搅拌站（楼）主要工作部件可以根据需要拆卸或安装；固定式搅拌站（楼）是一种大型混凝土搅拌装置，使用周期长，生产能力大，主要用在商品混凝土工厂、大型预制构件厂和水利水电工程工地等。

3）按其工艺布置形式可分为单阶式和双阶式两类。单阶式搅拌站为物料提升至搅拌楼最高点的储存料斗中，然后经各自的称量斗按预定的比例称量后进入搅拌机进行搅拌；双阶式是指物料经过计量后再皮带机或提升斗进行搅拌。

（3）型号分类及标示

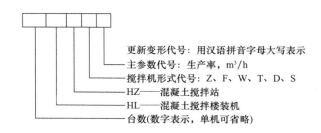

标记示例：

① 混凝土搅拌站 HZL180C

配套主机为一台连续式双卧轴混凝土搅拌机，理论生产率为180m³/h，第三次更新设计的连续式混凝土搅拌站。

② 混凝土搅拌楼 2HLS120B

配套主机为两台双卧轴混凝土搅拌机，理论生产率为120m³/h，第二次更新设计的周期式混凝土搅拌楼。

（4）混凝土搅拌站（楼）的主要参数

1）混凝土搅拌站（楼）主参数系列见表6-2。

混凝土搅拌站（楼）主参数系列　　　　　　　　　　表6-2

项目	数值
理论生产率（m³/h）	15，20，25，30，35，40，45，50，55，60，65，70，75，80，90，100，120，150，180，200，225，240，270，300，320，360，400，460

2）混凝土搅拌站（楼）主要技术参数见表6-3。

混凝土搅拌站（楼）主要技术参数　　　　　　　　　表6-3

序号	参数名称	型号			
		HZS60	HZS90	HZS120	HZS180
1	理论生产率（m³/h）	60	90	120	180
2	搅拌机型号	JS1000	JS1500	JS2000	JS3000
3	搅拌机电机功率（kW）	2×18.5	2×30	2×37	2×55
4	循环周期（s）	60	60	60	60
5	搅拌机公称容量（L）	1000	1500	2000	3000
6	骨料最大粒径（mm）	80	80	80	80
7	粉料仓容量（t）	2×50	4×100	4×200	4×200
8	配料站配料能力（L）	1600	2400	3200	4800
9	骨料仓容量（m³）	3×15	4×20	4×24	4×30
10	骨料种类（种）	3	4	4	4
11	骨料带式输送机生产率（t/h）	500	500	700	700

续表

序号	参数名称	型号			
		HZS60	HZS90	HZS120	HZS180
12	螺旋输送机 最大生产率（t/h）	80	80	80	110
13	卸料高度（m）	3.8	3.8	3.8	3.8
14	骨料称量范围及精度（kg）	(0~2000)±2%	(0~2000)±2%	(0~3000)±2%	(0~3000)±2%
15	水泥称量范围及精度（kg）	(0~900)±1%	(0~900)±1%	(0~1200)±1%	(0~1800)±1%
16	粉煤灰称量范围及精度（kg）	(0~500)±1%	(0~500)±1%	(0~500)±1%	(0~1000)±1%
17	水称量范围及精度（kg）	(0~300)±1%	(0~400)±1%	(0~600)±1%	(0~1000)±1%
18	外加剂称量范围及精度（kg）	(0~20)±1%	(0~50)±1%	(0~50)±1%	(0~50)±1%

（5）混凝土搅拌站（楼）的组成

混凝土搅拌站，如图 6-3 所示，主要由储料系统、计量系统、输送系统、搅拌系统、供液系统、气动系统、主楼框架、控制室、除尘系统等组成，用以完成混凝土原材料的储存、计量、输送、搅拌和出料等工作。

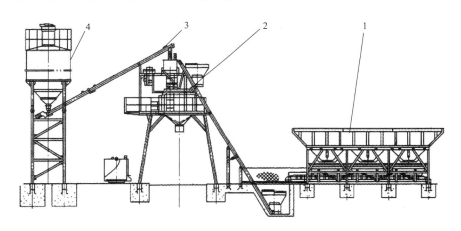

图 6-3　HZS75 型混凝土搅拌站的整机外形

1—骨料配料机构；2—搅拌机构；3—螺旋输送机；4—水泥仓

2. 混凝土搅拌站（楼）的安全使用监控要点

（1）操作人员必须熟悉设备的性能与特点，并认真执行操作规程和保养规程。

（2）设备安装使用前必须经过调试合格，方可投产使用。

（3）设备安装使用一个班次后，应对各紧固件及钢丝绳卡进行检查和紧固。

（4）设备安装后高于周围的建筑或设施时，应加设避雷装置。

（5）电源电压、频率、相序必须与搅拌设备的电器相符。电气系统的保险丝必须按照电流大小规定使用，不得任意加大或用其他非熔丝代替。

（6）电气部分应按一般电气安全规程进行定期检查。

（7）操作盘上的主令开关、旋钮、指示灯等应经常检查其准确性、可靠性。如有损坏、应及时更换，限位开关的可靠性必须每天进行检查。操作人员必须弄清楚操作程序和各旋钮、按钮作用后，方可独立进行操作。

（8）控制室的室温应保持在 25℃ 以下，以免电子元件因温度而影响灵敏度和精确度。

（9）搅拌站工作时，任何人不得进入提升料斗轨道或站立轨道下方，出料区域不得站人。

（10）搅拌机运行时，严禁中途停机。如工作时遇到停电，应立即打开混凝土卸料门，放净搅拌筒内的物料，以防凝结。

（11）切勿使机械超载工作，并应经常检查电动机的温升，发现运转声音异常、转速达不到规定时，应立即停止运行，并检查其原因。如因电压过低，不得强行运行。

（12）搅拌站检修时，必须断开总电源，并指令专人看守。机械运转中，不得进行润滑和调整工作。严禁将手伸入料斗、拌筒探摸进料情况。

（13）意外情况下，应立即按下紧急停止按钮，切断控制电源，停机检查，并打开混凝土卸料门放净搅拌筒内的混凝土。

（14）停机前应先卸载，然后按顺序关闭各部位开关和管路。

（15）冰冻季节，作业后，应放进水泵、外加剂泵、水箱及外加剂箱内存水，并启动水泵和外加剂泵预转 1～2min。

3. 混凝土搅拌站（楼）的维护保养

（1）开机前检查项目

1）检查所有钢丝绳的磨损状况和固定情况，如有损坏，及时更换。

2）检查空压机自保装置是否可靠，气压能否稳定在 0.7MPa 左右。

3）检查提升斗料门、水泥斗门、搅拌机出料门关闭是否灵活可靠。

4）检查各电气装置是否可靠，检查各行程开关是否灵活，特别是提升斗上限位是否可靠。

5）检查轴端密封处及各润滑点和减速箱体是否有足够的润滑油脂。

6）检查电动润滑泵储油筒的油脂是否用完，用完要及时加满。

（2）每班工作后的保养项目

1）清理搅拌机内杂物及残料。

2）按动注油按钮，向轴端密封处供油口供应油脂，直至出油口充满干净油脂为止，其余各润滑点加注润滑油。

3）冬季应放净水管内的水。

4）放尽空气压缩机储气筒内的气体和积水。

5）彻底清洗搅拌机。

6）停机后应关总电源。

（3）每周检查保养项目

1）检查搅拌筒内残留混凝土的凝结情况，如有凝结，应停机进行人工铲除。停机时切断电源，必须派专人看护，检查搅拌叶片衬板间隙，如不合适则进行调整。

2）检查气路系统是否有漏气现象，各气缸动作是否正常。

3）检查减速机润滑油的质量和液面高度，如不合要求，则进行更换或添加。

4）检查电源系统内的各电气元件是否损坏，如有损坏，及时修理或更换，并检查接线是否松动。

（4）每月检查项目

1）检查上下机架、提升机构、限位开关等部位的连接螺栓是否松动，地脚螺栓有无松动。

2）检查钢丝绳卡子是否松动及钢丝绳磨损情况，根据磨损情况给钢丝绳涂油或更换。

3）检查电动润滑泵及其附件，特别是分配器通道是否畅通，如有堵塞，应及时拆下清洗干净。

4）检查电气系统及自动控制系统工作是否正常。

5）检查搅拌机叶片和衬板磨损情况。

6）检查螺旋输送机是否有结块和杂物，如有，则清除。

7）检查提升斗上限位是否正常。

（5）每年检查项目及大修

设备运行一年后，所有的零部件、线路、电气元件、紧固标准件，应针对使用性能进行全面检查、检修和更换，达到该机出厂的使用性能标准。

6.1.3 混凝土输送泵

1. 概述

混凝土输送泵是将混凝土拌合料加压并沿管道作水平或垂直连续输送到浇筑工作面的一种混凝土输送机械。

混凝土泵主要由分配阀及料斗、推送机构、液压系统、电气系统、机架及行走装置、润滑系统、罩壳和输送管道等组成。

（1）分类

1）按其工作原理可分为：挤压式和液压活塞式混凝土输送泵。

挤压式混凝土输送泵主要由料斗、鼓形泵、驱动装置、真空系统和输送管等组成。主要特点是：结构简单、造价低、维修容易、工作平稳，但由于输送量及泵送混凝土压力小，输送距离短，目前已很少采用。

活塞式混凝土输送泵主要由料斗、混凝土缸、分配阀、液压控制系统和输送管等组成。通过液压控制系统使分配阀交替启闭。液压缸与混凝土缸连接，通过液压缸活塞杆的往复运动以及分配阀的协同动作，使两个混凝土缸轮流交替完成吸入与排出混凝土的工作过程。目前，国内外均普遍采用液压活塞式混凝土输送泵。

2）按其型式可分为：

固定式混凝土输送泵（HBG）是安装在固定机座上的混凝土输送泵。

拖式混凝土输送泵（HBT）是安装在可以拖行的底盘上的混凝土输送泵。

车载式混凝土输送泵（HBC）是安装在机动车辆底盘的混凝土输送泵。

3）按其理论输送量可分为：超小型（10～20m³/h）、小型（30～40m³/h）、中型（50～95m³/h）、大型（100～150m³/h）、超大型（160～200m³/h）。

4）按其分配阀型式可分为：垂直（水平）轴蝶阀、S形阀、裙形阀、斜置式闸板阀与横置式板阀。

5）按其驱动方式可分为：电动机驱动和柴油机驱动。

6）按工作时混凝土输送泵出口的混凝土压力（即泵送混凝土压力）可分为低压（2.0～5.0MPa）、中压（6.0～9.5MPa）、高压（10.0～16.0MPa）和超高压（22.0～28.5MPa）。

（2）型号、基本参数

1）标示方法

混凝土泵的型号由组代号、型代号、特征代号、主参数、更新、变型代号组成，型号说明如下：

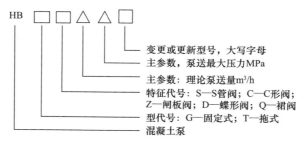

示例：HBTS80×16A——表示拖式、S管阀、理论泵送量80m³/h，泵送最大压力为16MPa，第一次更新的混凝土泵。

2）混凝土泵的基本参数见表6-4

混凝土泵的基本参数 表6-4

项目	数　　值			
理论输送量/（m³/h）	10、20	30、40	50、60、70、80、90	100、125、150、180
上料高度/mm	1250	1350	1450	1550
泵送混凝土骨料粒径/mm≤	25	40		50
泵送混凝土最大压力/MPa	4、6、9、12、16			
混凝土缸内径/mm	150、180、195、200、205、220、230、250、280			

2. 混凝土泵的工作原理

各种形式的混凝土泵中，活塞式混凝土泵是应用最早、最多也是最有生命力的混凝土输送设备。其特点为：工作可靠、输送距离长而且易于控制。这种泵有机械式、液压式和水压式三种形式，目前市场上普遍采用的是液压式。

液压活塞式混凝土泵是通过压力油推动活塞，再通过活塞杆推动混凝土缸中的工作活塞进行压送混凝土。液压活塞式混凝土泵分单缸式和双缸式两种，双缸式是两个缸交替作业，故生产效率高，并且发动机的功率也得以充分利用。

3. 混凝土泵的安全使用监控要点

（1）混凝土泵应安放在平整、坚实的地面上，周围不得有障碍物，支腿应支设牢靠，机身应保持水平和稳定，轮胎应揳紧。

（2）混凝土泵的输送管道敷设要求

1）管道敷设前应检查并确认管壁的磨损量应符合使用说明书的要求，管道不得有裂纹、砂眼等缺陷。新管或磨损量较小的管道应敷设在泵出口处。

2）管道应使用支架或与建筑结构固定牢固。应避免同脚手架等直接摩擦。泵出口处的管道底部应依据泵送高度、混凝土排量等设置独立的基础，并能承受相应荷载。

3）敷设垂直向上的管道时，垂直管不得直接与泵的输出口连接，应在泵与垂直管之间敷设长度不小于 15m 的水平管，并加装逆止阀，用来防止混凝土倒流。

4）敷设向下倾斜的管道时，应在泵与斜管之间敷设长度不小于 5 倍落差的水平管。当倾斜度大于 7°时，应加装排气阀。

（3）作业前应检查并确认管道连接处管卡扣牢，不得泄漏。混凝土泵的安全防护装置应齐全可靠，各部位操纵开关、手柄等位置应正确，搅拌斗防护网应完好牢固。

（4）混凝土泵启动后，应空载运转，观察各仪表的指示值，检查泵和搅拌装置的运转情况，并确认一切正常后作业。泵送前应向料斗加入清水和水泥砂浆润滑泵及管道。

（5）混凝土泵在开始或停止泵送混凝土前，作业人员应与出料软管保持安全距离，作业人员不得在出料口下方停留。出料软管不得埋在混凝土中。

（6）泵送混凝土的排量、浇注顺序应符合混凝土浇筑施工方案的要求。施工载荷应控制在允许范围内。

（7）混凝土泵工作时，料斗中混凝土应保持在搅拌轴线以上，不应吸空或无料泵送。泵送过程中应连续泵送，尽量避免泵送中断。

（8）泵送混凝土时，清洗水箱应充满洗涤水，并应经常更换和补充，一般 2h 更换一次水。

（9）泵送中断措施：泵送停歇期间，应采取措施，防止管内混凝土离析或凝结而引起堵塞。泵送中断期间必须进行间隔推动，每隔 4～5min 一次，每次进行不少于 4

个行程的正反推动。如停机超过 45min，应将存留在管道内的混凝土排出，并加以清洗。

（10）混凝土泵工作时，不得进行维修作业。

（11）混凝土泵作业中，应对泵送设备和管路进行观察，发现隐患应及时处理。对磨损超过规定的管子、卡箍、密封圈等应及时更换。

（12）安全装置应符合下列规定：

1）液压系统中应设有防止过载和液压冲击的安全装置；安全溢流阀的调整压力不得大于系统额定工作压力的 110％；系统的额定工作压力不得大于液压泵的额定压力；

2）安全阀及过载保护装置应齐全、灵敏、有效；压力表应有效且在检定期内；

3）漏电保护器参数应匹配，安装应正确，动作应灵敏可靠；

4）料斗上应安装连锁安全装置。

（13）混凝土泵作业后应将料斗和管道内的混凝土全部排出，并对泵、料斗、管道进行清洗。不宜采用压缩空气进行清洗。

1）管道的清洗：用一个海绵塞，一个清洗活塞，一个水泥袋，装入混凝土缸内，在料斗中装满水，开泵后高压水推动清洗活塞再推动管中的混凝土从出口排出。

2）混凝土泵的清洗：管道清洗完毕后，还应对混凝土泵、料斗进行清洗，用高压水泵冲洗各部位。

3）清洗完后，应空运转 20min，直到各端口的泥浆完全被润滑脂取代，充分润滑。

4. 混凝土泵的维护保养

混凝土泵执行日常、月度、年度三级维护制，也可按泵送时间进行保养，每间隔 200 工作小时执行月维护保养，每间隔 1200 工作小时执行定期维护保养。各级维护保养规程分别见表 6-5、表 6-6 和表 6-7。

混凝土泵日常维护（工作前、中、后进行） 表 6-5

序号	维护部件	作业项目	技术要求
1	电气设备	检查	线路连接牢固，绝缘良好，各种开关、按钮、接触器、继电器等作用正常，接地装置可靠
2	连接件及管路	检查紧固	各部连接螺栓完整无缺，紧固牢靠，输送管路固定、垫实、无渗漏
3	液压油油箱	检查	油位指示器应在蓝线范围内，不足时添加
4	水箱水量	检查	水箱水量足
5	液压系统	检查	液压泵、缸、马达及各操纵阀、管路等元件应无渗漏，工作压力正常，动作平稳正确，油温在 15～65℃ 范围内
6	搅拌机构	检查	工作正常，无卡阻等现象
7	推送机构	检查	分配阀动作及时，位置正确，泵送频率正常，正反泵操作便捷，无漏水、漏油、漏浆等现象
8	整机	清洁	开动泵机，用清水将泵体、料斗、阀箱、泵缸和管路中所有剩余混凝土冲洗干净
9	各润滑点	润滑	按润滑表进行

混凝土泵月维护（每月或间隔 200 小时进行）　表 6-6

序号	维护部件	作业项目	技术要求
1	连接、紧固件	检查、紧固	各部连接和紧固件应齐全完好，缺损者补齐
2	分配阀	检查、调整	检查分配阀磨损情况
3	料斗和搅拌装置	检查	料斗和搅拌叶片应无变形、磨损
4	推送机构	检查	推送活塞、橡胶圈应无磨损、脱落、剥离或扯裂等现象，必要时予以更换
5	液压系统	检查、清洁	清洁过滤器滤芯，如有内泄外漏或压力失调等现象，应予以调整或更换密封件
6	主机	清洁、润滑	清除机身外表灰浆，按润滑表规定进行润滑

混凝土泵定期维护（每年或转移工地前进行）　表 6-7

序号	维护部件	作业项目	技术要求
1	搅拌装置	拆检	料斗、搅拌叶片、搅拌轴和支座等如有磨损应修复或更换，更换已磨损的轴承、密封盘、压圈、螺栓等易损件
2	推送机构	拆检	拆检混凝土缸和活塞的磨损情况，更换橡胶圈、密封圈等易损件，如混凝土缸磨损超限，应更换
3	分配阀	拆检	拆检各部零件的磨损情况，必要时修复或更换，更换密封件
4	液压系统	检查、清洁	清洁各液压元件，检测其工作性能，必要时调整或拆修。检测液压油
5	电气设备	检查	检查输电导线的绝缘情况和接线柱等应完好，检查各开关和继电器触头的接触情况，如有烧伤和弧坑应予以清除
6	整机	清洁、补漆	全机清洗，对外表进行补漆防腐
7	整机	润滑	按润滑表规定进行
8	整机	试运转	按试运转要求进行，各部应运转正常，作业性能符合要求

6.1.4　混凝土泵车

混凝土泵车是机动车辆底盘上同时装有混凝土泵送单元和布料臂的机械设备。布料臂具有变幅、曲折和回转三个动作，在其活动范围内可任意改变混凝土浇筑位置，在有效工作幅度内进行水平和垂直方向的混凝土拌合料输送。它机动性好，布料灵活，工作时不需要另外铺设混凝土输送管道，使用方便，适用于大型基础工程和零星分散混凝土输送。

前章节我们对混凝土泵送单元都作了讲解，本节主要介绍混凝土泵车特有的部分。

（1）混凝土泵车的分类

1）按臂架长度分类

短臂架：臂架垂直高度小于 30m；

常规型：臂架垂直高度大于或等于 30m、小于 40m；

长臂架：臂架垂直高度大于或等于 40m、小于 50m；

超长臂架：臂架垂直高度大于或等于 50m。

2）按泵送方式分类

主要有活塞式、挤压式，目前普遍为液压活塞式。

3）按分配阀类型分类

按照分配阀形式可以分为：S阀、C阀、闸板阀、裙阀和蝶阀。目前S阀使用最广泛，具有简单可靠、密封性好、寿命长等特点。

4）按臂架折叠方式分类

按照臂架卷折方式分为R（卷绕式）型、Z（折叠型）型，RZ综合型。R型结构紧凑，Z型臂架在打开和折叠时动作迅速。

5）按支腿形式分类

支腿形式主要根据前支腿的形式分类，主要有以下类型：前摆伸缩型、X型、XH型（前后支腿伸缩）、后摆伸缩型，SX弧型、V型等。

6）按主泵送液压系统特征分类

按主泵送液压系统可分为开式系统和闭式系统。

（2）混凝土泵车的基本构造

混凝土泵车主要由载重汽车底盘和泵车的取力装置、混凝土泵、布料装置、支腿装置及液压系统和清洗系统等组成。

1）混凝土泵车的支腿

支腿的作用是保证混凝土泵车在工作中的安全性和稳定性。当泵车臂架的水平外伸量较大时，会产生很大的倾覆力矩，因此要求支腿要有足够大的支撑面积以及足够大的强度、刚度和疲劳强度。泵车支腿结构分水平和垂直两部分，其水平方向手动操作，垂直方向为液压操作。支腿可以按摆动方式伸展，也可以按移动方式伸展。

2）混凝土泵车的布料装置

混凝土泵车的布料装置由回转机构、臂架、臂架液压缸及混凝土输送料管组成。

回转机构，布料杆安装在回转台上，回转台的旋转是由回转机构来实现的。

布料杆是由薄钢板组焊成的箱形截面折叠式臂架和薄壁无缝钢管制成的输送管道组成。

各节臂之间用液压缸支撑，以便于变幅及折叠，缸体的进油口设有液压锁，以防止液压软管破裂时发生臂架坠落事故。

（3）混凝土泵车液压传动系统构成及工作原理

泵车全部采用液压传动，主要由液压泵、液压马达、液压缸、蓄能器、过滤器、冷却器、阀门、压力表、油管及油箱等组成。

泵车的液压系统一般分为四个子系统：泵送主液压系统、臂架支腿、转台液压系统、搅拌和冷却液压系统以及水洗液压系统。

1）主液压系统工作原理：使主液压缸和混凝土分配阀换向液压缸工作，并通过控制元件使各液压缸的动作顺序进行，保证正常泵送混凝土。

2）臂架、支腿和转台液压系统工作原理：液压泵传递动力，通过两个手动三位四通换向阀操纵支腿水平液压缸和支腿垂直液压缸，截止阀和双向液压锁锁定支腿工作状态。臂架液压缸和回转液压马达用三位四通电磁换向阀块分别控制，从而实现臂架的变幅和回转。

3）搅拌和冷却液压系统工作原理：液压泵输出的压力油经手动换向阀和液动换向阀进入搅拌马达使其运转，由马达带动料斗搅拌轴转动进行混凝土搅拌作业，然后将物料送到混凝土缸。通常为正转工作状态，若搅拌叶片出现被卡住现象，则会导致系统压力升高，此时顺序阀打开控制压力油，使先导换向阀换向后再使液动阀换向，从而使搅拌马达反转，以此消除叶片卡住现象；当压力降低后搅拌马达又自动开始正向转动。为了防止液压系统发热，在回油路中安装有冷却器，由二位二通手动换向阀控制冷却马达带动风扇转动，以此进行风冷。

4）水洗液压系统工作原理：油缸与水缸串联，当油缸活塞运行时，水缸完成吸水排水动作。

（4）混凝土泵车安全使用监控要点

1）操作人员应经培训持证上岗，操作前必须熟读说明书，在理论上了解各种操作手柄的功能，必须严格按照操作说明书使用设备。严禁非本机人员进行操作。

2）混凝土泵车应停放在平整坚实的地方，与沟槽和基坑的安全距离应符合说明书的要求。臂架回转范围内不得有障碍物，与输电线路的安全距离应符合现行行业标准《施工现场临时用电安全技术规范》JGJ 46—2005 的有关规定。

3）混凝土泵车作业前，应将支腿打开，并应采用垫木垫平，车身的倾斜度不应大于 3°。

4）作业前应重点检查以下项目，并应符合相应要求：

① 安全装置齐全有效，仪表应指示正常。

② 液压系统、工作机构应运转正常。

③ 料斗网格应完好牢固。

④ 软管安全链与臂架连接应牢固。

5）伸展布料杆应按出厂说明书的顺序进行。布料杆在升离支架前不得回转。不得用布料杆起吊或拖拉物件。禁止人员站在布料杆上和下面。

6）当布料杆处于全伸状态时，不得移动车身。当需要移动车身时，应将上段布料杆折叠固定，移动速度不得超过 10km/h。泵车在行驶中，严禁使用差速锁。

7）不准在尾胶管上连接卡箍、喷嘴、细颈管。不得接长布料配管和布料软管。

8）风速 12m/s 以上大风时，严禁作业。

9）伸展臂架时，应先大臂、后中臂、再下臂（收回时相反），臂架全部离开后，才能旋转。

10）泵送混凝土前，应将分动箱切换至泵送位置，停止泵送后行车前，将其切换至行驶位置。

11）悬臂下端软管，要系上绳索，防止软管破裂掉下伤人，软管前端附近不可站人，悬臂正下方不许作业，混凝土泵车停止作业后，一定要将软管内的混凝土排出。

12）在混凝土泵送时必须经常注意：四只支腿的情况，如有松动，必须停机重新垫实后方可作业；主压力计的示值不超过 32MPa；液压油滤芯上的标志是否在正常范围内。

13）当泵送作业时，危险区域为能够转向的尾胶管周围直径，为尾胶管长度的两倍；堵管时，绝对不允许在带压状态下打开输送管道检修。

14）停车及液压系统修理时，须将储压器压力降到零。

15）泵送作业结束后，必须立即清洗管道、料斗以及料斗附近的机体部位，以避免混凝土固结后难以清除，严禁用压力水清洗电气元件及电气柜、限位开关。然后按顺序收回布料杆和支腿并锁定，把泵送开关切换至行走位置。

（5）混凝土泵车的维护保养

1）每班出车前要往水箱里加满干净的自来水，可以加 1/3 的废机油或废液压油，以提高混凝土缸活塞的润滑效果；泵送完后，要将水放干净；发现水箱内的水浑浊时，应立即检查并更换混凝土活塞密封体。

2）S管及搅拌轴套的润滑，每次泵送完毕后，必须空泵 5min 以上，检查各润滑点，直到各润滑点流出干净的润滑脂。

3）每次泵送完，要将料斗清理干净，不能有积料；每班要检查切割环与眼镜板之间的间隙，经常检查过渡套的磨损情况；检查搅拌马达座的观察孔，是否漏浆。

4）泵车旋转减速机必须每月检查一次减速机的轴向间隙，每泵送 500h 必须更换一次润滑油，油品规格按照说明书选用；每月给旋转减速机构中的所有齿轮表面涂抹黄油进行润滑；每半月通过回转轴承的黄油嘴加注润滑油；每班检查是否有螺栓松动。

5）泵车分动箱的维护，要求每泵送 500h 或半年更换一次，油液面不能超过油位口液面；每周检查一次分动箱的连接螺栓和挂架螺栓。

6）泵车臂架部分每半个月应对各臂架、支腿、底盘黄油加注点加注黄油。

7）液压系统的液压油每 500h 或半年更换一次，注意不得将不同牌号、不同品牌的液压油混合使用，更换液压油时必须同时更换所有液压油滤芯，换油后应注意观察油位，及时补油；如发现液压油有乳化、变色等现象，应立即更换；每班检查油位，并排放冷凝水。

6.1.5 混凝土搅拌运输车

1. 概述

（1）定义

混凝土搅拌运输车是在载重汽车或专用运载底盘上安装一种独特的混凝土搅拌装

置的组合，是长距离运输混凝土的主要工具，在运输途中，装载混凝土拌合料的搅拌筒能缓慢旋转，可有效地防止混凝土离析或较长时间的运输中产生初凝，是具有运输和搅拌双重功能的专用车辆。

混凝土搅拌运输车具有运输平稳、搅拌效果好、性能可靠、出料迅速、操作简便、工作寿命长等特点。

（2）分类

混凝土搅拌运输车是由相对独立的混凝土搅拌装置和运载底盘两大部分组成，按其两种组成部分的主要特征，分类如下：

按汽车底盘结构形式的不同，可分为：普通载重汽车底盘的搅拌运输车和专用半拖挂式底盘的搅拌运输车。

按混凝土搅拌装置搅拌传动形式的不同，可分为：机械传动的搅拌运输车、液压传动的搅拌运输车、液压-机械传动的搅拌运输车。公称搅动容量大于 $3m^3$ 的运输车宜采用液压传动与行星减速器（即液压-机械传动），易实现大减速、无级调速、结构紧凑等，目前普遍采用这种传动方式。

按拌筒搅动容量大小，可分为：小型（不大于 $3m^3$），中型（$3\sim8m^3$），大型（$8m^3$ 以上）

（3）型号和主要参数

搅拌运输车的型号由混凝土搅拌运输车组代号、形式或特性代号、主参数代号和变型或更新代号组成，其型号说明如下：

变更或更新型号，大写字母
主参数代号，m^3
形式或特性代号
组代号：混凝土搅拌运输车

混凝土搅拌运输车的型号表示方法见表 6-8。

混凝土搅拌运输车型号的表示方法　表 6-8

机类	机型	特性	代号	代号含义	主参数
混凝土搅拌输送车（JC）	自行式	飞轮取力	JC	集中取力的飞轮取力搅拌运输车	搅拌输送容量（m^3）
		前端取力（Q）	JCQ	集中取力的前端取力搅拌运输车	
		单独取力（D）	JCD	单独驱动的搅拌运输车	
		前端卸料（L）	JCL	前端卸料搅拌运输车	
		附带臂架和混凝土泵（B）	JCB	附带臂架和混凝土泵的搅拌运输车	
		附带带式输送机（P）	JCP	附带带式输送机的混凝土搅拌运输车	
		附带自行上料装置（Z）	JCZ	附带自行上料装置的搅拌运输车	
		附带搅拌筒倾翻机构（F）	JCF	附带搅拌筒倾翻机构的搅拌运输车	

混凝土搅拌运输车的主要参数：

① 公称搅拌容量：是指运输车能运输的预拌混凝土经捣实后的最大体积的化整值。

② 搅拌容量：是指运输车置于水平位置，拌筒能容纳全部未经搅拌的配料（包括水），要求在充分搅拌时不产生外溢，并能产生匀质混凝土经捣实后的最大体积。

③ 进料速度：是指平均每分钟从搅拌站进入运输车拌筒的预拌混凝土或未经搅拌的混合料体积。

④ 出料残余率：是指出料后残留在搅拌运输车拌筒内的混凝土与公称搅动容量的混凝土的质量之比。

2. 结构及工作原理

混凝土搅拌运输车由汽车底盘和搅拌装置组成，这里只介绍搅拌运输车的搅拌装置。搅拌装置由搅拌筒、搅拌筒的驱动装置（由取力传动轴、液压油泵、液压马达、齿轮减速器等组成）等组成。图 6-4 所示为搅拌运输车的外形和基本结构。

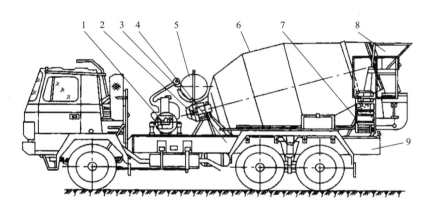

图 6-4　混凝土搅拌运输车

1—泵连接组件；2—减速器总成；3—液压系统；4—机架；5—供水系统；
6—搅拌筒；7—操纵系统；8—进出料装置；9—底盘车

工作原理为搅拌装置工作时发动机通过取力传动轴驱动液压泵—液压马达—齿轮减速器终端减速驱动搅拌筒转动。搅拌筒正转时进行搅拌或装料，反转时卸料。搅拌筒的转速和转动方向是根据搅拌运输车的工序，由工作人员通过操纵装置改变液压泵的斜盘角度来实现。

3. 安全使用监控要点

（1）液压系统、气动装置的安全阀、溢流阀的调整压力必须符合说明书要求。卸料槽锁扣及搅拌筒的安全锁定装置应齐全完好。

（2）燃油、润滑油、液压油、制动液及冷却液应添加充足，无渗漏，质量应符合要求。

（3）搅拌筒及机架缓冲件无裂纹或损伤，筒体与托轮接触良好。搅拌叶片、进料斗、主辅卸料槽应无严重磨损和变形。

（4）装料前应先启动内燃机空载运转，各仪表指示正常、制动气压达到规定值。

并应低速旋转搅拌筒 3～5min，确认无误方可装料。装载量不得超过规定值。

（5）行驶前，应确认操作手柄处于"搅动"位置并锁定，卸料槽锁扣应扣牢。搅拌行驶时最高速度不得大于 50km/h。

（6）出料作业应将搅拌运输车停靠在地势平坦处，应与基坑及输电线路保持安全距离。并将制动系统锁定。

（7）进入搅拌筒进行维修、铲除清理混凝土作业前，必须将发动机熄火，操作杆置于空挡。并将发动机钥匙取出并设专人监护，悬挂安全警示牌。

（8）行驶时，卸料溜槽必须用锁紧装置锁紧在机架上，防止由于不固定而引起摆动并打伤行人或影响车辆运行。

（9）搅拌车通过桥、洞、库等设施时，应注意通过高度及宽度，以免发生碰撞事故；

（10）铲除作业时，请佩戴防尘面具、防护眼镜、耳塞等防护用品。

6.1.6　混凝土振动器

混凝土振捣器是一种借助动力通过一定装置作为振源产生频繁的振动，并使这种振动传给混凝土，以振动捣实混凝土的设备。

（1）分类

1）按传递振动的方式可分为：内部式（插入式）、外部式（附着式）、平台式等；

① 内部式（插入式）有：软轴行星式、软轴偏心式、直联式三种。

② 外部式（附着式）常用的有：附着式、平板式两种。

2）按振源的振动子形式可分为：行星式、偏心式、往复式等；

3）按使用振源的动力可分为：电动式、内燃式、风动式、液压式等；

4）按振动频率可分为：低频（2000～5000 次/min）、中频（5000～8000 次/min）、高频（8000～20000 次/min）等。

（2）结构简述

1）软轴插入式振动器

软轴插入振动器是由电动机、传动装置、振动棒等三部分组成。

2）直联插入式振动器

直联插入式振动器由电动机组成一体的振动棒和配套的变频机组两部分。

3）附着式振动器

附着式振动器是由特制铸铝合金外壳的三相二级电动机，其转子轴两个伸出端上各装一个圆盘形偏心块。当电动机带动偏心块旋转时，由于偏心力矩作用，使振动器产生激振力。

平板式振动器是在附着式振动器底部一块平板改装而成。

4）振动台

振动台是由上部框架、下部框架、支承弹簧、电动机、齿轮箱、振动子等组成。

（3）安全使用监控要点

1）插入式振捣器安全使用监控要点

① 作业前应检查电动机、软管、电缆线、控制开关等，并应确认处于完好状态。电缆线连接应正确。

② 操作人员作业时应穿戴符合要求的绝缘鞋和绝缘手套。

③ 电缆线应采用耐气候型橡皮护套铜芯软电缆，并不得有接头。

④ 电缆线长度不应大于30m。不得缠绕、扭结和挤压，并不得承受任何外力。

⑤ 振捣器软管的弯曲半径不得小于500mm，操作时应将振动器垂直插入混凝土，深度不宜超过600mm。

⑥ 振捣器不得在初凝的混凝土、脚手板和干硬的地面上进行试振。在检修或作业间断时，应切断电源。

⑦ 作业时，要使振动棒自然沉入混凝土，不可用力猛往下推。一般应垂直插入，并插到下层尚未初凝层中50～100mm，以促使上下层相互结合。

⑧ 作业完毕，应切断电源，并应将电动机、软管及振动棒清理干净。

2）附着式、平板式振捣器安全使用监控要点

① 作业前应检查电动机、电源线、控制开关等完好无破损，附着式振捣器的安装位置正确，连接牢固并应安装减震装置。

② 平板式振捣器操作人员必须穿戴符合要求的绝缘胶鞋和绝缘手套。

③ 平板式振捣器应采用耐气候型橡皮护套铜芯软电缆，并不得有接头和承受任何外力，其长度不应超过30m。

④ 附着式、平板式振捣器的轴承不应承受轴向力，使用时应保持电动机轴线在水平状态。

⑤ 振捣器不得在初凝的混凝土和干硬的地面上进行试振。在检修或作业间断时应切断电源。

⑥ 平板式振捣器作业时应使用牵引绳控制移动速度，不得牵拉电缆。

⑦ 在同一个混凝土模板或料仓上同时使用多台附着式振捣器时，各振动器的振频应一致，安装位置宜交错设置。

3）振动台的安全使用监控要点

① 作业前应检查电动机、传动及防护装置完好有效。轴承座、偏心块及机座螺栓紧固牢靠。

② 振动台应设有可靠的锁紧夹，振动时将混凝土槽锁紧，严禁混凝土模板在振动台上无约束振动。

③ 振动台连接线应穿在硬塑料管内，并预埋牢固。

④ 作业时应观察润滑油不泄漏、油温正常，传动装置无异常。

⑤ 在振动过程中不得调节预置拨码开关，检修作业时应切断电源。

⑥ 振动台面应经常保持清洁、平整，发现裂纹及时修补。

6.1.7　混凝土布料机

混凝土布料机是将混凝土进行分布和摊铺，以减轻工人劳动强度，提高工作效率的一种设备。主要由臂架、输送管、回转架、底座等组成。

（1）分类

立式布料机的机构比较简单，主要有称置式布料机、固定工布料机、称动式布料机、附装于塔式起重机上的布料杆。

（2）安全使用监控要点

1）设置混凝土布料机前，应确认现场有足够的作业空间，混凝土布料机任一部位与其他设备及构筑物的安全距离不应小于 0.6m。

2）混凝土布料机的支撑面应平整坚实。固定式混凝土布料机的支撑应符合使用说明书的要求，支撑结构应经设计计算，并应采取相应加固措施。

3）手动式混凝土布料机应有可靠的防倾覆措施。

4）混凝土布料机作业前应重点检查下列项目，并应符合相应要求：

① 支腿应打开垫实，并应锁紧。

② 塔架的垂直度应符合使用说明书要求。

③ 配重块应与臂架安装长度匹配。

④ 臂架回转机构润滑应充足，转动应灵活。

⑤ 机动混凝土布料机的动力装置、传动装置、安全及制动装置应符合要求。

⑥ 混凝土输送管道应连接牢固。

5）手动混凝土布料机回转速度应缓慢均匀，牵引绳长度应满足安全距离的要求。

6）输送管出料口与混凝土浇筑面宜保持 1m 的距离，不得被混凝土掩埋。

7）人员不得在臂架下方停留。

8）当风速达到 10.8m/s 及以上或大雨、大雾等恶劣天气应停止作业。

6.2　钢筋机械

钢筋机械是用于完成各种混凝土结构物或钢筋混凝土预制件所用的钢筋和钢筋骨架等作业的机械。按作业方式可分为钢筋强化机械、钢筋加工机械、钢筋焊接机械、钢筋预应力机械。

6.2.1 钢筋强化机械

1. 分类

钢筋强化机械包括钢筋冷拉机、钢筋冷拔机、钢筋轧扭机等机型。

（1）钢筋冷拉机：是对热轧钢筋在正常温度下进行强力拉伸的机械。冷拉是把钢筋拉伸到超过钢材本身的屈服点，然后放松，使钢筋获得新的弹性阶段，提高钢筋强度（20%～25%）。通过冷拉不但可使钢筋被拉直、延伸，而且还可以起到除锈和检验钢材的作用。

（2）钢筋冷拔机：它是在强拉力的作用下将钢筋在常温下通过一个比其直径小0.5～1.0mm的孔模（即钨合金拔丝模），使钢筋在拉应力和压应力作用下被强行从孔模中拔过去，使钢筋直径缩小，而强度提高40%～90%，塑性则相应降低，成为低碳冷拔钢丝。

（3）钢筋轧扭机：它是由多台钢筋机械组成的冷轧扭生产线，能连续地将直径6.5～10mm的普通盘圆钢筋调直、压扁、扭转、定长、切断、落料等完成钢筋轧扭全过程。

2. 结构简述

（1）钢筋冷拉机

钢筋冷拉机有多种形式，常用的为卷扬机式、阻力轮式和液压式等。

1）卷扬机式：它是利用卷扬机的牵引力来冷拉钢筋。当卷扬机旋转时，夹持钢筋的一只动滑轮组被拉向卷扬机，使钢筋被拉伸；而另一只滑轮组则被拉向滑轮，为下次冷拉时交替使用。钢筋所受的拉力经传力杆、活动横梁传送给测力器，从而测出拉力大小。对于拉伸长度，可通过标尺直接测量或用行程开关来控制；

2）阻力轮式：它是以电动机为动力，经减速器使绞轮获得40m/min的速度旋转，通过阻力轮将绕在绞轮上的钢筋拖动前进，并把冷拉后的钢筋送入调直机进行调直和切断。钢筋的拉伸率通过调节阻力轮来控制；

3）液压式：它是由两台电动机分别带动高、低压力油泵，使高、低压油液经油管、控制阀进入液压张拉缸，从而完成拉伸和回程动作。

（2）钢筋冷拔机

钢筋冷拔机又称拔丝机、有立式、卧式和串联式等形式。

1）立式：由电动机通过涡轮减速器，带动主轴旋转，使安装在轴上的拔丝卷筒跟着旋转，卷绕强行通过拔丝模的钢筋成为冷拔钢丝。

2）卧式：它是由14kW以上的电动机，通过双出头变速器带动卷筒旋转，使钢筋强行通过拔丝模后卷绕在卷筒上。

3）串联式：它是由几台单卷筒拔丝机组合在一起，使钢丝卷绕在几个卷筒上，后一个卷筒将前一个卷筒拔过的钢丝再往细拔一次，可一次完成单卷筒需多次完成的冷拔过程。

（3）钢筋冷轧扭机

钢筋由放盘架上引出，经过调直箱调直，并清除氧化皮，再经导引架进入轧机，冷轧到一定厚度，其断面近似矩形，在轧辊推动下，钢筋被迫通过已经旋转了一定角度的一对扭转辊，从而形成连续旋转的螺旋状钢筋，再经由过渡架进入切断机，将钢筋切断后落到持料架上。

3. 安全使用监控要求

（1）钢筋冷拉机的安全使用要点

1）应根据冷拉钢筋的直径，合理选用卷扬机。卷扬钢丝绳应经封闭式导向滑轮，并和被拉钢筋成直角。卷扬机的位置应使操作人员能见到全部冷拉场地，卷扬机与冷拉中线距离不得小于 5m。

2）冷拉场地应在两端地锚外侧设置警戒区，并应安装防护栏及警告标志。无关人员不得在此停留。操作人员在作业时必须离开被拉钢筋 2m 以外。

3）用配重控制的设备应与滑轮匹配，并应有指示起落的记号，没有指示记号时应有专人指挥。配重框提起时高度应限制在离地面 300mm 以内，配重架四周应有栏杆及警告标志。

4）作业前，应检查冷拉夹具，夹齿应完好，滑轮、拖拉小车应润滑灵活，拉钩、地锚及防护装置均应齐全牢固。确认良好后，方可作业。

5）卷扬机操作人员必须看到指挥人员发出信号，并待所有人员离开危险区后方可作业。冷拉应缓慢、均匀。当有停车信号或见到有人进入危险区时，应立即停拉，并稍稍放松卷扬钢丝绳。

6）用延伸率控制的装置，应装设明显的限位标志，并应有专人负责指挥。

7）夜间作业的照明设施，应装设在张拉危险区外。当需要装设在场地上空时，其高度应超过 5m。灯泡应加防护罩。

8）作业后，应放松卷扬钢丝绳，落下配重，切断电源，锁好开关箱。

（2）钢筋冷拔机的安全使用要点

1）应检查并确认机械各连接件牢固，模具无裂纹，轧头和模具的规格配套，然后启动主机空运转，确认正常后，方可作业。

2）在冷拔钢筋时，每道工序的冷拔直径应按机械出厂说明书规定进行，不得超量缩减模具孔径，无资料时，可按每次缩减孔径 0.5～1.0mm。

3）轧头时，应先使钢筋的一端穿过模具长度达 100～150mm，再用夹具夹牢。

4）作业时，操作人员的手和轧辊应保持 300～500mm 的距离。不得用手直接接触钢筋和滚筒。

5）冷拔模架中应随时加足润滑剂，润滑剂应采用石灰和肥皂水调和晒干后的粉末。钢筋通过冷拔模前，应抹少量润滑脂。

6）当钢筋的末端通过冷拔模后，应立即脱开离合器，同时用手闸挡住钢筋末端。

7）拔丝过程中，当出现断丝或钢筋打结乱盘时，应立即停机；在处理完毕后，方可开机。

（3）钢丝轧扭机的安全使用监控要点

1）开机前要检查机器各部有无异常现象，并充分润滑各运动件；

2）在控制台上的操作人员必须注意力集中，发现钢筋乱盘或打结时，要立即停机，待处理完毕后，方可开机；

3）在轧扭过程中如有失稳堆钢现象发生，要立即停机，以免损坏轧辊；

4）运转过程中，任何人不得靠近旋转部件。机器周围不准乱堆异物，以防意外。用切刀的中、下部位，紧握钢筋对准刃口迅速投入。应在固定刀片一侧握紧并压住钢筋，以防钢筋末端弹出伤人。严禁用两手分在刀片两边握住钢筋俯身送料；

5）不得剪切直径及强度超过机械铭牌规定的钢筋和烧红的钢筋。一次切断多根钢筋时，其总截面积应在规定范围内；

6）剪切低合金钢时，应更换高硬度切刀，剪切直径应符合铭牌规定；

7）切断短料时，手和切刀之间的距离应保持在 150mm 以上，如手握端小于 400mm 时，应采用套管或夹具将钢筋短头压住或夹牢；

8）运转中，严禁用手直接清除切刀附近的断头和杂物。钢筋摆动周围和切刀周围，不得停留非操作人员；

9）发现机械运转有异常或切刀歪斜等情况，应立即停机检修。

6.2.2 钢筋加工机械

钢筋加工机械主要有钢筋切断机、钢筋调直机、钢筋弯曲机、钢筋墩头机等。

（1）钢筋切断机

钢筋切断机是把钢筋原材和已矫直的钢筋切断成所需长度的专用机械。

1）结构简述

钢筋切断机有机械传动和液压传动两种。

机械传动式：由电动机通过三角胶带轮和齿轮等减速后，带动偏心轴来推动连杆作往复运动；连杆端装有冲切刀片，它在与固定刀片相错的往复水平运动中切断钢筋。

液压传动式：电动机带动偏心轴旋转，使与偏心轴面接触的柱塞作往复运动，柱塞泵产生高压油进入油体缸内，推动活塞驱使活动刀片前进，与固定在支座上的固定刀片相错切断钢筋。

2）安全使用监控要点

① 送料的工作台面应和切刀下部保持水平，工作台的长度可根据加工材料长度决定；

② 启动前，必须检查切刀应无裂纹，刀架螺栓紧固，防护罩牢靠。然后用手转动皮带轮，检查齿轮啮合间隙，调整切刀间隙；

③ 机械未达到正常转速时，不可切料。切料时，必须使用切刀的中、下部位，紧握钢筋对准刃口迅速投入。应在固定刀片一侧握紧并压住钢筋，以防钢筋末端弹出伤人。严禁用两手分在刀片两边握住钢筋俯身送料；

④ 不得剪切直径及强度超过机械名牌规定的钢筋和烧红的钢筋。一次切断多根钢筋时，其总截面积应在规定范围内；

⑤ 剪切低合金钢时应更换高硬度切刀，剪切直径应符合名牌规定；

⑥ 切断短料时，手和切刀之间的距离应保持在 150mm 以上，如手握端小于 400mm 时，应采用套管或夹具将短头压住夹牢；

⑦ 运转中，严禁用手直接清除切刀附近的断头和杂物。钢筋摆动周围和切刀周围不得停留非操作人员；

⑧ 发现机械运转有异常或切刀歪斜等情况，应立即停机检修。

（2）钢筋调直机

钢筋调直机用于将成盘的钢筋和经冷拔的低碳钢丝调直。它具有一机多用功能，能在一次操作中完成钢筋调直、输送、切断，并兼有清除表面氧化铁皮和污迹的功能。

1）结构简述

电动机经过三角胶带驱动调直筒旋转，实现钢筋调直工作。另外通过同在一电机上的又一胶带轮传动来带动另一对锥齿轮传动偏心轴，再经过两级齿轮减速，传到等速反向旋转的上压辊轴与下压辊轴，带动上下压辊相对旋转，从而实现调直和曳引运动。

2）安全使用监控要点

① 料架、料槽应安装平直，对准导向筒、调直筒和下切刀孔的中心线；

② 用手转动飞轮，检查传动机构和工作装置，调整间隙，紧固螺栓，检查电气系统确认正常后，起动空运转，并应检查轴承无异响，齿轮啮合良好，运转正常后，方可作业；

③ 按调直钢筋的直径，选用适当的调直块及传动速度，经调试合格，方可送料；

④ 在调直块未固定、防护罩未盖好前不得送料。作业中严禁打开各部防护罩及调整间隙；

⑤ 当钢筋送入后，手与曳轮必须保持一定的距离，不得接近；

⑥ 送料前，应将不直的料头切除，导向筒前应装一根 1m 长的钢管，钢筋必须先穿过钢管再送入调直筒前端的导孔内。

（3）钢筋弯曲机

钢筋弯曲机又称冷弯机，是将经过调直、切断后的钢筋加工成构件中所需要配置的形状，如端部弯钩、起弯钢筋等的机械。

1）结构简述

钢筋弯曲机是由电动机经过三角胶带轮，驱动蜗杆或齿轮减速器带动工作盘旋转。工作盘上有 9 个轴孔，中心孔用来插中心轴或轴套，周围的 8 个孔用来插成型轴或轴套。当工作盘旋转时，中心轴的位置不变化，而成型轴围绕着中心轴作圆弧转动，通过调整成型轴位置，即可将被加工的钢筋完成所需形状。

2）安全使用监控要点

① 挡铁轴的直径和强度不得小于被弯钢筋的直径和强度。不直的钢筋，不得在弯曲机上弯曲；

② 作业中，严禁更换轴芯、销子和变换角度以及调速等作业，也不得进行清扫和加油；

③ 严禁弯曲超过机械铭牌规定直径的钢筋。在弯曲未经冷拉或带有锈皮的钢筋时，必须戴防护镜；

④ 严禁在弯曲钢筋的作业半径内和机身不设固定销的一侧站人。弯曲好的半成品，应堆放整齐，弯钩不得朝上。

（4）钢筋墩头机

钢筋墩头机是实现钢筋墩头的设备，如预应力混凝土的钢筋，为便于拉伸，需要将两端镦粗。

1）结构简述

钢筋镦头机都为冷镦机，按其动力传递的不同方式可分为机械传动和液压传动两种类型。机械传动为电动和手动，只适用于冷镦直径 5mm 以下的低碳钢丝。液压冷镦机需有液压油泵配套使用，10 型冷镦机最大镦头力为 100kN，适用于冷镦直径为 5mm 的高强度碳素钢丝；45 型冷镦机最大镦头力为 450kN，适用于冷镦直径为 12mm 普通低合金钢筋。

2）安全使用监控要点

① 电动镦头机

a. 压紧螺杆要随时注意调整，防止上下夹块滑动移位；

b. 工作前要注意电动机转动方向，行轮应顺指针方向转动；

c. 夹块的压紧槽要根据加工料的直径而定，压紧杆的调整要适当；

d. 调整时凸块与块的工作距离不得大于 1.5mm，空位调整按镦帽直径大小而定。

② 液压镦头机

a. 镦头器应配用额定油压在 40MPa 以上的高压油泵；

b. 镦头部件（锚环）和切断部件（刀架）与外壳的螺纹连接，必须拧紧。应注意在锚环或刀架未装上时，不允许承受高压，否则将损坏弹簧座与外壳连接螺纹；

c. 使用切断器时，应将镦头器用锚环夹片放下，换上刀架。刀架上的定刀片应随切断钢筋的粗细而更换。

d. 在使用过程中要掌握温度。不可温度太低而冷镦，钢筋端头和被夹持部位生锈使钢筋导电性能不好，也属于冷镦。需立即停止，除锈重镦。

e. 未夹钢筋，切不可空载镦头，以免损坏夹具及加热变压器。

f. 镦头钢筋直径必须和夹具直径符合，才可放入夹具，否则损坏夹具。

g. 设定通电时间及温度，必须有专人管理，不准随意更改，以免造成机械损伤或镦头温度较低、较高。

h. 待镦头钢筋端头严重不平不可镦头，以免造成温度不均镦头偏向一边。

i. 溢流阀、节流阀不可随意调节，以免造成电动机烧坏和所设定程序不配合。

j. 应调整好限位行程开关，使每一次镦头都是于限位开关动作而结束顶锻加压，从而确保了每次钢筋镦头厚度。

6.2.3　钢筋预应力机械

钢筋预应力机械是在预应力混凝土结构中，用于对钢筋施加张拉力的专用设备，分为机械式、液压式和电热式三种。常用的是液压式拉抻机。

（1）液压式拉伸机的组成及分类

液压式拉伸机是由液压千斤顶、高压油泵及连接这两者之间的高压油管组成。

1）液压千斤顶：按其构造特点分为拉杆式、穿心式、锥锚式和台座式四种；按其作用形式可分为单作用（拉伸）、双作用（张拉、顶锚）和三作用（张拉、顶锚、退楔）三种。

2）高压油泵：有手动和电动两种。电动油泵可分为轴向式和径向式两种，轴向式比径向式具有结构简单、工料省等优点而成为主要型式。

（2）液压式拉伸机的结构简述

1）拉杆式千斤顶

张拉预应力筋时，先使连接器与预应力筋的螺丝端杆相连接。A 油嘴进油，B 油嘴回油，此时，油缸和撑脚顶住拉杆端部。继续进油时，活塞拉杆左移张拉预应力筋。当预应力筋张拉到设计张拉力后，拧紧螺丝端杆锚具的螺帽，张拉工作完成。张拉力的大小由高压油泵上的压力表控制。

2）穿心式千斤顶

张拉预应力筋时，A 油嘴进油，B 油嘴回油，连接套和撑套联成一体右移顶住锚环；张拉油缸及堵头和穿心套联成一体带动工具锚向左移张拉。预压锚固时，在保持张拉力稳定的条件下，B 油嘴进油，顶压活塞、保护套和顶压头联成一体左移将锚塞强力推入锚环内。张拉锚固完毕，A 油嘴回油，B 油嘴进油，则张拉油缸在液压油作用下回程；当 A、B 油嘴同时回油时，顶压活塞在弹簧力作用下回油。

3）锥锚式千斤顶

张拉时，先把预应力筋用楔块固定在锥形卡环上，开泵使高压油进入主缸，使主缸向左移动的同时，带动固定在主缸上的锥形卡环也向左移动，预应力筋即被张拉。张拉完成后，关闭主缸进油阀，打开副缸进油阀，使液压油进入副缸，由于主缸没有回油，仍保持一定油压，则副缸活塞及压头向右移动顶压锚塞，将预应力筋锚固在锚环上。然后使主、副缸同时回油，通过弹簧的作用而回到张拉前的位置。放松楔块，千斤顶退出。

4）台座式千斤顶

台座式千斤顶即普通油压千斤顶，在制作先张法预应力混凝土构件时与台座、横梁等配合，可张拉粗钢筋、成组钢丝或钢绞丝；在制作后张法构件时，台座式千斤顶与张拉架配合，可张拉粗钢筋。

5）高压油泵

高压油泵又称电动油泵，它是由柱塞泵、油箱、控制阀、压力表、支撑件、电动机等组成。

电动机驱动自吸式轴向柱塞泵，使柱塞在柱塞套中往复运动，产生吸排油的作用，在出油嘴得到连续均匀的压力油。通过控制阀和节流阀来调节进入工作缸（千斤顶）的流量。打开回油阀，工作缸中的液压油便可流回油箱。

（3）液压式拉伸机的安全使用监控要求

1）液压千斤顶安全使用要点

① 千斤顶不允许在任何情况下超载和超过行程范围使用；

② 千斤顶张拉计压时，应观察千斤顶位置是否偏斜，必要时应回油调整。进油升压必须徐缓、均匀平稳，回油降压时应缓慢松开回油阀，并使各油缸回程到底；

③ 双作用千斤顶在张拉过程中，应使顶压油缸全部回油，在顶压过程中，张拉油缸应预持荷，以保证恒定的张拉力，待顶压锚固完成时，张拉缸再回油。

2）高压油泵安全使用要点

① 油泵不宜在超负荷下工作，安全阀应按额定油压调整，严禁任意调整；

② 高压油泵运转前，应将各油路调节阀松开，然后开动油泵，待空载运转正常后，再紧闭回油阀，逐渐旋拧进油阀杆，增大载荷，并注意压力表指针是否正常；

③ 油泵停止工作时，应先将回油阀缓缓松开，待压力表指针退回零位后，方可卸开千斤顶的油管接头螺母。严禁在载荷时拆换油管式压力表。

考试习题

一、单项选择题（每小题有 4 个备选答案，其中只有 1 个是正确选项。）

1. 混凝土搅拌机的（　　）是选用搅拌机的重要依据。

A. 进料容量　　　　　B. 装料容量　　　　　C. 出料容量　　　　　D. 几何容量

正确答案：C

2. 下列哪一种不属于按移动性分类的混凝土搅拌站。（　　）

A. 移动式搅拌站　　B. 拆迁式搅拌站　　C. 固定式搅拌站　　D. 连续式搅拌站

正确答案：D

3. 按工作原理，混凝土输送泵可分为（　　）。

A. 挤压式和液压活塞式　　　　　B. 螺杆式和液压活塞式
C. 裙摆式和离心式　　　　　　　D. 挤压式和离心式

正确答案：A

4. 混凝土泵敷设向下倾斜的输送管道时，应在泵与斜管之间敷设长度不小于（　　）落差的水平管。

A. 3 倍　　　　　B. 4 倍　　　　　C. 5 倍　　　　　D. 6 倍

正确答案：C

5. 下列关于混凝土泵在开始或停止泵送混凝土前作业要求的陈述，不正确的是（　　）。

A. 作业人员应与出料软管保持安全距离

B. 作业人员不得在出料口下方停留

C. 应将出料软管固定在钢筋上

D. 出料软管不得埋在混凝土中

正确答案：C

6. 混凝土泵车各节臂架之间的液压缸进油口应设有（　　），以防止液压软管破裂时发生臂架坠落事故。

A. 截止阀　　　　　B. 安全阀　　　　　C. 溢流阀　　　　　D. 液压锁

正确答案：D

7. 下列关于混凝土泵车作业前准备事项，不正确的是（　　）。

A. 将支腿打开并用垫木垫平，车身的倾斜度不应大于 3°

B. 发现布料软管长度不足时应及时接长

C. 安全装置齐全有效，仪表应指示正常

D. 软管安全链与臂架连接应牢固

正确答案：B

8. 下列关于插入式振捣器安全使用的陈述，不正确的是（　　）。

A. 操作人员作业时应穿戴符合要求的绝缘鞋和绝缘手套

B. 电缆线应采用耐气候型橡皮护套铜芯软电缆，并不得有接头

C. 电缆线长度不应大于40m

D. 电缆线不得缠绕、扭结和挤压，并不得承受任何外力

正确答案：C

9. 下列关于混凝土布料机安全使用的陈述，不正确的是（　　）。

A. 支撑面应平整坚实　　　　　　　B. 配重块应与臂架安装长度匹配

C. 支腿应打开垫实，但不得锁紧　　D. 混凝土输送管道应连接牢固

正确答案：C

10. 下列不属于钢筋强化机械的是（　　）。

A. 钢筋冷拉机　　B. 钢筋冷拔机　　C. 钢筋轧扭机　　D. 钢筋切断机

正确答案：D

11. 下列关于钢筋弯曲机安全使用的陈述，不正确的是（　　）。

A. 不直的钢筋，不得在弯曲机上弯曲

B. 作业中可以进行清扫和加油

C. 严禁弯曲超过机械铭牌规定直径的钢筋

D. 严禁在弯曲钢筋的作业半径内和机身不设固定销的一侧站人

正确答案：B

12. 下列属于钢筋预应力机械的是（　　）。

A. 钢筋调直机　　　B. 钢筋弯曲机　　　C. 液压式拉伸机　　D. 钢筋墩头机

正确答案：C

二、多项选择题（每小题有5个备选答案，其中至少有2个是正确选项。）

1. 下列属于混凝土搅拌机作业前重点检查内容有（　　）。

A. 料斗上、下限位装置灵敏有效，保险销、保险链齐全完好

B. 钢丝绳断丝、断股、磨损未超标准

C. 离合器、制动器灵活可靠

D. 传动装置的安全防护罩齐全可靠

E. 搅拌筒与托轮接触良好，不窜动、不跑偏。

正确答案：ABCDE

2. 下列关于混凝土搅拌机作业安全要求的描述，正确的有（　　）。

A. 进料时，严禁将头或手伸入料斗与机架之间

B. 运转中，严禁用手或工具伸入搅拌筒内扒料、出料

C. 运转时，可进行必要的维修、清理工作

D. 提升料斗时，严禁任何人员在料斗下停留或通过

E. 在料斗下方进行清理或检修时，应将料斗提升至上止点，并必须用保险销锁牢或用保险链挂牢

正确答案：ABDE

3. 混凝土搅拌站（楼）是用来集中搅拌混凝土的联合机械装置，主要由（　　）组成。

A. 物料输送设备　　B. 物料储存设备　　C. 计量设备　　　　D. 搅拌设备

E. 控制系统

正确答案：ABCDE

4. 某一混凝土泵型号标识为 HBTS80×16，下列关于该泵的性能参数陈述正确的有（　　）。

A. 该泵为拖式　　　　　　　　　　　B. 该泵为 S 管阀

C. 理论泵送量 80m³/h　　　　　　　D. 行驶速度大于 16km/h

E. 泵送最大压力为 16MPa

正确答案：ABCE

5. 下列关于混凝土泵安全装置的陈述，正确的有（　　）。

A. 液压系统中应设有防止过载和液压冲击的安全装置

B. 安全溢流阀的调整压力不得大于系统额定工作压力的 110%

C. 安全阀及过载保护装置应齐全、灵敏、有效

D. 压力表应有效且在检定期内

E. 料斗上应安装连锁安全装置

正确答案：ABCDE

6. 下列关于钢筋冷拉机安全使用要求的陈述，正确的有（　　）。

A. 卷扬钢丝绳应经封闭式导向滑轮，并和被拉钢筋成直角

B. 卷扬机与冷拉中线距离不得小于 5m

C. 冷拉场地应在两端地锚外侧设置警戒区，并应安装防护栏及警告标志

D. 操作人员在作业时，应在被拉钢筋 2m 以内

E. 夜间作业时，照明灯泡应加防护罩

正确答案：ABCE

三、判断题（答案 A 表示说法正确，答案 B 表示说法不正确）

1. 移动式搅拌机就位后，应放下支腿将机架顶起达到水平位置，并使轮胎稳定支撑在地面上

正确答案：B

2. 搅拌机应达到正常转速后进行上料，不应带负荷启动。（　　）

正确答案：A

3. 搅拌站机械运转中，可以进行润滑和调整工作。（　　）

正确答案：B

4. 混凝土搅拌站设备安装后高于周围的建筑或设施时，应加设避雷装置。（　　）

正确答案：A

5. 混凝土泵工作时，可以进行维修作业。（　　）

正确答案：B

6. 混凝土泵作业后应将料斗和管道内的混凝土全部排出，并对泵、料斗、管道进行清洗。（　　）

正确答案：A

7. 敷设混凝土泵垂直向上的管道时，垂直管不得直接与泵的输出口连接。（　　）

正确答案：A

8. 混凝土泵车应停放在平整坚实的地方，与沟槽和基坑的安全距离应符合说明书的要求。（　　）

正确答案：A

9. 混凝土泵车泵送作业发生堵管时，可以在带压状态下打开输送管道检修。（　　）

正确答案：B

10. 出料作业应将搅拌运输车停放平坦处，应与基坑及输电线路保持安全距离。并将制动系统锁定。（　　）

正确答案：A

11. 在同一个混凝土模板上同时使用多台附着式振捣器时，各振动器的振频应一致，安装位置宜交错设置。（　　）

正确答案：A

12. 钢筋机械在切断短料时，如手握端小于 400mm 时，应采用套管或夹具将钢筋短头压住或夹牢。（　　）

正确答案：A

第 7 章　其他小型机械

本章要点

本章主要介绍了常用木工机械、灰浆制备机械、灰浆喷涂机械、喷料喷刷机械、地面修整机械、手持机具、空压机等机械的分类、特点及安全使用。

主要依据《水利水电工程施工机械设备选择设计导则》SL 484—2010、《水电水利工程施工机械安全操作规程》DL/T 5730—2016、《施工现场机械设备检查技术规程》JGJ 160—2008、《建筑施工机械与设备　干混砂浆搅拌机》JB/T 11185—2011、《建筑施工机械与设备　干混砂浆生产成套设备（线）》JB/T 11186—2011 等规范标准。

7.1　木工机械

木工机械按加工性质和使用的刀具种类，大致可分为制材机械、细木工机械和附属机具三类。制材机械包括：带锯机、圆锯机、框锯机等；细木工机械包括：刨床、铣床、开榫机、钻孔机、榫槽机、车床、磨光机等；附属机具包括：锯条开齿机、锯条焊接机、锯条辊压机、压料机、锉锯机、刃磨机等。建筑施工现场中常用的有锯机和刨床。

7.1.1　常用木工机械概述

1. 锯机分类与特点

（1）带锯机：带锯机是把带锯条环绕在锯轮上，使其转动，切削木材的机械，它的锯条的切削运动是单方向连续的，切削速度较快；它能锯割较大径级的圆木或特大方材，且锯割质量好；还可以采用单锯锯割、合理的看材下锯，因此制材等级率高，出材率高。同时锯条较薄锯路损失较少。故大多数制材车间均采用带锯机制材。

（2）圆锯机：圆锯机构造简单，安装容易，使用方便，效率较高，应用比较广泛。但是它的锯路高度小，锯路宽度大，出材率低，锯切质量较差。主要由机架、工作台、锯轴、切削刀片、导尺、传动机构和安全装置等组成。

2. 刨床分类与特点

木工刨床用于方材或板材的平面加工，有时也用于成形表面的加工。工件经过刨床加工后，不仅可以得到精确的尺寸和所需的截面形状，而且可得到较光滑的表面。

根据不同的工艺用途，木工刨床可分为平刨、压刨、双面刨、三面刨、四面刨和刮光机等多种形式。

7.1.2 木工机械的安全使用监控要点

1. 木工机械使用的一般监控要点

(1) 机械操作人员应穿紧口衣裤，并束紧长发，不得系领带和戴手套。

(2) 机械的电源安装和拆除及机械电气故障的排除，应由专业电工进行。机械应使用单向开关，不得使用倒顺双向开关。

(3) 机械安全装置应齐全有效，传动部位应安装防护罩，各部件应连接紧固。

(4) 机械作业场所应配备齐全可靠的消防器材。在工作场所，不得吸烟和动火，并不得混放其他易燃易爆物品。

(5) 工作场所的木料应堆放整齐，道路应畅通。

(6) 机械应保持清洁，工作台上不得放置杂物。

(7) 机械的皮带轮、锯轮、刀轴、锯片、砂轮等高速转动部件的安装应平衡。

(8) 各种刀具破损程度不得超过使用说明书的规定要求。

(9) 加工前，应清除木料中的铁钉、铁丝等金属物。

(10) 装设除尘装置的木工机械作业前，应先启动排尘装置，排尘管道不得变形、漏气。

(11) 机械运行中，不得测量工件尺寸和清理木屑、刨花和杂物。

(12) 机械运行中，不得跨越机械传动部分。排除故障、拆装刀具应在机械停止运转，并切断电源后进行。

(13) 操作时，应根据木材的材质、粗细、湿度等选择合适的切削和给进速度。操作人员与辅助人员应密切配合，并应同步匀速接送料。

(14) 使用多功能机械时，应只使用其中一种功能，其他功能的装置不得妨碍操作。

(15) 作业后，应切断电源，锁好闸箱，并应进行清理、润滑。

(16) 机械噪声不应超过施工场界噪声值；当进行机械噪声超过限值时，应采取降噪措施。进行操作人员应按规定佩戴个人防护用品。

2. 圆盘锯的安全使用监控要点

(1) 木工圆锯机上的旋转锯片必须设置防护罩。

(2) 锯片上方必须安装保险挡板，在锯片后面，离齿 10～15mm 处，必须安装弧形楔刀。锯片的安装，应保持与轴同心，夹持锯片的法兰盘直径应为锯片直径的 1/4。

(3) 锯片必须锯齿尖锐，不得连续缺齿两个，锯片不得有裂纹。

(4) 被锯木料厚度，以锯片能露出木料 10～20mm 为限，长度应不小于 500mm。

(5) 启动后，待转速正常后方可进行锯料。送料时不得将木料左右晃动或高抬，遇木节要缓缓送料。接近端头时，应用推棍送料。

（6）如锯线走偏，应逐渐纠正，不得猛扳，以免损坏锯片。

（7）操作人员应戴防护眼镜，不得站在面对锯片离心力方向操作。作业时手臂不得跨越锯片。

3. 平面刨（手压刨）安全使用监控要点

（1）刨料时，应保持身体平稳，双手操作。刨大面时，手应按在木料上面；刨小料时，手指不得低于料高一半。禁止手在料后推料。

（2）被刨木料的厚度小于 30mm，长度小于 400mm 时，必须用压板或推棍推进。厚度在 15mm，长度在 250mm 以下的木料，不得在平刨上加工。

（3）刨旧料前，必须将料上的钉子、泥砂清除干净。被刨木料如有破裂或硬节等缺陷时，必须处理后再施刨。遇木搓、节疤要缓慢送料。严禁将手按在节疤上强行送料。

（4）刀片和刀片螺丝的厚度、重量必须一致，刀架、夹板必须吻合贴紧，刀片焊缝超出刀头和有裂缝的刀具不准使用。刀片紧固螺钉应嵌入刀片槽内，并离刀背不得小于 10mm。刀片紧固力应符合使用说明书的规定。

（5）机械运转时，不得将手伸进安全挡板里侧去移动挡板或拆除安全挡板进行刨削。严禁戴手套操作。

4. 压刨床（单面和多面）安全使用监控要点

（1）作业时，不得一次刨削两块不同材质或规格的木料，被刨木料的厚度不得超过使用说明书的规定。

（2）操作者应站在进料的一侧。送料时应先进大头。接料人员应在被刨料离开料辊后接料。

（3）刨刀与刨床台面的水平间隙应在 10mm～30mm 之间。不得使用带开口槽的刨刀。

（4）每次进刀量宜为 2mm～5mm。遇硬木或节疤，应减小进刀量，降低送料速度。

（5）刨料的长度不得小于前后压辊之间距离。厚度小于 10mm 的薄板应垫托板作业。

（6）压刨床的逆止爪装置应灵敏有效。进料齿辊及托料光辊应调整水平，上下距离应保持一致，齿辊应低于工件表面 1mm～2mm。光辊应高出台面 0.3mm～0.8mm。工作台面不得歪斜和高低不平。

（7）刨削过程中，遇木料走横或卡住时，应先停机，再放低台面，取出木料，排除故障。

7.2 装修机械

装修机械是对建筑物结构的面层进行装饰施工的机械，按用途划分有灰浆制备机械、灰浆喷涂机械、喷料喷刷机械、地面修整机械、手持机具等。

7.2.1 灰浆制备机械

灰浆制备机械是装修工程的抹灰施工中用于加工抹灰用的原材料和制备灰浆用的机械。

（1）分类

灰浆制备机械包括：筛砂机、淋灰机、灰浆搅拌机、干混砂浆搅拌罐、纸筋灰拌合机等。除一些属非定型产品外，以使用量较大的灰浆搅拌机、干混砂浆搅拌罐为主要内容。

（2）灰浆搅拌机

灰浆搅拌机是用来搅拌灰浆、砂浆的拌合机械。按搅拌方式划分有立轴强制搅拌、单卧轴强制搅拌；按卸料方式划分有活门卸料、倾翻卸料；按移动方式划分有固定式、移动式。

1）灰浆搅拌机的安全使用监控要点

① 运转中不得用手或木棒等伸进搅拌筒内或在筒口清理灰浆；

② 作业中如发生故障不能继续运转时，应立即切断电源，将筒内灰浆倒出，进行检修或排除故障；

③ 固定式搅拌机的上料斗能在轨道上平稳移动，并可停在任何位置。料斗提升时，严禁斗下有人。

④ 灰浆搅拌机的安装应平稳牢固，行走轮应架悬，机座应垫高出地面。在建筑物附近安装应搭设防砸、防雨棚。

⑤ 作业前检查电气设备、漏电保护器和可靠的接零或接地保护；传动部分、安全防护装置齐全有效，确认无异常后方可试运转。

⑥ 操作时先起动，待运转正常后，方可加料和水进行搅拌，不得先加足料后再起动，沙子应过筛，投料严禁超量。

⑦ 加料时应将工具高于搅拌叶，严禁运转中把工具伸进搅拌筒内扒料。

⑧ 搅拌筒内落入大的杂物时，必须停机后再检查；严禁运转中伸手去捡捞。

⑨ 运转中严禁维修保养，发现卡住或异常时，应停机拉闸断电后再排除故障。

⑩ 作业完毕，必须切断电源，拔去电源插头（销），并用水将灰浆搅拌机内外清洗干净（清洗时严禁电气设备进水），方可离开。

2）维护保养

① 每次使用完毕务必将筒内及搅拌叶用清水擦洗干净并擦干（长期不使用者可在筒内及叶片表面上抹防锈油）。

② 经常注意使用后紧固件是否松动，及时拧紧。

③ 减速箱使用一段时间后，要检查其润滑油位的高低，及时补充到观察孔能看到油面，油质为 30♯ 的机械油。

④ 如遇修理倾倒时，必须先将油盘内的积油放尽，平时一季度换油一次。

（3）干混砂浆搅拌罐

干混砂浆搅拌罐包括罐体和干混砂浆搅拌器两部分。散装干混砂浆通过气体压力泵输送到干混砂浆搅拌罐。搅拌罐中的干混砂浆通过自身重力，从搅拌罐中卸出，注入搅拌器中，通过螺旋式推进轴传送到搅拌区，在搅拌区入料端，通过供水软管加水来产出施工现场使用的湿砂浆。

智能型干混砂浆搅拌罐是在普通储料罐基础上加装了储料罐智能终端，除了具有普通储料罐的所有功能外，还具有定位、称重、缺料报警、非法充料报警、传感器异常报警、传感器远程维修等功能，能够对储料罐进行智能称重及监控管理，大幅提高储料罐及搅拌器的使用效率，降低储料罐及搅拌器的维护成本。

1）结构组成

干混砂浆搅拌罐主要由罐体、搅拌器、振动器、供水系统、控制系统等组成。如图 7-1 所示。

2）类型：以搅拌装置的类型分为单轴、双轴干混砂浆搅拌机，主参数为容积 L。

3）砂浆搅拌罐安全使用监控要点

① 要安装在平整坚硬的混凝土基础上，周围有良好的排水设施。罐体应与地面垂直，其倾斜度不得大于 0.5°。

② 要安装在施工工地危险范围之外，尽可能减少搬动，防止工作地点的掉落物。

③ 宜采用背罐车对储料罐进行搬动和运输，如果没有背罐车，可采用货车或半挂车运输，在吊装时，吊钩或钢丝绳应与储料罐上专用的吊耳连接，严禁用钢丝绳攀抱罐体和其他部位，否则，会造成罐体损坏和变形。

④ 操作人员应经过培训方可上岗作业，作业时应穿戴防护装备（如：防护帽，防护靴，防护眼镜等）。

⑤ 供电电压、电线电缆、插头、电器、供水管和防护装置应正常完好。

⑥ 接地装置的接地电阻应不大于 4Ω，在接地装置处应有接地标志。带电体与机体间的绝缘电阻应不小于 0.5MΩ。

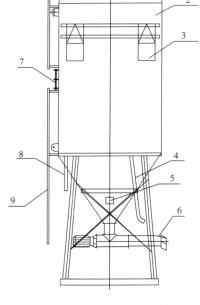

图 7-1　干混砂浆储存搅拌罐
1—罐顶；2—筒体；3—运输支撑（背耳）；
4—进料管；5—振动器；
6—连续式干混砂浆搅拌器；
7—人孔；8—排气口；9—扶梯

⑦ 严格按说明书规定的步骤操作。电源开关打到"连通"位置→打开储料罐上蝶阀→启动搅拌器按钮→调节供水阀门达到所需的混合稠度→打开出料门出料。

⑧ 工作时，严禁将手伸入运转部件中。

⑨ 在停机间歇超过 30min 时，应断开电源开关并彻底清洗机器。

⑩ 停止作业应按说明书规定步骤操作。关闭储料罐蝶阀→运行搅拌器到只有水从出料口排出→按下停止按钮切断电源→开关转换到"断开"位置→拔下主电源→清洁机器

4）维护保养

① 每天使用结束，应用水彻底清洗搅拌器。

② 注意保持电机外壳表面及格栅的清洁，以免因为灰尘的沉积或脏物影响电机的正常运行。

③ 清洁所有的连接软管。

④ 清洗时按下启动按钮启动机器，运转 3min 左右，直至流出清水。

⑤ 清洗后打开搅拌舱检查窗对清洗结果进行检查，如果发现搅拌舱内存在残留砂浆，可以取下进水管，直接用进水管进行冲洗。

⑥ 在冬季为防止冻结，应在每日使用完毕后将供水系统排空，否则会因冻结而损坏机器。

⑦ 由于砂浆、空气中含水分且罐内外有温差，使用一段时间后，砂浆罐内壁会形成一层积料，应定期清理。建议在罐体进料达到 500t 时，应将储料罐内的砂浆放净，然后启动振动电机，使其空载振动 5～8min；或用木棒敲打筒体的表面，使砂浆从内壁脱落。若不定期清理，罐体的有效容积会减小从而影响进料量。

⑧ 在修理故障或进行维修之前，必须关掉并断开主电源。

7.2.2　灰浆喷涂机械

（1）灰浆喷涂机械的分类和特点

灰浆喷涂机械是指对建筑物的内外墙及顶棚进行喷涂抹灰的机械。它包括灰浆输送泵以及输送管道、喷枪、喷枪机械手等辅助设备。灰浆输送泵按结构划分有柱塞泵、挤压泵、隔膜泵等。其中灰浆输送泵为灰浆喷涂机械中的主要机械。

（2）灰浆输送泵的结构简述

1）柱塞式灰浆泵

柱塞泵由电动机、传动机构、泵、压力表、料斗、输送管道等组成。

2）挤压式灰浆泵

挤压泵由电动机、减速装置、挤压鼓筒、滚轮架、挤压胶管、料斗、压力表等组成。

3）隔膜式灰浆泵

隔膜泵是在泵缸中用橡胶隔膜把活塞和灰浆分开，活塞泵室内充满中间液体。当活塞向前推时，泵室内的液体使隔膜向内收缩，将收入阀关闭，使灰浆从排出阀排出；活塞向后拉时，泵室形成负压，将排出阀关闭，吸入阀开启，吸进灰浆，隔膜恢复原状。随着活塞的往复运动，灰浆不断地被泵送出来。

（3）灰浆输送泵的安全使用监控要点

1）柱塞式灰浆泵的安全使用监控要点

① 输送管路应连接紧密，不得渗漏；垂直管道应固定牢固；管道上下不得加压或悬挂重物。

② 作业前，应检查并确认球阀应完好，泵内无干硬灰浆等物；各部零件应紧固可靠，安全阀已调整到预定的安全压力。

③ 泵送前，应先用水进行泵送试验，检查并确认各部位无渗漏。

④ 被输送的灰浆应搅拌均匀，不得混入石子或其他杂物，灰浆稠度应为 80～120mm。

⑤ 泵送时，应先开机，后加料，并应先用泵压送适量石灰膏润滑输送管道，然后再加入稀灰浆，最后调整到所需稠度。

⑥ 泵送过程要随时观察压力表的泵送压力，如泵送压力超过预调的 1.5MPa 时，要反向泵送，使管道内部分灰浆返回料斗，再缓慢泵送。如无效，应停机卸压检查，不得强行泵送。

⑦ 泵送过程不宜停机。如必须停机时，每隔 3～5min 泵送一次，泵送时间宜为 0.5min 左右，以防灰浆凝固。如灰浆供应不及时，应尽量让料斗装满灰浆，然后把三通阀手柄扳到回料位置，使灰浆在泵与料斗内循环，保持灰浆的流动性。

⑧ 当因故障停机时，应先打开泄浆阀使压力下降，然后排除故障。灰浆泵压力未达到零时，不得拆卸空气室、安全阀和管道。

⑨ 作业后，应先采用石灰膏或浓石灰水把输送管道里的灰浆全部泵出，再用清水将泵和输送管道清洗干净。

2）柱塞式灰浆泵维护保养

日常维护保养直接关系到机器的使用效果和使用寿命。除每次结束后的清洗保养外，还要定期对机器进行例行的检查、调整、紧固、补充油液、清洁、润滑等。

① 经常需检查紧固的主要部位：S 阀油缸座；S 阀摇臂的夹紧螺母；S 阀前支承圈紧固螺钉；各管路连接接头；搅拌叶片的螺丝；输送缸的拉杆；油缸的紧固螺钉；机器的电机、油泵、油马达的固定螺栓。

② 需加油润滑的主要部位见表 7-1 所示。

				润滑部位		表 7-1
序号	润滑部位	点数	加油周期	换油周期	油品种	加油方法
1	S 阀前、后支承	4			钙基脂	自动润滑
2	摆阀油缸柱塞球窝	4	4 次/台班		钙基脂	手动加油枪
3	搅拌轴承	2			钙基脂	自动润滑
4	混凝土缸活塞	2			钙基脂	自动润滑
5	行走轮轴承	2	300 台班		钙基脂	拆后手加
6	电动机轴承	2	300 台班		钙基脂	拆后手加

3）挤压式灰浆泵安全使用监控要点

① 使用前，应先接好输送管道，往料斗加注清水，启动灰浆泵，当输送胶管出水时，应折起胶管，在升到额定压力时，停泵，观察各部位，不得有渗漏现象。

② 作业前，应先用清水，再用白灰膏润滑输送管道后，再泵送灰浆。

③ 泵送过程要随时观察压力表，当压力迅速上升，有堵管现象时，应反转泵送2～3次，使灰浆返回料斗，经料斗搅拌后再缓慢泵送。如经过多次正反泵送仍不能畅通泵送时，应停机检查，排除堵塞物。

④ 工作间歇时，应先停止送灰，后停止送气，并应防止气嘴被灰浆堵塞。

⑤ 作业后，应将泵机和管道系统全部清洗干净。

7.2.3 涂料喷刷机械

1. 涂料喷刷机械的分类

涂料喷刷机械是对建筑物外墙表面进行喷涂装饰施工的机械，其种类很多，常用的为喷浆机、高压无气喷涂机等。

2. 喷浆机的安全使用监控要点

（1）开机时，应先打开料桶开关，让石灰浆流入泵体内部后，再开动电动机带泵旋转。泵体内不得无液体干转。

（2）作业后，应往料斗注入清水，开泵清洗直到水清为止，再倒出泵内积水，清洗疏通喷头座及滤网，并将喷枪擦洗干净。

（3）长期存放前，应清除前、后轴承座内的石灰浆积料，堵塞进浆口，从出浆口注入机油约 50ml，再堵塞出浆口，开机运转约 30s，使泵体内润滑防锈。

3. 高压无气喷涂机的安全使用监控要点

（1）喷涂燃点在 21℃以下的易燃涂料时，必须接好地线。地线一头接电机零线位置，另一头接铁涂料桶或被喷的金属物体。泵机不得和被喷涂物放在同一房间里，周围严禁有明火。

（2）不得用手指试高压射流。喷涂间歇时，要随手关闭喷枪安全装置，防止无意打开伤人。

（3）高压软管的弯曲半径不得小于 25cm，不得在尖锐的物体上用脚踩高压软管。

7.2.4　地面修整机械

1. 地面修整机械的分类

地面修整机械是对混凝土和水磨石地面进行磨平、磨光的地面修整机械，常用的为水磨石机和地面抹光机。

2. 地面修整机械的结构简述

（1）水磨石机

水磨石机由电动机、减速器、转盘、行走轮等组成。

（2）地面抹光机

地面抹光机由电动机、减速器、抹光装置、安全罩、操纵杆等组成。

3. 地面修整机械的安全使用监控要点

（1）水磨石机的安全使用监控要点

1）水磨石机宜在混凝土达到设计强度 70%～80% 时进行磨削作业。

2）作业前，应检查并确认各连接件应紧固，磨石不得有裂纹、破损，冷却水管不得有渗漏现象。

3）电缆线应离地架设，不得放在地面上拖动。电缆线应无破损，保护接零或接地良好。

4）在接通电源、水源后，应手压扶把使磨盘离开地面，再起动电动机。并应检查确认磨盘旋转方向与箭头所示方向一致，待运转正常后，再缓慢放下磨盘，进行作业。

5）作业中，使用的冷却水不得间断，用水量宜调至工作面不发干。

6）作业中，当发现磨盘跳动或异响，应立即停机检修。停机时，应先提升磨盘后关机。

7）作业后，应切断电源，清洗各部位的泥浆，并应将水磨石机放置在干燥处。

8）长期搁置再用的机械，在使用前应进行必要的保养，并必须测量电动机的绝缘电阻，合格后方可使用。

（2）地面抹光机的安全使用监控要点

1）操作时应有专人收放电缆线，防止被抹刀板划破或拖坏已抹好的地面。

2）第一遍抹光时，应从内角往外纵横重复抹压，直至压平、压实、出浆为止。第二遍抹光时，应由外墙一侧开始向门口倒退抹压，直至光滑平整无抹痕为止。抹压过程如地面较干燥，可均匀喷洒少量水和水泥浆再抹，并用人工配合修整边角。

7.3 空气压缩机

7.3.1 空气压缩机简介

空气压缩机是将原动机（通常是电动机）的机械能转换成气体压力能的装置，是压缩空气的气压发生装置。

（1）空压机的分类：

按照工作原理分为容积型和速度型：

1）容积型又可分为活塞式、螺杆式、滑片式三种；

2）速度型又可分为离心式和轴流式两种。

水利水电施工用空压机以往复活塞式的空压机为主。

（2）往复活塞式空气压缩机的组成

主要由机体部件、曲柄连杆机构部件、排气系统部件、气量自动调节系统、驱动部件、储气罐部件、进气消声滤清器、安全保护系统等构成，见图7-2。

7.3.2 空气压缩机的安全使用监控要点

（1）空气压缩机作业区应保持清洁好和干燥。贮存罐应放在通风良好处，距贮存罐15m以内不得进行焊接或热加工作业。

图7-2 往复活塞式空气压缩机示意图

（2）空气压缩机的进排气管较长时，应加以固定，管路不得有急弯，并应设伸缩变形装置。

（3）贮存罐和输气管路每3年应作水压试验一次，试验压力应为额定压力的150%。压力表和安全阀应每年至少校验一次。

（4）空气压缩机作业前应重点检查下列项目，并应符合相应要求：

1）内燃机燃油、润滑油应添加充足；电动机电源应正常；

2）各连接部位应紧固，各运动机构及各部阀门开闭应灵活，管路不得有漏气现象；

3）各防护装置应齐全良好，贮气罐内不得有存水；

4）电动空气压缩机的电动机及启动器外壳应接地良好，接地电阻不得大于4Ω。

（5）空气压缩机应在无载状态下启动，启动后应低速空运转，检视各仪表指示值并应确保符合要求，空气压缩机应在运转正常后，逐步加载。

（6）输气胶管应保持畅通，不得扭曲，开启送气阀前，应将输气管道连接好，并应通知现场有关人员后再送气。在出气口前方不得有人。

（7）作业中贮气罐内压力不得超过铭牌额定压力，安全阀应灵敏有效。进气阀、排气阀、轴承及各部件不得有异响或过热现象。

（8）每工作 2h，应将液气分离器、中间冷却器、后冷却器内的油水排放一次。贮气罐内的油水每班应排放 1～2 次。

（9）正常运转后，应经常检查各种仪表读数，并应随时按使用说明书进行调整。

（10）发现下列情况之一时应立即停机检查，并应在找出原因并排除故障后继续作业：

1）漏水、漏气、漏电或冷却水突然中断；

2）压力表、温度表、电流表、转速表指示值超过规定；

3）排气压力突然升高，排气阀、安全阀失效；

4）机械有异响或电动机电刷发生强烈火花；

5）安全防护、压力控制装置及电气绝缘装置失效。

（11）运转中，因缺水而使气缸过热停机时，应待气缸自然降温至 60℃ 以下时，再进行加水作业。

（12）当电动空气压缩机运转中停电时，应立即切断电源，并应在无载荷状态下重新启动。

（13）空气压缩机停机时，应先卸去载荷，再分离主离合器，最后停止内燃机或电动机的运转。

（14）空气压缩机停机后，在离岗前应关闭冷却水阀门，打开放气阀，放出各级冷却器和贮气罐内的油水和存气。

（15）在潮湿地区和隧道中施工时，对空气压缩机外露摩擦面应定期加注润滑油，对电动机和电气设备应做好防潮保护工作。

7.3.3　空气压缩机的安全维护

（1）每日或每次运转前：

1）油气桶泄水

2）检查油位

3）周边设备准备，如送水送电，打开压缩机出口等

（2）运转 500h：

1）空气滤芯取下清洁，用 0.2MPa 以下低压压缩空气由内向外吹干净。

2）新机使用后第一次换油过滤器。

3）更换冷却液。

4）清洁空气滤水杯的滤芯；

5）清洁泄水阀滤芯。

（3）运转 1000h：

1）检查进气阀动作及活动部位，并加注油脂。

2）清洁空气滤清器。

3）检视管接头紧固螺栓及紧固电线端子螺丝。

（4）运转 2000h 或 6 个月

1）检查各部管路

2）更换空气滤芯

3）更换油过滤器

4）更换空气滤水杯的滤芯

5）更换自动泄水阀滤芯

6）补充电机的润滑脂

（5）运转 3000h 或一年：

1）检查进气阀动作情况及阀板是否关严。

2）检查所有的电磁阀。

3）检查各保护压差开关是否动作正常。

4）更换油细分离器。

5）检查压力维持阀。

6）清洗冷却器，更换 O 型环。

7）更换空气滤芯、油滤芯。

8）检查起动器之动作。

（6）每 6000h：

1）清洗冷却液路系统

2）更换螺杆空压机高级冷却液（排气温度在 85 度以下的更换周期）。

（7）1 年或 2 年内：

1）更换机体轴承、各油封，调整间隙。

2）测量电动机绝缘，应在 1MΩ 以上。

7.4 手持机具

7.4.1 概述及安全使用监控要点

1. 概述

手持机具是运用小容量电动机，通过传动机构驱动工作装置的一种手提式或便携式小型机具。它用途广泛，使用方便，能提高装修质量和速度，是装修机械的重要组成部分。

手持机具种类繁多，按其用途可归纳为饰面机具、打孔机具、切割机具、加工机具、铆接紧固机具等五类。按其动力源虽有电动、风动之分，但在装修作业中因使用方便而较多采用电动机具。各类电动机具的电机和传动机构基本相同，主要区别是工作装置的不同，因而它们的使用与维护有较多的共同点。

2. 手持电动工具安全使用监控要点

（1）使用手持电动工具时，应穿戴劳动防护用品。施工区域光线应充足。

（2）刀具应保持锋利，并应完好无损；砂轮不得受潮、变形、破裂或接触过油、碱类，受潮的砂轮片不得自行烘干，应使用专用机具烘干。手持电动工具的砂轮和刀具的安装应稳固、配套，安装砂轮的螺母不得过紧。

（3）在一般作业场所应使用Ⅰ类电动工具；在潮湿或金属架构等导电性能良好的作业场所应使用Ⅱ类电动工具；在锅炉、金属容器、管道内等作业场所应使用Ⅲ类电动工具；Ⅱ、Ⅲ类电动工具开关箱、电源转换器应在作业场所外面；在狭窄作业场所操作时，应有专人监护。

（4）使用Ⅰ类电动工具时，应安装额定漏电动作电流不大于 15mA、额定漏电动作时间不大于 0.1s 的防溅型漏电保护器。

（5）在雨期施工前或电动工具受潮后，必须采用 500V 兆欧表检测电动工具绝缘电阻，且每年不少于 2 次。绝缘电阻不应小于表 7-2 的规定。

绝缘电阻 表 7-2

测量部位	绝缘电阻（MΩ）		
	Ⅰ类电动工具	Ⅱ类电动工具	Ⅲ类电动工具
带电零件与外壳之间	2	7	1

（6）非金属壳体的电动机、电器，在存放和使用时不应受压、受潮，并不得接触汽油等溶剂。

（7）手持电动工具的负荷线应采用耐气候型橡胶护套铜芯软电缆，并不得有接头，水平距离不宜大于 3m，负荷线插头插座应具备专用的保护触头。

（8）作业前应重点检查下列项目，并应符合相应要求：

1）外壳、手柄不得裂缝、破损；

2）电缆软线及插头等应完好无损，保护接零连接应牢固可靠，开关动作应正常；

3）各部防护罩装置应齐全牢固。

（9）机具启动后，应空载运转，检查并确认机具转动应灵活无阻。

（10）作业时，加力应平稳，不得超载使用。作业中应注意声响及温升，发现异常应立即停机检查。在作业时间过长，机具温升超过 60℃时，应停机冷却。

（11）作业中，不得用手触摸刃具、模具和砂轮，发现其有磨钝、破损情况时，应立即停机修整或更换。

（12）停止作业时，应关闭电动工具，切断电源，并收好工具。

7.4.2　打孔机具

1. 打孔机具的种类和用途

常用打孔机具有双速冲击电钻、电锤及各种电钻等。

（1）冲击电钻具有两种转速，以及旋转、旋转冲击两种不同用途的机构，适用于大型砌块、砖墙等脆性板材钻孔用。根据不同钻孔直径，可选用高、低两种转速。

（2）电锤是将电动机的旋转运动转变为冲击运动或旋转带冲击的钻孔工具。它比冲击电钻有更大的冲击力，适合在砖、石、混凝土等脆性材料上打孔、开槽、粗糙表面、安装膨胀螺栓、固定管线等作业。常用的是曲柄连杆气垫式电锤。

2. 打孔机具的使用监控要点

（1）冲击电钻

1）钻孔时，应先将钻头抵在工作表面，然后开动，电钻旋转正常后方可作业。钻孔时用力应适度，不得晃动；不应用力过猛，遇到转速急剧下降情况，应立即减小用力，以防电机过载。使用中如电钻突然卡住不转时，应立即断电检查；不得用木杠加压钻孔；

2）在钻金属、木材、塑料等时，调节环应位于"钻头"位置；当钻砌块、砖墙等脆性材料时，调节环应位于"锤"位置，并采用镶有硬质合金的麻花钻进行冲钻孔；

3）钻孔时实行40%断续工作制，不得长时间连续使用。

（2）电锤

1）操作者立足要稳，打孔时先将钻头抵住工作表面，然后开动，适当用力，尽量避免工具在孔内左右摆动。如遇到钢筋时，应立即停钻并设法避开，以免扭坏机具；

2）电锤为40%断续工作制，切勿长期连续使用。严禁用木杠加压。

7.4.3　切割机具

1. 切割机具的种类和用途

常用的切割机具有瓷片切割机、石材切割机、混凝土切割机等。

（1）瓷片切割机用于瓷片、瓷板嵌件及小型水磨石、大理石、玻璃等预制嵌件的装修切割。换上砂轮，还可进行小型型材的切割，广泛用于建筑装修、水电装修工程。

（2）石料切割机用于各种石材、瓷制品及混凝土等块、板状件的切割与划线。

（3）混凝土切割机用于混凝土预制件、大理石、耐火砖的切割，换上砂轮片还可切割铸铁管。

2. 切割机具的使用监控要点

（1）瓷片切割机使用监控要点

1）使用前，应先空转片刻，检查有无异常振动、气味和响声，确认正常后方可作业；作业时应防止杂物、泥尘混入电动机内。

2）使用过程要防止杂物、泥尘混入电机，并随时注意机壳温度和炭刷火花等情况；

3）切割过程用力要均匀适当，推进刀片时不可施力过猛。如发生刀片卡死时，应立即停机，重新对正后再切割。

4）机具转动时，不得撒手不管。

（2）石材切割机使用监控要点

1）工作前

① 穿好工作服，带好防目镜，长发者应将头发盘起戴上工作帽。

② 电源闸刀开关、锯片的松紧度、锯片护罩或安全挡板进行详细检查，操作台必须稳固，夜间作业应有足够的照明。

③ 打开总开关，空载试转几圈，待确认安全后才允许启动。

2）工作时

① 严禁戴手套操作。如在操作过程中会引起灰尘，要戴上口罩或面罩。

② 不得试图切锯未夹紧的小工件。

③ 不得进行强力切锯操作，在切割前要使电机达到全速。

④ 不允许任何人站在锯后面。

⑤ 不得探身越过或绕过锯机，锯片未停止时不得从锯或工件上松开任何一只手或抬起手臂。

⑥ 护罩未到位时不得操作，不得将手放在距锯片 15cm 以内。

⑦ 维修或更换配件前必须先切断电源，并等锯片完全停止。

⑧ 发现有不正常声音，应立刻停止检查石材机械。

（3）混凝土切割机的使用监控要点

1）使用前，应检查并确认电动机、电缆线均正常，接零或接地良好，防护装置安全有效，锯片选用符合要求，安装正确。

2）启动后，应空载运转，检查并确认锯片运转方向正确，升降机构灵活，运转无异常，一切正常后，方可作业。

3）切割厚度应按机械出厂铭牌规定进行，不得超厚切割；切割时应匀速切割。

4）加工件送到锯片相距 300mm 处或切割小块料时，应使用专用工具送料，不得直接用手推料。

5）作业中，当工件发生冲击、跳动及异常音响时，应立即停机检查，排除故障后，方可继续作业。

6）锯台上和构件锯缝中的碎屑应采用专用工具及时清除，不得用手清理。

7）作业后，应清洗机身，擦干锯片，排放水箱余水，收回电缆线，并存放在干燥、通风处。

7.4.4 磨、锯、剪机具

1. 磨、锯、剪机具的种类和用途

磨、锯、剪机具种类较多，常用的有角向磨光机、曲线锯、电剪及电冲剪等。

（1）角向磨光机用于金属件的砂磨、清理、去毛刺、焊接前打坡口及型材切割等作业，更换工作头后，还可进行砂光、抛光、除锈等作业。

（2）曲线锯可按曲线锯割板材，更换不同的锯条，可锯割金属、塑料、木材等不同板料。

（3）电剪用于剪切各种形状的薄钢板、铝板等。电冲剪和电剪相似，只是工作头形式不同，除能冲剪一般金属板材外，还能冲剪波纹钢板、塑料板、层压板等。

2. 磨、锯、剪机具的安全使用监控要点

（1）角向磨光机

角向磨光机的安全使用监控要点

① 砂轮必须是增强纤维树脂砂轮，其安全线速度不得小于 80m/s。配用的电缆线与插头具有加强绝缘性能，不得任意更换。

② 磨削作业中，应使砂轮与工件面保持 $15°\sim30°$ 的倾斜位置；切削作业时，砂轮不得倾斜，并不得横向摆动，以免砂轮碎裂。

③ 在坡口或切割作业时，不能用力过猛，遇到转速急剧下降，应立即减小用力，防止过载。如发生突然卡住时，应立即切断电源。

（2）曲线锯的安全使用监控要点

1）直线锯割时，要装好宽度定位装置，调节好与锯条之间的距离；曲线锯割时，要沿着划好的曲线缓慢推动曲线锯切割；

2）锯条要根据锯割的材料进行选用。锯木材时，要用粗牙锯条；锯金属材料时，要用细牙锯条。

（3）电剪操作的安全使用监控要点

1）操作员必须经培训考核合格后方可上岗，未经培训和批准的人员不得使用、操作电剪。

2）作业前，应先根据钢板厚度调节刀头间隙量，最大剪切厚度不得大于铭牌标定值。

3）操作员在操作中一定要保持良好的精神状态，注意力要集中。

4）使用电剪时，不得用手摸刀片和工件边缘。

5）作业时，不得用力过猛，当遇阻力，轴往复次数急剧下降时，应立即减少推力。

6) 裁剪时，应把电源线摆在电剪后方位置，防止裁刀割断电线，造成电线短路和人员触电事故。

7) 电剪运行时，操作员不得擅自离开工作岗位，如有事需暂离岗位时，应务必关掉电源开关，以免他人不当操作而导致损坏电剪和他人受伤。

8) 作业过程中电剪出现异常情况，应立即停机，找有关人员检查修理，不得使电剪带故障投入生产。

9) 维修电剪或更换零部件、刀片，必须先关闭电源开关，等电剪完全停止转动后方可进行更换、维修。

10) 两人以上操作时，应定人操作，统一指挥，互相打信号，注意对方动位，协调配合好，以免发生事故。

7.4.5　铆接紧固机具

1. 铆接紧固机具的种类和用途

铆接紧固机具主要有拉铆枪、射钉枪等。

（1）拉铆枪用于各种结构件的铆接作业，铆件美观牢固，能达到一定的气密或水密性要求，对封闭构造或盲孔均可进行铆接。拉铆枪有电动和气功两种，电动因使用方便而广泛采用。

（2）射钉枪是进行直接紧固技术的先进工具，它能将射钉直接射入钢板、混凝土、砖石等基础材料里，而无须做任何准备工作（如钻孔、预埋等），使构件获得牢固固结。按其结构可分高速、低速两种，水利水电施工中适用低速射钉枪。

2. 铆接紧固机具的使用监控要点

（1）拉铆枪安全使用要点

1) 被铆接物体上的铆钉孔应与铆钉相配合，过盈量不得太大。否则会影响铆接强度和质量；

2) 铆接时，如遇铆钉轴未拉断，可重复扣动扳机，直到铆钉被拉断为止。切忌强行扭断或撬断，以免损伤机件。

3) 作业中，当接铆头子或并帽松动时，应立即拎紧。

（2）射钉枪的安全使用监控要点

1) 不得用手掌推压钉管和将枪口对准人。

2) 击发时，将射钉枪垂直地紧压于工作面上，扣动扳机击发，如有弹不发火，重新把射钉枪垂直紧压于工作面上，扣动扳机再击发。如经两次扣动扳机子弹还不击发时，应保持原射击位置数秒钟，然后再将射钉弹退出：装钉子。把选用的钉子装入钉管，并用与枪钉管内径相配的通条，将钉子推到底部。

3) 退弹壳。把射钉枪的前半部转动到位，向前拉；断开枪身，弹壳便自动退出。

4）装射钉弹。把射钉弹装入弹膛，关上射钉枪，拉回前半部，顺时针方向旋转到位。

5）在使用结束时或更换零件之前，射枪内不得装有射钉弹。

7.5 水泵

水泵主要有离心水泵、潜水泵、深井泵、泥浆泵等。水利水电施工中主要使用的是离心式水泵。离心式水泵中又以单级单吸式离心水泵在水利水电施工中应用较广泛。

7.5.1 离心水泵

离心水泵的安全使用监控要点：

（1）水泵的安装应牢固、平稳，电气设备应有防雨、防潮和防冻措施。高压软管接头连接应牢固可靠，并宜平直放置。多台水泵并列安装时，每台间距应有 0.8～1.0m 的距离。串联安装时，应有相同的流量。

（2）启动前应进行检查，并应符合下列规定：

1）电动机轴应与水泵轴同心，联轴节的螺栓要紧固，联轴节的转动部分应有防护装置。

2）管支架应稳固。管路应密封可靠，不得有堵塞或漏水现象。

3）排气阀应畅通。

（3）启动时，应加足引水，并应将出水阀关闭，当水泵达到额度转速时，旋开真空表的阀门，在指针位置正常后，逐步打开水阀。

（4）运行中，发现下列现象之一时，应立即停机检修：

1）漏水、漏气、填料部位发热；

2）电动机温升过高、电流突然增大；

3）底阀滤网堵塞，运转声音异常；

4）机械零件松动。

（5）水泵运行中，人员不得从机上跨越。

（6）升降吸水管时，要站到有防护栏杆的平台上操作；

（7）水泵停止作业时，应先关闭压力表，再关闭出水阀，然后切断电源。冬期停用时，应放净水泵和水管中的积水。

7.5.2 潜水泵

潜水泵安全使用监控要点：

（1）泵应直立于水中，水深不得小于 0.5m，不宜在含大量泥砂的水中使用。潜水泵宜先装在坚固的篮筐里再放入水中，亦可在水中将泵的四周设立坚固的防护围网。

（2）潜水泵放入水中或提出水面时，应先切断电源，严禁拉拽电缆或出水管。

（3）潜水泵应装设保护接零和漏电保护装置，工作时泵周围 30m 以内水面，不得有人、畜进入。

（4）启动前应检查并确认：水管绑扎牢固；放气、放水、注油等螺塞均旋紧；叶轮和进水节无杂物；电气绝缘良好。

（5）接通电源后，应先试运转，检查并确认旋转方向正确，无水运转时间不得超过使用说明书规定。

（6）应经常观察水位变化，叶轮中心至水平距离应在 0.5～3.0m 之间，泵体不得陷入污泥或露出水面。电缆不得与井壁、池壁相擦。

（7）启动电压应符合使用说明书的规定，电流超过铭牌规定的限值时，应停机检查，并不得频繁开关机。

（8）潜水泵不用时，不得长期浸没于水中，应放置在干燥通风室内。

（9）电动机定子绕组的绝缘电阻不得低于 0.5MΩ。

7.5.3　深井泵

深井泵安全使用监控要点：

（1）深井泵应使用在含砂量低于 0.01% 的水中，泵房内设预润水箱，容量应满足一次启动所需的预润水量；

（2）深井泵的叶轮在运转中，不得与壳体摩擦；

（3）深井泵在运转前，应将清水注入壳体内进行预润；

（4）深井泵启动前，应检查并确认：底座基础螺栓已紧固；轴向间隙符合要求，调节螺栓的保险螺母应装好；填料压盖已旋紧并应经过润滑；电动机轴承已润滑；用手旋转电动机转子和止退机构均灵活有效；

（5）深井泵不得在无水情况下空转。水泵的一、二级叶轮应浸入水位 1m 以下。运转中应经常观察井中水位的变化情况；

（6）运转中，当发现基础周围有较大振动时，应检查水泵的轴承或电动机填料处磨损情况；当磨损过多而漏水时，应更换新件；

（7）已吸、排过含有泥砂的深井泵，在停泵前，应用清水冲洗干净；

（8）停泵前，应先关闭出水阀，再切断电源，锁好开关箱。冬季停用时，应放净泵内积水。

7.5.4　泥浆泵

泥浆泵安全使用监控要点：

（1）泥浆泵应安装在稳固的基础架上或地基上，不得松动；

（2）启动前，检查项目应符合下列要求：各连接部位牢固；电动机旋转方向正确；离合器灵活可靠；管路连接牢固，密封可靠，底阀灵活有效；

（3）启动前，吸水管、底阀及泵体内应注满引水，压力表缓冲器上端应注满油；

（4）启动前应先将活塞往复运动两次，并不得有阻梗时，方可空载起动。启动后，应待运转正常，再逐步增加载荷；

（5）运转中，应经常测试泥浆含砂量。泥浆含砂量不得超过 10%；

（6）有多档速度的泥浆泵，在每班运转中，应将几档速度分别运转，运转时间均不得少于 30min；

（7）运转中不得变速；如需要变速，应停泵进行换挡；

（8）运转中，当出现异响或水量、压力不正常，或有明显高温时，应停泵检查；

（9）在正常情况下，应在空载时停泵。停泵时间较长时，应全部打开放水孔，并松开缸盖，提起底阀水杆，放尽泵体及管道中的全部泥砂；

（10）长期停用时，应清洗各部泥砂、油垢，将曲轴箱内润滑油放尽，并应采取防锈、防腐措施。

考 试 习 题

一、单项选择题（每小题有 4 个备选答案，其中只有 1 个是正确选项。）

1. 木工电锯锯片必须锯齿尖锐，不得连续缺齿（　　）个，锯片不得有裂纹。

A. 1　　　　　B. 2　　　　　C. 3　　　　　D. 4

正确答案：B

2. 使用圆盘锯作业时，被锯木料厚度，以锯片能露出木料（　　）mm 为限，长度应不小于 500mm。

A. 5～10　　　　B. 10～15　　　　C. 10～20　　　　D. 20～25

正确答案：C

3. 下列关于平面刨安全使用要求的陈述，哪项是错误的。（　　）

A. 刨料时，单手操作，保持身体平稳

B. 刨小料时，禁止手在料后推料

C. 遇木搓、节疤要缓慢送料，严禁将手按在节疤上强行送料

D. 机械运转时，不得将手伸进安全挡板里侧去移动挡板

正确答案：A

4. 砂浆搅拌罐应安装在平整坚硬的混凝土基础上，罐体应与地面垂直，其倾斜度不得大于（　　）。

A. 0.5°   B. 0.6°   C. 1°   D. 2°

正确答案：A

5. 下列关于柱塞式灰浆泵安全使用要求的陈述，哪项是错误的。（　　）

A. 管道上不得加压或悬挂重物

B. 泵送前，应先用水进行泵送试验，检查并确认各部位无渗漏

C. 泵送过程要随时观察压力表的泵送压力

D. 停机时，灰浆泵压力达到 1.5MPa 时，可以拆卸空气室、安全阀和管道

正确答案：D

6. 空气压缩机按照工作原理分为容积型和速度型，下列属于速度型分类方式的是（　　）。

A. 活塞式   B. 螺杆式   C. 滑片式   D. 离心式

正确答案：D

7. 空压机贮存罐应放在通风良好处，距贮存罐（　　）m 以内不得进行焊接或热加工作业。

A. 10   B. 12   C. 13   D. 15

正确答案：D

8. 下列关于手持电动工具使用环境条件的陈述，错误的一项是（　　）。

A. 一般作业场所应使用Ⅰ类电动工具

B. 潮湿或金属架构等导电性能良好的作业场所应使用Ⅱ类电动工具

C. 锅炉、金属容器、管道内等作业场所应使用Ⅲ类电动工具

D. 在狭窄作业场所应使用Ⅳ类电动工具，并有专人监护

正确答案：D

9. 下列机具不属于常用的切割机具的是（　　）。

A. 角向磨光机   B. 瓷片切割机

C. 石材切割机   D. 混凝土切割机

正确答案：A

10. 下列关于电剪操作安全使用的陈述，不正确的是（　　）。

A. 使用电剪时，不得用手摸刀片和工件边缘

B. 裁剪时，应把电源线摆在电剪前方位置

C. 电剪运行时，操作员不得擅自离开工作岗位

D. 作业过程中电剪出现异常情况，应立即停机

正确答案：B

11. 下列关于离心水泵的安全使用要求，错误的是（　　）。

A. 水泵的安装应牢固、平稳

B. 电气设备应有防雨、防潮和防冻措施

C. 高压软管接头连接应牢固可靠，并宜平直放置

D. 串联安装时，流量宜不同

正确答案：D

12. 下列关于潜水泵的安全使用要求，错误的是（　　）。

A. 潜水泵提出水面时，可以带电操作，但严禁拉拽电缆

B. 潜水泵应装设保护接零和漏电保护装置

C. 工作时潜水泵周围 30m 以内水面，不得有人、畜进入

D. 潜水泵不用时，不得长期浸没于水中，应放置在干燥通风室内

正确答案：A

二、多项选择题（每小题有 5 个备选答案，其中至少有 2 个是正确选项。）

1. 下列关于木工机械安全使用要求的陈述，正确的有（　　）。

A. 木工机械应使用单向开关，不得使用倒顺双向开关

B. 木工机械作业场所应配备齐全可靠的消防器材

C. 加工木材前，应清除木料中的铁钉、铁丝等金属物

D. 使用多功能木工机械时，应只使用其中一种功能，其他功能的装置不得妨碍操作

E. 木工机械安全装置应齐全有效，传动部位应安装防护罩

正确答案：ABCDE

2. 灰浆输送泵按结构划分有（　　）。

A. 柱塞泵　　　　　B. 挤压泵　　　　　C. 油压泵　　　　　D. 隔膜泵

E. 齿轮泵

正确答案：ABD

3. 组成灰浆喷涂机械的主要部分，有（　　）。

A. 浆输送泵　　　　B. 输送管道　　　　C. 喷枪　　　　　　D. 喷枪机械手

E. 振动器

正确答案：ABCD

4. 空气压缩机作业前，应重点检查下列哪些项目：（　　）

A. 电动机电源应正常

B. 各运动机构和阀门开闭应灵活，管路不得有漏气现象

C. 各防护装置应齐全良好，贮气罐内不得有存水

D. 空气压缩机的接地电阻不得大于 4Ω

E. 内燃机燃油、润滑油应添加充足

正确答案：ABCDE

5. 手持电动工具作业前应检查的内容有（　　）。

 A. 外壳、手柄不得裂缝、破损

 B. 电缆软线及插头等应完好无损

 C. 保护接零连接应牢固可靠

 D. 开关动作应正常

 E. 各部防护罩装置应齐全牢固

正确答案：ABCDE

6. 下列关于石材切割机安全作业要求的内容，正确的有（　　　）。

 A. 穿好工作服，带好防目镜，长发者应将头发盘起戴上工作帽

 B. 作业前，应进行空载试转，确认安全后才允许启动

 C. 运行时，不允许任何人站在锯后面

 D. 护罩未到位时不得操作，不得将手放在距锯片 15cm 以内

 E. 运行时，人员不得探身越过或绕过锯机

正确答案：ABCDE

三、判断题（答案 A 表示说法正确，答案 B 表示说法不正确）

1. 木工机械操作人员应穿紧口衣裤，并束紧长发，不得系领带和戴手套。（　　）

正确答案：A

2. 木工圆锯机上的旋转锯片必须设置防护罩。（　　）

正确答案：A

3. 圆盘锯操作人员应戴防护眼镜，不得站在面对锯片离心力方向操作。作业时手臂不得跨越锯片。（　　）

正确答案：A

4. 灰浆搅拌机作业加料时，应将工具高于搅拌叶，严禁运转中把工具伸进搅拌筒内扒料。（　　）

正确答案：A

5. 灰浆搅拌机搅拌筒内落入大的杂物时，严禁运转中伸手去捡捞。（　　）

正确答案：A

6. 高压无气喷涂机喷浆作业时，可以用手指试高压射流。（　　）

正确答案：B

7. 空气压缩机的贮存罐和输气管路每 3 年应作水压试验一次，试验压力应为额定压力的 150%。（　　）

正确答案：A

8. 电锤为 40% 断续工作制，切勿长期连续使用。可以用木杠加压。（　　）

正确答案：B

9. 混凝土切割机启动后，应空载运转，检查并确认锯片运转方向正确。（　　）

333

正确答案：A

10. 射钉枪在使用结束时或更换零件之前，射钉枪可以装射钉弹。（   ）

正确答案：B

11. 射钉枪在使用时，不得用手掌推压钉管和将枪口对准人。（   ）

正确答案：A

12. 水泵停止作业时，应先关闭出水阀，再关闭压力表，然后切断电源。（   ）

正确答案：B

第 8 章　机械设备安全事故案例

8.1　起重机侧翻事故

某公司在进行一处展宽桥梁施工的过程中，发生了一起起重机翻车事故，导致起重机损伤严重，一人受伤。

1. 事故经过

该公司的驾驶员在驾驶芬兰产 25t 汽车起重机作展宽桥梁施工过程中，汽车起重机支在桥面上吊移河中一平台架腿时，突然发生起重机侧翻。起重机底盘倒翻在桥边紧靠的护墙上，吊臂插入河中，起重机损伤严重，驾驶员跳入河内，造成右臂骨裂。

2. 事故原因

经现场勘察和测量有关数据得知，起重机所吊的在河中的平台架腿的质量并未超过该起重机在该工况下的额定起重质量。但当时由于桥的路面较窄，而且还预留了一侧的通道，所以操作人员在打支腿时并未完全支开，即在支腿没有完全伸开的情况下使用了起重机，致使实际起重力矩超过额定起重力矩而倾翻。后经调查发现，由于该起重机是由别处调入该公司的，而该公司没有有合格证的起重机操作人员，让一汽车驾驶员临时操作该起重机，该操作人员并没有起重机械特种作业证件，只有驾驶证而未经过起重机上车的培训和考试合格取证，对起重机结构性能并不了解和掌握。

3. 事故教训

（1）起重机工作时的停放位置应与沟渠、基坑保持安全距离。且作业时不得停放在斜坡上进行。

（2）作业前应将支腿全部伸出，并支垫牢固。调整支腿应在无载荷时进行，并将起重臂全部缩回转至正前或正后，方可调整。作业过程中发现支腿沉陷或其他不正常情况时，应立即放下吊物，进行调整后，方可继续作业。

（3）起重机司机应持证上岗，严禁非驾驶人员驾驶、操作起重机。

8.2　吊装倒塌事故

在某市造船厂船坞工地，由某工程公司等单位承担安装的 600t×170m 龙门起重机在吊装主梁过程中发生倒塌事故，造成 36 人死亡，3 人受伤，直接经济损失 8000 多万元。

1. 事故经过

（1）起重机吊装过程

事故前 3 个月，该公司施工人员进入造船厂开始进行龙门起重机结构吊装工程，2 个月后完成了刚性腿整体吊装竖立工作。

事故前 12 日，该中心进行主梁预提升，通过 60%～100% 负荷分步加载测试后，确认主梁质量良好，塔架应力小于允许应力。

事故前 4 日，该中心将主梁提升离开地面，然后分阶段逐步提升，事故前 1 日 19 时，主梁被提升至 47.6m 高度。因此时主梁上小车与刚性腿内侧缆风绳相碰，阻碍了提升。电建公司施工现场指挥考虑天色已晚，决定停止作业，并给起重班长留下书面工作安排，明确事故当日早上放松刚性腿内侧缆风绳，为该中心 8 点正式提升主梁做好准备。

（2）事故发生经过

事故当日早 7 时，施工人员按现场指挥的布置，通过陆侧（远离黄浦江一侧）和江侧（靠近黄浦江一侧）卷扬机先后调整刚性腿的两对内、外两侧缆风绳，现场测量员通过经纬仪监测刚性腿顶部的基准靶标志，并通过对讲机指挥两侧卷扬机操作工进行放缆作业（据陈述，调整时，控制靶位标志内外允许摆动 20mm）。放缆时，先放松陆侧内缆风绳，当刚性腿出现外偏时，通过调松陆侧外缆风绳减小外侧拉力进行修偏，直至恢复至原状态。通过 10 余次放松及调整后，陆侧内缆风绳处于完全松弛状态。此后，又使用相同方法，和相近的次数，将江侧内缆风绳放松调整为完全松弛状态，约 7 时 55 分，当地面人员正要通知上面工作人员推移江侧内缆风绳时，测量员发现基准标志逐渐外移，并逸出经纬仪观察范围，同时还有现场人员也发现刚性腿不断地在向外侧倾斜，直到刚性腿倾覆，主梁被拉动横向平移并坠落，另一端的塔架也随之倾倒。

2. 事故原因

（1）直接原因：刚性腿在缆风绳调整过程中受力失衡是事故的直接原因。内侧缆风绳被放松时，致使刚性腿向外侧倾倒，并依次拉动主梁、塔架向同一侧倾追、垮塌。

（2）间接原因：在吊装主梁过程中，由于违规指挥、操作，在未采取任何安全保障措施情况下，放松了内侧缆风绳，致使刚性腿向外侧倾倒，并依次拉动主梁、塔架向同一侧倾追、垮塌。吊装工程方案不完善、审批把关不严，施工现场缺乏统一严格的管理，安全措施不落实。

3. 事故教训

（1）施工前应制定完善的吊装工程方案，并验证方案的可行性与安全性，确保方案安全、可行后才能实施。

（2）工程施工必须坚持科学的态度，严格按照规章制度办事，坚决杜绝有章不循、违章指挥、凭经验办事。在进行起重吊装等危险性较大的工程施工时，应明确禁止其他与吊装工程无关的交叉作业，无关人员不得进入现场，以确保施工安全。

（3）必须落实建设项目各方的安全责任，强化建设工程中外来施工队伍和劳动力的管理。

（4）工程施工前应设置完善的安全防护措施，以免发生意外时应对不及时，造成人员伤亡。

8.3　塔式起重机事故

1. 事故简介

某年某月，在一个塔吊安装工地，在安装塔吊过程中，塔吊平衡臂倾倒，导致发生 5 人死亡的较大生产安全事故。

某年某月某日在工地负责人的指挥下没有取得施工特种作业操作资格证的五名工人安装塔吊的第一节架和两节已装配好标准节架、套架、液压内缸、套架一节架及回转总成。6 月 12 日继续安装塔帽、平衡臂，驾驶室和两块 A 型配重，因平衡臂方向不利于安装前臂角度，安装人员进行平衡臂（平衡臂距地面 20m）旋转，调整安装前臂的角度，当平衡臂旋转到正北方向时，塔身内套架发生倾折，站在平衡臂上的 5 名安装人员随平衡臂、塔帽坠地（图 8-1、图 8-2），当场死亡 2 人，另外 3 人经医院抢救无效也先后死亡。

图 8-1　塔机事故现场 1　　　　　　　图 8-2　塔机事故现场 2

2. 事故原因

（1）直接原因

1）该塔在完成塔吊基础以上的塔身一节架、两个标准节架、内套架、液压缸与内套一节架的安装后，应按照该塔吊使用说明书规定，必须用 M24×68 高强螺栓将内套一节架、内外塔连接件和塔身标准节架连接坚固。但从现场查验，内套架与标准节之间并未安装内外塔连接件。从现场取证时，也没有发现有断裂的高强螺栓，而且内套架与标准节架连接螺栓孔也没有受到损伤，认定内套架与标准节之间没有安装高强螺栓紧固。

2）汽车吊在上述情况下安装塔吊回转机构总成和驾驶室塔身，接着又安装了两块配重。该塔机使用说明书规定：在没有安装起重大臂之前进行平衡臂上平衡配重的安装规定重量为4500kg，以保证在安装起重大臂时，塔吊能保持平衡状态，避免发生倒塔事故。经现场查验，坠落在地的两块配重为A型，每块重量为2500kg，两块配重总重量5000kg，超过规定配重重量500kg，超重安装11%。

3）在已处于极度危险的情况下，为了满足汽车吊安装起重大臂的起重力矩要求，安装人员严重违规，采取旋转平衡臂的方法，为安装起重大臂调整角度，当平衡臂旋转至塔吊正北方向停车时，停车惯性与重力加速度产生的冲击力影响，使塔吊内套架不能承受平衡臂的倾覆力矩，导致弯折，平衡臂与配重坠地，并由拉杆拉动塔帽与驾驶室倾翻。

4）违规作业、违章操作、违章指挥。

（2）间接原因

1）某商贸有限公司，与某施工工程有限公司机运分公司违规签订《塔式起重机拆装合作协议书》，挂靠其资质进行塔吊安装，未对塔吊安装现场进行监管，没有及时发现制止工人没有取得施工特种作业操作资格证违法进行塔吊安装行为。

2）施工工程有限公司机运分公司，违规签订《塔式起重机拆装合作协议书》，将塔吊安装资质等资料提供给该商贸有限公司，未对塔吊安装现场进行监管，向其提供空白、盖公章的安全技术交底表，塔吊基础验收不符合《建筑起重机械安全监督管理规定》的要求，弄虚作假。

3）总承包单位，与没有塔式起机安装资质的公司违规签订《塔式起重机安装、运行、拆卸安全协议书》，没有认真核实塔吊基础验收记录表中安装单位负责人身份，未对安全技术交底的交底人、被交底人的签名进行认真审核确认，对塔吊安装现场未进行监管，致使五人冒名顶替安装塔吊，对安装塔吊过程中违反塔吊安装操作规程、违章作业、未系安全带加以制止，未尽到安全管理职责。

4）建设监理有限责任公司，作为项目施工监理单位，对塔吊安装资料未认真审核，未对塔吊安装现场进行有效监管，没有严格对安全技术交底的交底人、被交底人进行认真审核确认，对塔吊安装过程中违反塔吊安装操作规程、违章作业、未系安全带加以制止，未尽到监理职责。

5）行业的监管部门，没有认真履行安全生产监管职责，未对塔吊安装现场进行有效监管，管理上存在漏洞。

3. 事故责任与处理

（1）该商贸有限公司要立即开展塔式起重机的内部安全大检查，认真查找事故隐患，落实国家有关安全生产法律法规，杜绝擅自安装塔吊的行为和各类安全生产事故的发生。

（2）建设公司要认真履行安全生产管理职责，加大对在建施工项目的隐患排查力度，认真查找事故隐患，特别是塔吊安装人员等的审查确认，杜绝同类事故的再次发生。

（3）监理有限责任公司要认真履行监理职责，切实加强对施工现场的监督管理；对发现的各类隐患，要坚决督促施工单位整改落实，严把塔吊安装人员等的审核关，确保施工单位的安全生产，杜绝各类事故的发生。

（4）各相关企业要加强全体职工特别是个员、技术员、特种作业人员的安全教育和培训，增强职工的安全意识和操作技能，确保工程质量和施工安全。

（5）呼市建筑劳动安全监督站要严格落实安全生产法中明确规定的安全生产责任，切实履行安全监管职责，开展一次在建工程施工项目的联合大检查，认真查找事故隐患，杜绝各类事故的发生。

8.4　施工升降机事故

1. 事故简介

某年某月某建设集团有限公司，在某区工程 17 号楼组织维修施工升降机时。发生一起施工升降机吊笼坠落事故（图 8-3、图 8-4、图 8-5），造成 3 名维修人员死亡。

图 8-3　施工升降机事故现场 1　　　　　图 8-4　施工升降机事故现场 2

12 月 23 日上午 8 时许，架子工（无升降机操作证）操作 17 号楼施工升降机运送脚手架钢管，升降机因突发故障停靠在 28 层。施工现场安全负责人知情后，通知施工设备管理负责人联系修理人员。无修理资格人员到场修理，当日修理两次未能排除故障，认为需要更换防坠器。24 日下午 2 时 30 分左右，修理人员带领 3 人到达修理现场。负责人在办公室电

图 8-5　施工升降机事故现场 3

告安全员新防坠器放在升降机底座旁边。4人抬着新防坠器（重约50kg）乘坐室内电梯到达28层升降机旁边，相继进入升降机吊笼内准备更换防坠器，1人因事离开未进入吊笼，当走离吊笼约10m距离时，突然听到升降机齿轮快速转动和巨大撞击声，升降机吊笼从28层（高73m）坠落地面，立即呼救并拨打120，宝盛公司人员随即赶往现场组织施救，3名维修工经医院抢救无效死亡。这起事故直接经济损失280.5万元。

2. 事故原因

（1）直接原因

维修人员无证作业，在未查明升降机吊笼无法下降原因时，错误地判定吊笼防坠器发生故障；在吊笼无配重，维修人员未对制动器性能进行检查确认的情况下，盲目在空中拆除更换防坠器是事故发生的直接原因。

（2）间接原因

1）聘用不具备维修施工升降机资格的修理人员维修施工升降机是事故发生的主要原因：项目部聘请的4名修理人员既没有维修资格（无法提供资质证书），又不是维修协议单位的维修人员。

2）施工现场安全管理不严格是事故发生的重要原因。该公司项目部未能及时维护保养施工设备，在12月15日发现配重钢丝绳断裂失去配重的情况下，仍由无升降机操作资格证的架子工继续使用升降机。升降机维修现场没有安全管理人员、没有安全防护设施。

3）施工现场安全监督不到位是事故发生的次要原因。建筑工程监理有限公司对安全隐患督查不力，没有及时制止项目部违规使用待拆的施工升降机。

3. 事故责任与处理

（1）修理工三人，安全意识淡薄，违章作业，在没有安全保护措施、未查明施工升降机无法下降的真实原因后，盲目更换防坠器，对这起事故负有直接责任，鉴于其已在事故中死亡，不予追究。

（2）项目部施工设备管理负责人，没有认真履行安全工作职责，违反规定联系不具备维修资格的人员修理施工升降机，在发现升降机钢丝绳断裂失去配重后，仍违规使用，未对维修人员进行安全交底，对这起事故负有直接责任，建议司法机关依法追究刑事责任。

（3）项目部施工现场安全负责人，没有认真履行安全工作职责，施工现场安全管理不严格，在发现升降机钢丝绳断裂失去配重后，未能制止，仍违规使用，没有查验修理人员资格证，对这起事故负有直接管理责任，建议司法机关依法追究刑事责任。

（4）公司项目部负责人，未能认真履行安全监管职责，没有及时发现安全隐患，负有部门直接领导责任，规定给予相应的处分、施工安全管理不严格，对这起事故负有直接领导责任，建议该司根据公司安全生产责任制规定给予相应的处分。

（5）公司主要负责人，未能认真履行安全职责，没有认真进行安全检查，未能及时发现事故隐患，对这起事故负有直接领导责任，建议该司根据公司安全生产责任制规定给予相应的处分。

（6）公司工程管理部经理，未能严格检查项目施工安全，没有及时发现整治安全隐患，对这起事故负有部门监管责任，建议根据公司安全生产责任制规定给予相应的处分。

（7）公司总经理，未能认真履行安全监管职责，未能有效督查安全管理工作，对这起事故负有单位主要领导责任，建议由杭州市安全生产监督管理局给予行政处罚。

（8）监理有限公司总监，未能认真履行监管职责，没有及时制止项目部违规使用待拆的施工升降机，对这起事故负有一定的安全监管责任，建议建设行政主管部门给予暂停其参与政府投资项目的工程投标资格九个月的处理。

（9）监理有限公司聘用没有监理资格的人员作为施工安全监理人员，没有及时制止项目部违规使用待拆的施工升降机，对这起事故负有一定的安全监管责任，建议建设行政主管部门给予暂停其参与政府投资资格二个月的处理。

（10）该公司对施工设备维修保养不经常，施工现场安全监管不严格，安全防护措施不到位，对这起事故的发生负有直接安全管理责任，建议杭州市安全生产监督管理局根据《中华人民共和国安全生产法》等法律、法规的规定，给予行政处罚。

8.5 高处作业吊篮事故

1. 悬挂机构安装事故

2000 年 6 月 18 日下午，在某市某外墙维修工程，高处作业吊篮在正常使用时，悬挂机构一侧的挑梁从安装在 9 层高的屋面上坠落至一层裙房楼顶的冷却塔上，死亡两人，重伤一人。

（1）事故经过

2000 年 6 月 18 日上午 9 点左右开始安装电动吊篮，设备租赁单位田某负责指导，施工单位安排了 9 人配合安装。安装收尾时，悬挂机构左侧挑梁的后插杆与后导向支架的 $\phi 25mm$ 连接销未安装，安装人员就急着吃饭去了，下午回来后又将此事忘记了。约下午 16：10，在未经检查验收的情况下，租赁单位的杜某就先做试运行，然后施工单位的两名工人就上机开始学习操作技术，当吊篮下降至 6 层时，左侧的挑梁的后插杆从后导向支架中拔出，在冲击载荷作用下，悬吊平台右侧吊架被撕裂，导致悬挂机构左侧挑梁连同悬吊平台一同坠落至一层冷却塔上造成上述事故。

（2）事故主要原因：

1）悬挂机构左侧挑梁的后插杆连接销轴未安装，导致挑梁从导向支柱中拔出后坠落。

2）安装完毕后未经检查验收就开始使用。

3）操作工人未按规定使用安全带和独立安全绳。

2. 钢丝绳绳端固定事故

2004年9月11日8时20分左右，某市某正在进行外墙装修的高处作业吊篮，突然坠地，砸死1人，2人摔伤。

（1）事故经过

2004年9月11日早晨，外装修公司项目部施工队队长罗某安排3名工人站在高处作业吊篮内进行外墙大理石干挂作业。8时20分左右，吊篮一侧的提升钢丝绳突然从固定的绳夹内"抽出"，造成吊篮倾斜坠地（坠落高度约7m），吊篮内的3名作业人员也随吊篮一起坠地受伤；吊篮坠地的同时，在楼内进行室内装修作业的内装公司瓦工娄某从楼内出来，恰好路经吊篮下方，不慎被吊篮砸伤头部（没有戴安全帽），随后4人立即被送到医院抢救，娄某经抢救无效死亡。焦某等三人轻伤留院治疗。

（2）事故主要原因

现场所使用的吊篮存在缺陷。外装公司在施工现场所使用的吊篮没有按安装使用说明书进行安装，因工作钢丝绳和安全钢丝绳端固定不牢，致使钢丝绳与绳夹脱扣，导致吊篮一端坠地，是造成作业人员伤亡事故发生的直接原因。

内装公司瓦工安全意识不强，在从楼内出来时，没有观察门外上方是否有人在作业，贸然从有人在外墙上方进行干挂大理石作业的大门出去，又违章不戴安全帽。不慎被下坠的吊篮砸到头部受伤致死，是造成此起伤亡事故发生的另一直接原因。

3. 钢丝绳非正常磨损事故

2000年3月24日，某市某大厦工程施工过程中发生一起吊篮坠落事故，造成3人死亡，1人重伤。

（1）事故发生经过

该大厦外装饰工程为玻璃幕墙和石材幕墙，幕墙高度148m，由某铝门窗公司承包，铝窗公司承包后又雇用（个体）人员进行施工。采用某厂生产的ZLD80高处作业吊篮，并由该厂派人安装和培训操作人员。

2000年3月24日施工期间，当4名作业人员搬运4块花岗岩石板（每块重60kg）进入到吊篮内，准备从16层向下运送到8层与9层之间的作业位置，当吊篮下降到11层与12层之间时，吊篮右侧钢丝绳突然断开，吊篮随即倾斜，而4人进入吊篮时又没有及时将安全带扣挂牢，于是4人及物料全部坠落，其中1人坠落在5层的脚手架上（至重伤），另外3人，1人坠落在5层平台上，2人坠落到地面，事故共造成3人死亡，1人重伤。

（2）事故主要原因

1）吊篮的提升机导向轮设计不合理

该吊篮提升钢丝绳导向滚轮采用了6000Z型向心球轴承，此种轴承外套材质薄，不宜作导向轮使用。由于该提升钢丝绳经常与轴承外套接触磨损，导致外环套开裂，从而加大了钢丝绳的磨损，先出现断丝断股，形成阻碍钢丝绳传动随后卡住，而驱动电机仍继续运转，钢丝绳最终被拉断。

2）安全锁失灵

该吊篮安全锁型号为 LSF100，在工作绳断开时，安全锁内弹簧回弹力不足，未能锁住安全绳，致使安全锁失去锁绳功能，吊篮产生倾斜，人及物从吊篮中坠落。

3）吊篮内作业人员未按规定扣牢安全带

进入吊篮内作业人员必须将安全带扣牢在独立安全绳上，当发生意外事故时，安全绳不会断开，从而可以保障作业人员的安全。而该吊篮内作业人员虽然都佩戴了安全带，但却未按规定扣牢在安全绳上，因此，当工作绳受力断开吊篮倾斜时，作业人员坠落造成伤亡事故。

4. 吊篮斜拉使用事故

2002 年 10 月 17 日，某市某大厦幕墙工程发生吊篮坠落事故，造成死亡 3 人。

（1）事故发生经过

28 层的办公楼幕墙由江苏某幕墙公司施工，该单位租赁了某实业公司的高处作业吊篮，于 2002 年 7、8 月份由某实业公司将一台 LGZ300—3.6A 型的吊篮从办公楼的第 28 层位置，向上移到该建筑物屋顶的西北角处（高度为 102.7m）。

2002 年 10 月 17 日幕墙公司的 3 名作业人员在吊篮内作业，安装 19 层~20 层幕墙玻璃，由于吊篮的中心位置距玻璃的中心位置尚差 3m，于是采取了斜拉吊篮勉强安装，此时吊篮的悬挂结构突然坠落，导致吊篮坠落，3 名作业人员坠落地面，造成 3 人死亡。

（2）事故原因分析

1）技术方面

① 高处作业吊篮是直接关系作业人员生命安全的生产设施，不但产品本身设计制作必须符合安全要求，同时必须保证在建筑物安装后符合安全要求。该吊篮悬挂结构的设计采用了加配重块的方法来平衡倾覆力矩，但对配重块没有可靠的固定措施，当悬臂或吊篮作业有振动或晃动时，若配重块脱落，则会造成抗倾覆力矩减小，悬挂结构失去平衡发生坠落。

② 按规定悬挂结构抗倾覆力矩安全系数最低不小于 2 倍，当使用配重块作平衡措施时，还应适当加大安全度以确保作业安全。而此悬挂结构悬臂长 2m，平衡臂长 3m，当配重块没有足够的重量时，极容易产生失稳。

③ 吊篮移位安装后没能经过验收确认，悬挂结构安装不符合产品安装使用说明书要求，使用前又未进行检查，在安全度不足的情况下上人作业，以致发生失稳。

④ 作业人员违章施工，斜拉吊篮使上部悬挂结构产生了不稳定，使原来固定不牢

的配重块脱落，导致平衡力矩减小，悬挂结构失稳坠落。

2）管理方面

吊篮施工危险性大，属专业性较强的工程项目，应认真做好如下工作：

① 组织有关部门对吊篮进行检查验收。

② 每次安装后使用前，必须有严格的验收手续，确认合格后方可使用。

③ 操作人员必须经专门培训，制定操作规程，并设专人检查。

该吊篮的使用，既未组织验收，未提出使用注意事项，每次移位安装后也未先经验收确认就使用。操作人员违章斜拉钢丝绳的行为，说明未经培训，无知蛮干，最终导致发生事故。

8.6 混凝土机械事故

在某中建局总包、广东某建筑公司清包的厂房工程工地上，抹灰工长私自违章开启搅拌机，且在搅拌机运行过程中，将头伸进料口边查看搅拌机内的情况，发生安全事故，经抢救无效死亡。

1. 事故经过

在某中建局总包、广东某建筑公司清包的厂房工程工地上，厂房正在进行抹灰施工，现场使用一台 JGZ350 型混凝土搅拌机用来拌制抹灰砂浆。上午 9 时 30 分左右，由于从搅拌机出料口到厂房西北侧现场抹灰施工点约有 200m 左右的距离，两台翻斗车进行水平运输，加上抹灰工人较多，造成砂浆供应不上，工人在现场停工待料。身为抹灰工长的文某非常着急，到砂浆搅拌机边督促拌料。因为文某本人安全意识不强，趁搅拌机操作工去备料的情况下，私自违章开启搅拌机，且在搅拌机运行过程中，将头伸进料口边查看搅拌机内的情况，被正在爬升的料斗夹到其头部后，人跌落在料斗下，料斗下落后又压在文某的胸部，造成头部大量出血。事故发生后，现场负责人立即将文某急送医院，经抢救无效，于当日上午 10 时左右死亡。

2. 事故原因

（1）直接原因

身为抹灰工长的文某，安全意识不强，在搅拌机操作工不在场的情况下，违章作业，擅自开启搅拌机，且在搅拌机运行过程中将头伸进料斗内，导致料斗夹到其头部，是造成本次事故的直接原因。

（2）间接原因

1）总包单位项目部对施工现场的安全管理不严，施工过程中的安全检查督促不力。

2）清包单位对职工的安全教育不到位，安全技术交底未落到实处，导致抹灰工擅自开启搅拌机。

3）施工现场劳动组织不合理，大量抹灰作业仅安排三名工人和一台搅拌机进行砂浆搅拌，造成抹灰工在现场停工待料。

4）搅拌机操作工为备料而不在搅拌机旁，给无操作证人员违章作业创造条件。

5）施工作业人员安全意识淡薄，缺乏施工现场的安全知识和自我保护意识。

3. 事故教训

（1）工程施工必须建立各级安全管理责任，施工现场各级管理人员和从业人员都应按照各自职责严格执行规章制度，杜绝违章作业的情况发生。

（2）施工现场的安全教育和安全技术交底不能仅仅放在口头，而应落到实处，要让每个施工从业人员都知道施工现场的安全生产纪律和各自工种的安全操作规程。

（3）现场管理人员必须强化现场的安全检查力度，加强对施工危险源作业的监控，完善有关的安全防护设施。

（4）施工现场应合理组织劳动，根据现场实际工作量的情况配置和安排充足的人力和物力，保证施工的正常进行。

（5）施工作业人员也应进一步提高自我防范意识，明确自己的岗位和职责，不能擅自操作自己不熟悉或与自己工种无关的设备设施。

参 考 文 献

[1] 颜宏亮，侍克斌. 水利工程施工 [M]. 西安：西安交通大学出版社，2008.

[2] 水利部安全监督司，水利部建设管理与质量安全中心. 水利水电工程建设安全生产管理 [M].
     北京：中国水利水电出版社，2014.

[3] 山东省二级建造师继续教育培训教材编委会. 水利工程施工技术 [M]. 徐州：中国矿业大学出
     版社，2010.

[4] 韦庆辉. 水利水电工程施工技术 [M]. 北京：中国水利水电出版社，2014.

[5] 水利部. 水利水电工程施工安全防护设施技术规范：SL 714—2015 [S]. 北京：中国水利水电
     出版社，2015.

[6] 水利部. 水利水电工程机电设备安装安全技术规程：SL 400—2016 [S]. 北京：中国水利水电
     出版社，2017.

[7] 水利部. 水利水电工程施工安全管理导则：SL 721—2015 [S]. 北京：中国水利水电出版社，
     2015.

[8] 水利部. 水利水电工程施工机械设备选择设计导则：SL 484—2010 [S]. 北京：中国水利水电
     出版社，2011.

[9] 水利部. 水利水电工程施工作业人员安全操作规程：SL 401—2007 [S]. 北京：中国水利水电
     出版社，2007.

[10] 水利部. 水利水电工程施工通用安全技术规程：SL 398—2007 [S]. 北京：中国水利水电出
      版社，2007.

[11] 水利部. 水利水电建设工程验收规程：SL 223—2008 [S]. 北京：中国水利水电出版社，
      2008.

[12] 水利部. 水利水电起重机械安全规程：SL 425—2017 [S]. 北京：中国水利水电出版社，
      2017.

[13] 住房和城乡建部工程质量安全监督司，建设工程安全生产技术（第二版）[M]. 北京：中国建
      筑工业出版，2008.

[14] 栾启亭，王东升. 建设工程安全生产技术 [M]. 青岛：青岛海洋大学出版社，2012.

[15] 建筑施工手册编写组. 建筑施工手册（第四版）[H]. 北京：中国建筑工业出版，2004.

[16] 中国安全生产协会注册安全工程师工作委员会 中国安全生产科学研究院，安全生产技术
      （2011 版）[M]. 北京：中国大百科全书出版社，2011.

[17] 高新武，高处作业吊篮 [M]. 徐州：中国矿业大学出版社有限责任公司，2011.

[18] 邓丽华，塔式起重机 [M]. 徐州：中国矿业大学出版社有限责任公司，2011.

[19] 住房和城乡建设部工程质量安全监管司. 塔式起重机司机 [M]. 北京：中国建筑工业出版社，

2009.

［20］　住房和城乡建设部工程质量安全监管司. 塔式起重机安装拆卸工 ［M］. 北京：中国建筑工业出版社，2009.

［21］　住房和城乡建设部工程质量安全监管司. 施工升降机司机 ［M］. 北京：中国建筑工业出版社，2009.

［22］　住房和城乡建设部工程质量安全监管司. 施工升降机安装拆卸工 ［M］. 北京：中国建筑工业出版社，2009.

［23］　住房和城乡建设部工程质量安全监管司. 物料提升机司机 ［M］. 北京：中国建筑工业出版社，2009.

［24］　住房和城乡建设部工程质量安全监管司. 物料提升机安装拆卸工 ［M］. 北京：中国建筑工业出版社，2009.

［25］　住房和城乡建设部工程质量安全监管司. 物料提升机安装拆卸工 ［M］. 北京：中国建筑工业出版社，2009.

［26］　周国均. 岩土工程治理新技术 ［M］. 北京：中国建筑工业出版社，2010.

［27］　张海涛，黄卫平. 建筑工程机械 ［M］. 武汉：武汉大学出版社，2009.

［28］　螺旋挤土灌注桩技术规程（DBJ 14-091—2012），山东省住房和城乡建设厅.

［29］　建筑施工现场施工升降机安全性能评估技术规程（DBJ 14-063—2010），山东省住房和城乡建设厅.